高职院校电子信息类新方向新动能新形态系列教材

# 微处理器程序设计

## ——以 51 单片机为例

冯蓉珍　卢爱红　主　编

朱二莉　李文娟　郭　菲　副主编

盖之华　黄　彬　叶鸿若

U0217874

电子工业出版社·

**Publishing House of Electronics Industry**

北京·BEIJING

# 内 容 简 介

本书是一本针对单片机编程学习的全面指南，以 51 单片机为例，紧密结合智慧校园、智慧交通、智慧工厂等前沿应用场景，通过详尽的 C 语言编程案例，引导学生掌握微处理器编程的基础知识和实战技能。

本书突出实践与理论的紧密结合，通过一系列真实案例，让学生在解决实际问题的过程中，深入理解微处理器的工作原理和编程方法。以智慧校园门禁系统、智慧交通显示系统、智慧工厂环境系统等实际应用为教学载体，适当降低难度，形成丰富多样的教学案例，旨在帮助学生从被动设计到熟练掌握，逐渐培养其动手实践能力、创新思维和系统维护能力。

此外，本书案例丰富、内容通俗易懂，不仅适合单片机编程的初学者和进阶学习者使用，也适合单片机学习爱好者作为自学参考书。本书不仅可以作为高职院校的教材，还可以作为技能培训机构的培训教材，也可以作为单片机开发者的参考书。

同时，本书还配备了丰富的教学资源库，包括教学视频、开发板套件、实验指导等，为学生提供全方位的学习支持。通过本书的学习，学生将能够轻松掌握微处理器编程的精髓，为未来的学习和工作打下坚实的基础。

**图书在版编目（CIP）数据**

微处理器程序设计 ：以 51 单片机为例 / 冯蓉珍，卢爱红主编. -- 北京 ：电子工业出版社，2024．9.

ISBN 978-7-121-48468-1

Ⅰ．TP368.1

中国国家版本馆 CIP 数据核字第 202440WK46 号

责任编辑：邱瑞瑾　　　　　　　　特约编辑：田学清

印　　刷：三河市良远印务有限公司

装　　订：三河市良远印务有限公司

出版发行：电子工业出版社

　　　　　北京市海淀区万寿路 173 信箱　　　邮编：100036

开　　本：787×1092　　1/16　　印张：18　　字数：483.8 千字

版　　次：2024 年 9 月第 1 版

印　　次：2024 年 9 月第 1 次印刷

定　　价：57.00 元

凡所购买电子工业出版社图书有缺损问题，请向购买书店调换。若书店售缺，请与本社发行部联系，联系及邮购电话：（010）88254888，88258888。

质量投诉请发邮件至 zlts@phei.com.cn，盗版侵权举报请发邮件至 dbqq@phei.com.cn。

本书咨询联系方式：88254173，qiurj@phei.com.cn。

# 前　言

随着电子技术的迅猛发展，基于微处理器的智能电子产品遍布社会的各个角落，从军用智能电子产品、工业用智能电子产品到民用智能电子产品层出不穷，如婴儿智能摇篮、智能玩具、成人智能手环、遥控车、无人机、老年人智能血压计、智能看护仪等。只要有人的地方，就有智能电子产品的存在，智能电子产品为人们的生活带来了便利，也提高了人们的生活舒适度。智能电子产品逐渐被大众接纳，走进人们的生活。众所周知，这些智能电子产品离不开各种类型的微处理器，从简单的、最为普及的 51 单片机到具有更高性能的 STM32 系列单片机，均为各种智能电子产品的核心部件。然而，光有芯片无法实现智能电子产品预期的功能，必须对微处理器进行程序编写，使微处理器的芯片能按照预期的功能运行。

微处理器在智慧安防、智慧能源管控、智慧教室、智慧宿舍等一系列智慧校园场景中的具体应用，为"微处理器程序设计"课程提供了丰富的教学案例及应用场景，该课程以智慧校园和相关行业内具体智慧化场景的智能设备的设计方法、设计过程及维修、维护技巧为主要内容，以 51 单片机为代表的微处理器在智慧校园、智慧工厂、智慧交通等领域的真实案例丰富施教过程，并在施教过程中促进学生动手实践，培育其大国工匠精神。

本书以智慧校园门禁系统、智慧交通显示系统、智慧工厂环境系统和智慧校园一卡通系统为主要载体，适当降低难度后形成教学案例，把企业案例引入教材，作为能力拓展、触类旁通的案例，让学生反复练习，从被动设计到熟能生巧，逐渐培养其动手实践能力和迁移能力，达到学科规定的相关行业、企业首岗胜任能力目标。

本书由冯蓉珍和卢爱红两位老师担任主编，朱二莉、李文娟、郭菲三位专业教师和智慧校园高级工程师盖之华、苏州速迈医学科技股份有限公司研发中心高级工程师黄彬、苏州市施强医疗器械有限公司技术骨干叶鸿若担任副主编。

本书的主要特点如下。

（1）以微处理器为核心部件构建的智能设备在智慧校园真实场景和案例中作为基础，接地气。

（2）以 51 单片机为核心芯片，利用 C 语言进行编程，让学生在技能训练中逐渐掌握微处理器编程方法，使学生能学以致用。

（3）知识点与实践有机结合，重复利用微处理器的普通输入/输出（GPIO）功能、中断功能、定时器功能、串行通信接口功能，采集传感器数据，控制风扇、空调、继电器等执行器智能运行。按需讲解知识点，培养学生自主查找资料并应用于实际开发的能力。

（4）设计与维护有机结合，以设计促维护，实现智能电子产品微处理器程序设计能力与系统维护能力的有机统一，在设计过程中学习调试、测试、维修、维护技能，在维护过程中促进对设计细节的思考和系统改善策略的形成，培育追求卓越、一丝不苟、精益求精、执着专注等大国工匠精神。

（5）重视实践但不轻视理论，在实践中穿插理论教学，在理论教学中提高学生实践能力和思维能力。本书提供配套仿真软件、微处理器程序设计开发环境等基础学习工具，并为学生提供配套开发板套件，让学生有亲自动手设计、制作、调试、测试智能电子产品的实战机会，鼓励优秀作品参加各类比赛。

本书的编写得到苏州速迈医学科技股份有限公司研发中心高级工程师黄彬和苏州市施强医疗器械有限公司技术骨干叶鸿若的大力支持，他们为本书提供了大量的企业和行业案例。

信息技术学院方武副院长在本书的框架组织方面，物联网应用技术专业卢爱红、郭菲、杨佳奇、李文娟等博士在视频录制方面，专业教师朱二莉、智慧校园高级工程师盖之华在本书案例梳理方面，曹振华老师在本书统稿等方面提供了大力支持，在此一并表示感谢。请有需要的读者登录华信教育资源网（www.hxedu.com.cn）注册后免费下载配套资源（PPT、源代码、视频、项目资源）。

本书使用了一些网络文字资源和图片资源，若有抄袭或商业影响之嫌，则请联系编者删除，本书不作为商业用途，不获取任何商业价值，仅供学生使用。

冯蓉珍，教授/高级工程师，专注于嵌入式系统、移动互联技术、物联网技术方面的技术研究；擅长利用各类微处理器设计、开发用于治疗白内障的超声乳化仪、眼科手术显微镜和裂隙灯显微镜等产品，产生了一定社会价值和经济效益。主持市厅级科研项目2项，院级课题5项；发表相关论文18篇；获得授权发明专利9项，新型实用专利14项，软件著作权11项。指导学生获江苏省大学生课外学术科技作品竞赛一等奖、江苏省"互联网+"大学生创新创业大赛二等奖；指导学生获江苏省大学生技能竞赛"移动互联技术应用""物联网技术应用"赛项一等奖1项、二等奖2项、三等奖4项；获得"物联网技术应用"赛项（教师组）一等奖1项；指导学生获全国行业类比赛"机器人""软件开发"赛项一等奖、二等奖、三等奖多项；指导学生完成江苏省大学生创新创业训练计划项目4项。

卢爱红，副教授，博士毕业于陆军工程大学，专注于嵌入式系统、物联网应用技术及信息处理方面的技术研究；指导学生获江苏省大学生课外学术科技作品竞赛一等奖，江苏省职业院校技能大赛"物联网技术应用"赛项高职组三等奖；以第一作者发表SCI论文2篇，EI和中文核心论文共2篇，获得授权发明专利2项；重点参与国家级、省级、市厅级项目多项。

# 目　录

# 项目 1

# 智慧校园门禁智能控制

## 知识目标

1. 了解微处理器芯片的应用场景。
2. 熟悉实验平台，让微处理器"动起来"。
3. 掌握微处理器最小系统设计和 GPIO 控制方法。
4. 了解矩阵式键盘工作原理、数码管显示原理。
5. 掌握 C 语言中数组、循环和位变量的使用方法。

## 能力目标

1. 能利用开发工具进行微处理器最小系统电路设计。
2. 能利用单片机的 C 语言编写程序来控制单个或多个 LED 灯，并进行各类显示。
3. 能控制单个或多个数码管静态和动态显示。
4. 能利用微处理器的 I/O 端口功能，通过按键控制简单输出。
5. 能利用独立式按键和矩阵式键盘控制微处理器输出。
6. 能综合应用微处理器的键盘接口和显示接口技术完成智慧校园门禁系统功能实现。
7. 能利用微处理拓展技术设计课题。

## 知识导图

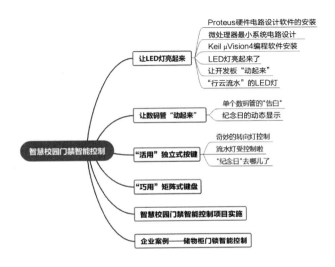

本项目专注于智慧校园门禁系统的设计、开发及其后续的维修与维护工作。我们的方法是将整个项目分解为一系列更小、更具体的任务。这些任务包括：控制微处理器以实现自动输出、使用按键输入来灵活控制微处理器的输出，以及综合运用微处理器的输入/输出功能来实现一个智慧校园门禁智能控制。在这个基础上，我们通过类比和能力提升的方法，扩展到实际企业案例，如实现储物柜门锁智能控制。

在这个过程中，任务的难度是从简单到复杂逐步增加的，同时所涉及的知识点也会从基础到高级逐渐深入。这种逐步推进的方式旨在系统地提高学生的技能，让他们能够逐步掌握并应用所学知识。

# 任务 1.1　让 LED 灯亮起来

## 1.1.1　任务目标

本任务培养学生具备使用 Proteus 仿真软件设计硬件电路并利用 Keil μVision4 编程软件编写简单程序的能力。通过本任务，学生能够设计微处理器的最小系统和简单的硬件电路，通过编写程序控制一个 LED 灯的亮和灭，以及使一排 LED 灯实现霓虹灯的显示效果，并通过开发板的驱动下载相关可执行文件，使开发板上的 LED 灯亮起来。

## 1.1.2　知识准备

### 1.1.2.1　微处理器的最小系统构成

若要使微处理器正常运行，则必须确保微处理器的最小系统稳定工作。以 51 单片机为代表的微处理器的最小系统由晶振电路、复位电路、电源电路组成。

晶振电路提供时钟给单片机工作使用，犹如人的心脏。复位电路提供系统复位操作，当系统出现运行不正常或死机等情况时，可以通过复位按键重新启动系统。电源电路是非常关键的一个部分，因为单片机对供电电压是有要求的，如果电压过大则将烧坏芯片，如果电压过小则系统将不能运行，所以设计一个合适、稳定的电源电路是非常关键的。

### 1.1.2.2　C51 基础知识

利用 C 语言和微处理器普通输入/输出口，即通过 GPIO 口控制 LED 灯和数码管的显示，首先需要了解一些 C 语言相关知识。对于学过 C 语言的读者，可以跳过本节内容。

#### 1. Keil C51 编译器支持的数据类型

在学习本节内容前，我们着重介绍 Keil C 与 ANSI C 的不同。

表 1-1 列出了 Keil C51 编译器所支持的数据类型。在标准 C 语言中基本的数据类型为 char、int、short、long、float 和 double，在 Keil C51 编译器中 int 和 short 所占的字节数相同，

float 和 double 所占的字节数也相同，这里不进行具体说明。

表 1-1　Keil C51 编译器所支持的数据类型

| 数据类型 | 含义 | 长度 | 数值范围 |
|---|---|---|---|
| unsigned char | 无符号字符型 | 单字节 | 0～255 |
| signed char | 有符号字符型 | 单字节 | −128～+127 |
| unsigned int | 无符号整型 | 双字节 | 0～65535 |
| signed int | 有符号整型 | 双字节 | −32768～+32767 |
| unsigned long | 无符号长整型 | 4 字节 | 0～4294967295 |
| signed long | 有符号长整型 | 4 字节 | −2147483648～+2147483647 |
| float | 浮点型 | 4 字节 | ±1.175494E−38～±3.402823E+38 |
| * | 指针型 | 1～3 字节 | 对象的地址 |
| bit | 位类型 | 位 | 0 或 1 |
| sfr | 专用寄存器或特殊功能寄存器 | 单字节 | 0～255 |
| sfr16 | 16 位专用寄存器 | 双字节 | 0～65535 |
| sbit | 可寻址位 | 1 位（bit） | 0 或 1 |

注：数据类型中加背景色的部分为 Keil C51 扩充数据类型。

（1）char（字符类型）。

char 的长度为单字节，通常用于定义处理字符数据的变量或常量，其分为无符号字符型（unsigned char）和有符号字符型（signed char），默认值为 signed char。unsigned char 用字节中所有的位来表示数值，所以可表示的数值范围为 0～255。signed char 用字节中最高位表示数据的符号，“0”表示正数，“1”表示负数，负数用补码表示（正数的补码与原码相同，负二进制数的补码等于它的绝对值按位取反后加 1），所能表示的数值范围为−128～+127。unsigned char 常用于处理 ASCII 字符或用于处理小于或等于 255 的整型数。在 51 单片机程序中，unsigned char 是最常用的数据类型。

（2）int（整型）。

int 的长度为双字节，用于存放一个双字节数据。其分为有符号整型（signed int）和无符号整型（unsigned int），默认值为 signed int。signed int 表示的数值范围为−32768～+32767，字节中最高位表示数据的符号，“0”表示正数，“1”表示负数。unsigned int 表示的数值范围为 0～65535。

（3）long（长整型）。

long 的长度为 4 字节，用于存放一个 4 字节数据。其分为有符号长整型（signed long）和无符号长整型（unsigned long），默认为 signed long。signed long 表示的数值范围为−2147483648～+2147483647，字节中最高位表示数据的符号，“0”表示正数，“1”表示负数。unsigned long 表示的数值范围为 0～4294967295。

（4）float（浮点型）。

float 在十进制中具有 7 位有效数字，是符合 IEEE 754 标准的单精度浮点型，占用 4 字节。

（5）*（指针型）。

*本身就是一个变量，在这个变量中存放的是指向一个数据的地址。这个指针变量要占

据一定的内存单元，对不同的处理器长度也不尽相同，在 Keil C51 编译器中，它的长度一般为 1～3 字节。

（6）bit（位类型）。

bit 是 Keil C51 编译器的一种扩充数据类型，利用它可定义一个位变量，但不能定义位指针，也不能定义位数组。它的值是一个二进制数，即 0 或 1。

（7）sfr（专用寄存器）。

sfr 也是 Keil C51 编译器的一种扩充数据类型，占用一个内存单元，表示的数值范围为 0～255。利用它可以访问 51 单片机内部的所有特殊功能寄存器，如用"sfr P0 = 0x80;"这一行语句将 P0 端口映射到地址 0x80，之后可以使用"P0 = 0xFF;"（往 P0 地址，即 0x80 代表的寄存器中写值 0xFF 之类的语句来操作特殊功能寄存器）。

（8）sfr16（16 位专用寄存器）。

sfr16 的长度是双字节，表示的数值范围为 0～65535。sfr16 和 sfr 一样用于操作特殊功能寄存器，所不同的是它用于操作占 2 字节的寄存器，如定时器 T0 和 T1。

（9）sbit（可寻址位）。

sbit 同样是 C51 编译器的一种扩充数据类型，利用它可以访问芯片内部 RAM 中的可寻址位或特殊功能寄存器中的可寻址位，如先前定义了：

```
sfr P0 = 0x80;
```

因为 P0 端口的寄存器是可以按位寻址的，所以可以定义：

```
sbit P0_1 = P0 ^ 1;  //P0_1 为 P0 中的 P0.1 引脚
```

同样，我们可以用 P0.1 的地址去写，如"sbit P0_1 = 0x81;"。

### 2．Keil C 程序的变量使用

一个单片机的内存资源是十分有限的，而变量存在内存中，同时，变量的使用效率还要受到单片机体系结构的影响。因此，单片机的变量选择受到了很大的限制。变量的使用可以遵循以下规则。

【规则 1】采用短变量。

一个提高代码效率的最基本的方式就是减小变量的长度。使用 C 语言编程时，我们都习惯于对循环控制变量使用 int 类型，这对 8 位的单片机来说是一种极大的浪费。应该先仔细考虑所声明的变量值可能的范围，然后选择合适的变量类型。很明显，经常使用的变量类型应该是 unsigned char，它只占用 1 字节。

【规则 2】使用无符号类型的变量。

为什么要使用无符号类型的变量呢？原因是 MCS-51 不支持符号运算。程序中也不要使用含有符号变量的外部代码。除了根据变量长度来选择变量类型，还要考虑变量是否会用于需要负数的场合。如果程序中可以不需要负数，那么可以把变量都定义成无符号类型。

【规则 3】避免使用浮点数。

在 8 位操作系统上使用 32 位浮点数是得不偿失的，可以这样做但会浪费大量的时间。所以当要使用浮点数的时候，我们要问问自己这是否一定需要。

【规则4】使用位变量。

对于某些标志位，应使用位变量而不是 unsigned char，这将节省内存，不用浪费7位存储区。位变量在 RAM 中访问，它们只需要一个处理周期。常量的使用在程序中起到举足轻重的作用，常量的合理使用可以提高程序的可读性、可维护性。

### 3．C语言的函数构成

（1）主函数的定义。

```
void main(){
    //定义变量
    while(1){ //死循环
      //循环体
    }
}
```

（2）循环语句。

① while 循环。

```
while（表达式）{
    循环体
}
```

当表达式成立时，执行循环体，继续判断表达式是否成立，如此循环；若表达式不成立，则结束循环，执行下面的语句。

② for 循环。

```
for(表达式1；表达式2；表达式3) {
    循环体
}
```

表达式1为循环变量赋初值；表达式2为循环结束条件；表达式3用来修改循环变量的值。

（3）数组。

一维数组的定义格式：类型说明符 数组名［常量表达式/数据］。在定义数组时，[]中的常量表达式（或数据）表示元素个数，如"int a[10];"，它表示定义了一个整型数组，数组名为 a，此数组中有10个元素，10个元素的数据类型都是整型。在使用数组中的某个元素时，[]中的常量表达式（或数据）表示第几个元素。数组的数据从0开始，如第1个元素的值为a[0]，第2个元素的值为a[1]，以此类推，最后一个元素的值为a[9]。

## 1.1.2.3　微处理器程序设计框架

51 单片机 C 程序的大体框架结构如下。

```
initial(…)
{
    …
}
```

```
function1(…)
{
    …
}
    …
function_n(…)
{
    …
}
interruptFunction1() interrupt 1
{
    …
}
    …
interruptFunction() interrupt n
{
    …
}
void main()
{
    initial();
    …; //其他在 initial()函数和 while 循环以外的代码
    while(1)
    {
        …
    }
}
```

如果代码较长，则可按功能把不同的函数分组放在不同的 c 文件中。例如，通常可以把 initial()函数单独放在 initial.c 中。一个 c 文件的代码尽量不要太长，方便代码查找和维护。

## 1.1.3 任务实施

利用以 51 单片机为代表的微处理器设计硬件电路，总是需要最小系统。最小系统就是能让单片机正常工作的最基本电路。

在设计微处理器的最小系统之前，需要先安装用于设计硬件电路的软件。

### 1.1.3.1 Proteus 硬件电路设计软件的安装

图 1-1　安装包

（1）下载 Proteus-7.8sp2 或更高版本安装包，或者直接复制已下载的安装包 P7.8sp2.exe。

（2）打开文件夹，选择图 1-1 所示的安装包 P7.8sp2.exe。

右击 P7.8sp2.exe 安装包后，选择"以管理员身份运行"选项，出现图 1-2 所示的安装界面。

单击"Next"按钮，出现图 1-3 所示的安装界面。

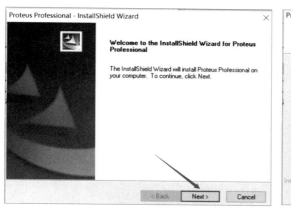

图 1-2　安装界面 1　　　　　　　　　　　　　　　　图 1-3　安装界面 2

单击"Yes"按钮，出现图 1-4 所示的安装界面，先选择图 1-4 中箭头指向的"Use a locally installed Licence Key"选项，再单击"Next"按钮，出现图 1-5 所示的安装界面。

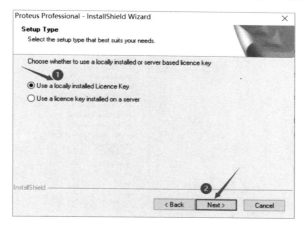

图 1-4　安装界面 3

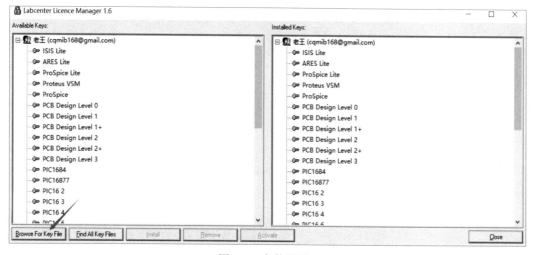

图 1-5　安装界面 4

单击"Browse For Key File"按钮，出现图 1-6 所示的安装界面。

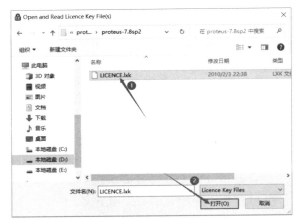

图 1-6　安装界面 5

按图 1-6 中的标注顺序依次单击"LICENCE.lxk"文件、"打开"按钮，出现图 1-7 所示的安装界面。

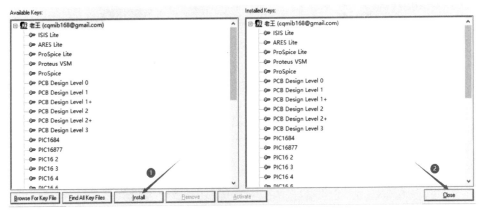

图 1-7　安装界面 6

先单击"Install"按钮，再单击"Close"按钮，出现图 1-8 所示的安装界面。

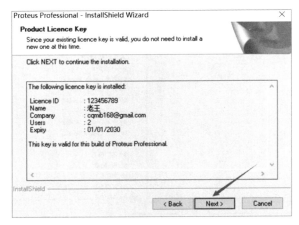

图 1-8　安装界面 7

单击"Next"按钮，出现图 1-9 所示的安装界面。

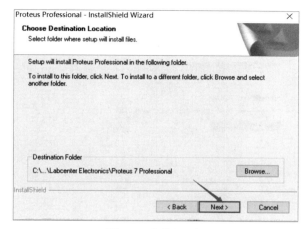

图 1-9　安装界面 8

再次单击"Next"按钮，出现图 1-10 所示的安装界面。

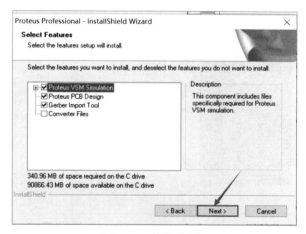

图 1-10　安装界面 9

继续单击"Next"按钮，出现图 1-11 所示的安装界面。

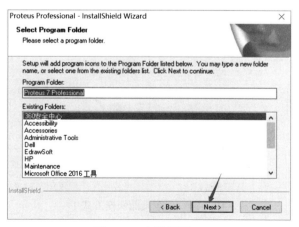

图 1-11　安装界面 10

最后单击"Next"按钮，出现图 1-12 所示的安装界面。

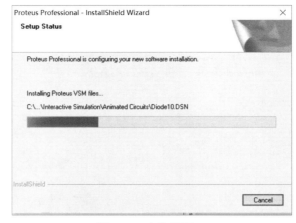

图 1-12　安装界面 11

等待安装，安装完成后出现图 1-13 所示的安装界面。

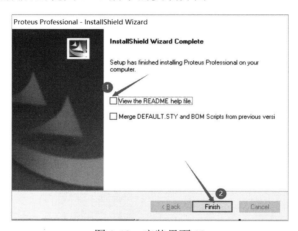

图 1-13　安装界面 12

先取消勾选图 1-13 中箭头①指向的复选框，再单击"Finish"按钮，安装完成。

（3）创建桌面快捷方式。

找到图 1-14 中箭头①所指的安装目录下的"ISIS"文件，即箭头②所指的"ISIS"文件，按图 1-15 所示的标注顺序创建桌面快捷方式，这样，只要双击桌面图标就能打开软件进行硬件电路设计了。

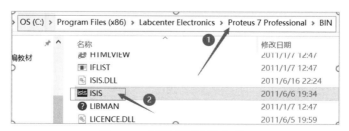

图 1-14　创建桌面快捷方式 1

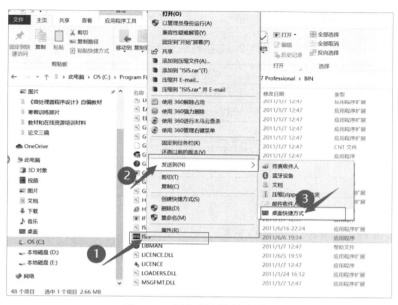

图 1-15　创建桌面快捷方式 2

（4）安装视频。

扫描以下二维码，可以观看安装视频。

Proteus 安装及破解方法

### 1.1.3.2　微处理器最小系统电路设计

（1）打开 Proteus 仿真软件，选择图 1-16 中箭头①所指的图标，单击箭头②所指"P"按钮，根据元件清单放置元件，并按图 1-16 所示的最小电路图连接好导线，保存电路图文件，文件名为"最小系统.DSN"。

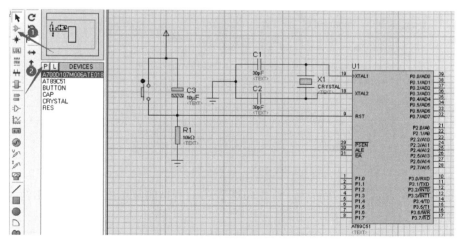

图 1-16　最小电路图

最小系统元件清单如表 1-2 所示。

表 1-2　最小系统元件清单

| 元件名称 | 型号 | 数量 |
| --- | --- | --- |
| 单片机 | AT89C51 | 1 |
| 晶振 | CRYSTAL-12MHz | 1 |
| 电容 | CAP-30pF | 2 |
| 电解电容 | A700D107M006ATE018-10μF | 1 |
| 按键 | BUTTON | 1 |
| 电阻 | RES-10kΩ | 1 |

（2）最小系统电路设计教学视频。

扫描右侧二维码，可以观看教学微视频。

最小电路

### 1.1.3.3　Keil μVision4 编程软件安装

为点亮一个 LED 灯，除了设计硬件电路，还需要编程软件。首先需要安装编程软件。

（1）下载 Keil μVision4 或更高版本的安装包，或者直接复制已下载的安装包。

右击图 1-17 中箭头所指的"C51V901"文件，选择"管理员身份运行"选项，出现图 1-18 所示的安装界面，在该界面中单击"Next"按钮。

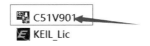

图 1-17　开发环境安装包

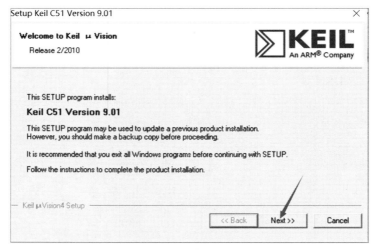

图 1-18　安装界面 13

出现图 1-19 所示的安装界面后，首先勾选箭头①所指的复选框，然后单击箭头②所指的"Next"按钮。

先单击图 1-20 中"Browse…"按钮，选择安装路径，再单击箭头②所指的"Next"按钮。

在图 1-21 所示的界面中填写信息，单击"Next"按钮继续安装。

图 1-19　安装界面 14

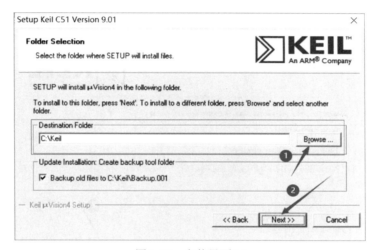

图 1-20　安装界面 15

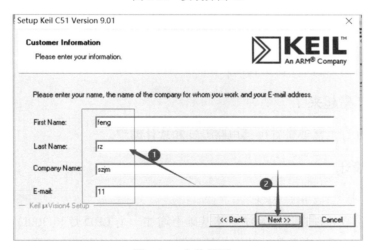

图 1-21　安装界面 16

出现图 1-22 所示的安装界面表示已经进入安装状态，进度条满格后会出现图 1-23 所示的安装界面，取消勾选箭头①所指的三个复选框，单击箭头②所指的"Finish"按钮，完成安装。

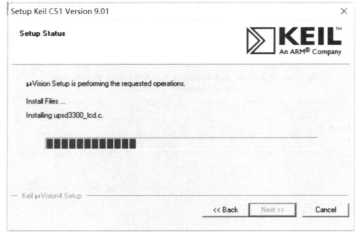

图 1-22　安装界面 17

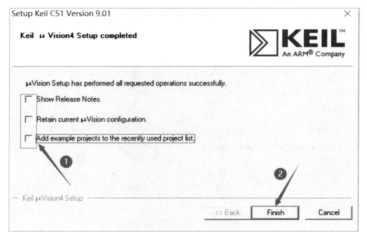

图 1-23　安装界面 18

（2）安装视频。

扫描右侧二维码，可以观看安装视频。

keil 安装及破解方法

### 1.1.3.4　LED 灯亮起来了

点亮一个 LED 灯，需要进行硬件电路设计和软件编程。

#### 1．硬件电路设计

首先新建文件夹"1-2 单灯闪烁"。

利用 Proteus 仿真软件在最小系统电路基础上增加一个 LED 灯和 300Ω 限流电阻，硬件电路设计图如图 1-24 所示，电源和地的图标按照图 1-24 中标注的顺序放置。箭头②所指的是电源，箭头③所指是地。单灯闪烁电路元件清单如表 1-3 所示。把电路图文件保存到"1-2 单灯闪烁"文件夹下，文件名为"1LED_1.DSN"。

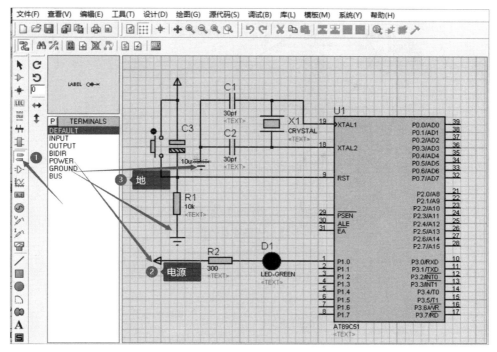

图 1-24　硬件电路设计图

表 1-3　单灯闪烁电路元件清单

| 元件名称 | 型号 | 数量 |
| --- | --- | --- |
| 单片机 | AT89C51 | 1 |
| 晶振 | CRYSTAL-12MHz | 1 |
| 电容 | CAP-30pF | 2 |
| 电解电容 | A700D107M006ATE018-10μF | 1 |
| 按键 | BUTTON | 1 |
| 电阻 | RES-10kΩ | 1 |
| 电阻 | RES-300Ω | 1 |
| LED 灯 | LED-GREEN | 1 |

## 2．软件编程

　　LED 灯的阴极连接单片机 P1.0 端，阳极通过限流电阻连接电源，当 P1.0 端输出低电平时，LED 灯被点亮；当 P1.0 端输出高电平时，LED 灯中没有电流流过，LED 灯不亮。P1.0 端输出低电平先延时一段时间，然后输出高电平延时相同时间，如此循环，就能控制 LED 灯以一定的频率闪烁，从而实现 LED 灯交替亮灭。

　　双击桌面图标 ，打开 Keil 开发软件，新建项目的步骤如图 1-25 所示，依次选择箭头①所指的 "Project" 选项、箭头②所指的 "New μVision Project…" 选项，完成项目新建。在图 1-26 所示的界面将新建的项目保存到硬件电路所在的文件夹下，设置文件名为 "1led_1"，文件保存类型为 "*.μvproj"，单击 "保存" 按钮，在图 1-27 所示的窗口中选择芯片的生产厂商。

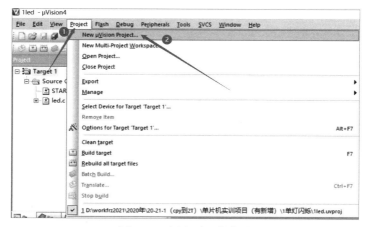

图 1-25　新建项目的步骤

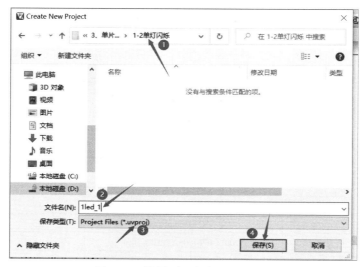

图 1-26　设置项目名为"1led_1"

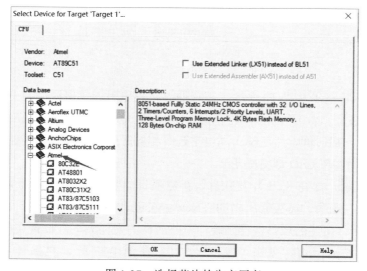

图 1-27　选择芯片的生产厂商

先在图 1-27 中选择公司"Atmel"，再在图 1-28 中选择芯片型号为"AT89C51"，最后单击"OK"按钮，弹出图 1-29 所示的"μVision"对话框。

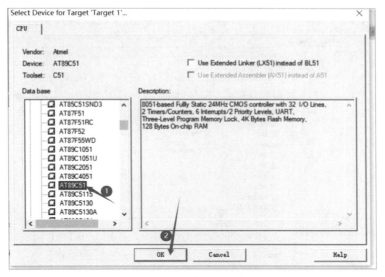

图 1-28　选择芯片型号

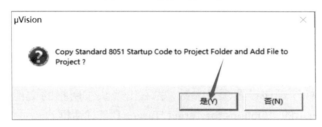

图 1-29　"μVision"对话框

在"μVision"对话框中单击"是"按钮，打开图 1-30 所示的添加标准库后的界面。在该界面中单击箭头①所指的"Target 1"目录，随即出现箭头②所指的文件，说明项目新建成功，若未出现箭头②所指的文件，则按上述步骤重新新建项目。

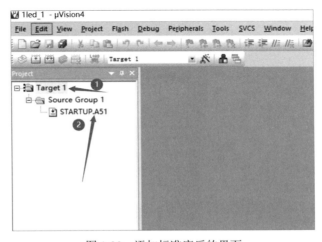

图 1-30　添加标准库后的界面

先按图 1-31 所示的标注顺序新建一个 c 文件，再单击"保存"按钮进行保存。

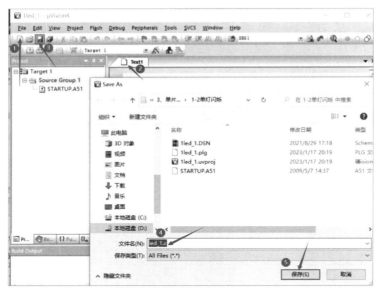

图 1-31　新建一个 c 文件

按图 1-32 所示的标注顺序将新建文件添加到项目菜单中，先右击箭头①所指的文件夹，再选择箭头②所指的选项，最后选择刚才新建的 c 文件，按图 1-33 所示的标注顺序将新建的 c 文件添加到项目中。返回图 1-34 所示的添加文件后的主界面，从中可以看出，这个 c 文件已经出现在项目中。

按图 1-35 所示的标注顺序设置项目参数，先右击箭头①所指的文件夹，再选择箭头②所指的选项，弹出图 1-36 所示的"Options for Target 'Target 1'"对话框。

图 1-32　将新建文件添加到项目菜单中

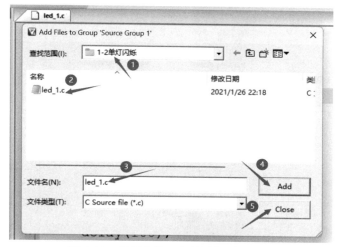

图 1-33　将新建的 c 文件添加到项目中

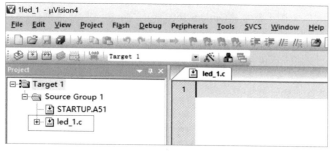

图 1-34　添加文件后的主界面

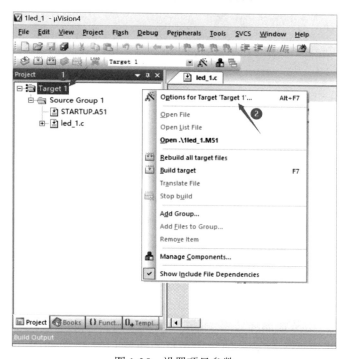

图 1-35　设置项目参数

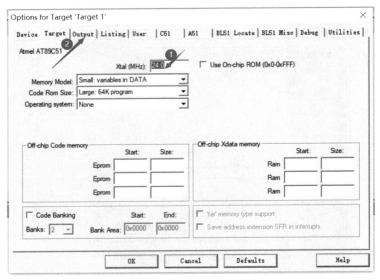

图 1-36　"Options for Target 'Target 1'"对话框

将图 1-36 上的箭头①所指的数值框内容改成"12"，表示晶振频率为 12MHz，选择箭头②所指的"Output"选项卡，界面如图 1-37 所示。

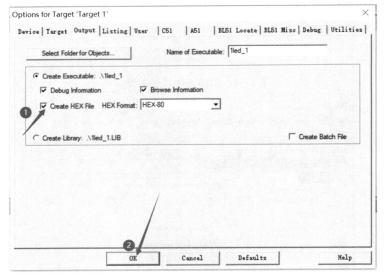

图 1-37　"Output"选项卡

先勾选图 1-37 中的箭头①所指的复选框，再单击"OK"按钮，表示编译后会生成 hex 文件，这个 hex 文件就是下载到单片机中的可执行文件。

在图 1-38 所示的编写代码界面中双击箭头①所指的"led_1.c"文件，在右侧展开的"led_1.c"文件中写代码；箭头②所指语句表示包含与 51 单片机相关的头文件"reg51.h"；箭头③所指语句表示定义位变量 led 为 P1.0 端口，sbit 表示设置位变量，led 是 P1.0 端口的别名；箭头④所指语句是延时函数，循环体用";"，表示一条空语句执行 num×100 次，num 值是调用主函数时传递进来的参数；箭头⑤所指语句是循环体，led=0 表示 P1.0 端口输出 0，即 LED灯先亮，然后延时 100 个被执行 100 次的空语句，接着 LED 灯灭，再延时 100 个被执行 100

次的空语句，如此无限循环，产生的效果就是 LED 灯按一定的频率闪烁。

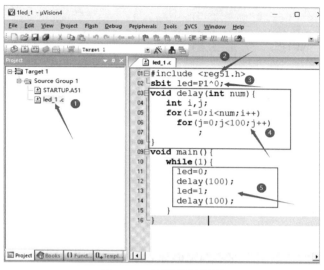

图 1-38 编写代码界面

单击图 1-39 所示的代码编译界面中的箭头①所指图标，并编译程序，出现箭头②所指的文件，表示生成 hex 文件，箭头③所指的提示表示没有错误。当有错误时，无法生成 hex 文件，必须改正错误后重新编译，才能生成 hex 文件。

图 1-39 代码编译界面

### 3．仿真调试

回到 Proteus 仿真软件，按图 1-40 所示的步骤在仿真电路图中下载 hex 文件，选择刚才生成的 hex 文件，并下载到 51 单片机中。

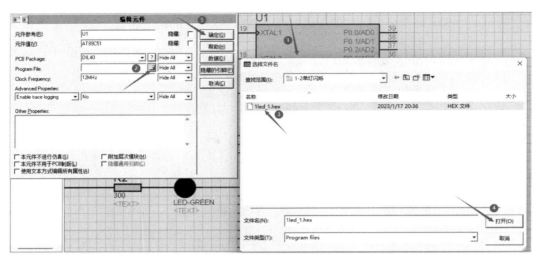

图 1-40　在仿真电路图中下载 hex 文件

单击图 1-41 所示的仿真运行效果图中的箭头①所指的运行按钮，此时的按钮颜色由黑色变成绿色，可以看到仿真电路中箭头②所指的绿色 LED 灯按一定频率闪烁，箭头③所指的蓝色方块表示低电平，红色方块表示高电平。到此，本模块已按要求实现仿真。接下来的任务是将 hex 文件下载到开发板的 51 单片机中，并观察仿真运行效果。

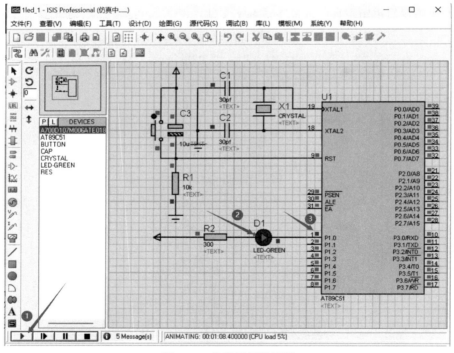

图 1-41　仿真运行效果图

### 1.3.5　让开发板"动起来"

仿真运行成功后，可以把 hex 文件下载到开发板上，按电路图上的连线方式连接好开发板，点亮开发板上的一个 LED 灯。

首先需要安装普中科技 A7 开发板的驱动程序，使计算机能识别开发板。

### 1. CH340 驱动安装

首先，开发板需要安装 USB 转串口 CH340 驱动，对于大多数计算机系统，将 USB 线连接计算机和开发板的 USB 接口后会自动检测、安装 CH340 驱动，如果计算机没有自动安装 CH340 驱动，则可以采用手动安装，即打开素材库中的"开发板 USB 转串口 CH340 驱动"文件夹，双击名为"CH341SER"的应用程序，出现图 1-42 所示的安装界面，单击"安装"按钮。

如果安装成功，则会显示图 1-43 所示的安装界面（前提：必须使用 USB 线将计算机 USB 接口和开发板 USB 接口连接）。

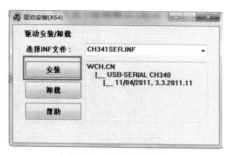

图 1-42　安装界面 19

图 1-43　安装界面 20

如果显示"驱动预安装不成功"或"驱动安装失败"等提示信息，则表明驱动安装不成功。这时可以打开素材库中"驱动安装失败解决方法"文件，选择安装对应的驱动；如果还是安装失败，则可以重新换一条 USB 线（支持安卓手机数据线）再次安装、测试；如果还是安装失败，则可以下载一个驱动精灵，让其自动检测硬件驱动。一般通过这几个方法就可以解决驱动安装失败的问题了。

扫描右侧二维码，可以观看"普中科技 A7 开发板驱动安装"视频。

驱动安装成功后可以打开指定目录中的软件"\3--开发工具\3. 程序烧入软件\普中科技烧写软件（推荐使用）\普中自动下载软件.exe"，查看串口号是否显示有"CH340"的字样，如果有，则证明驱动安装成功，否则安装失败，烧写程序界面（串口选择）如图 1-44 所示。

普中科技 A7 开发板
驱动安装

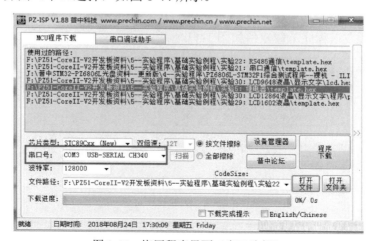

图 1-44　烧写程序界面（串口选择）

### 2．程序的烧写与下载

安装好 CH340 驱动后，就可以下载程序了。在下载程序前先确认开发板上的 USB 转 TTL 串口模块上的 J39 和 J44 端子之间的短接片是否短接到中端（P31T 与 URXD 连接、P30R 与 UTXD 连接），出厂的时候该短接片默认已经短接好，开发板跳线帽连接结构图和开发板跳线帽连接实物图分别如图 1-45 和图 1-46 所示。

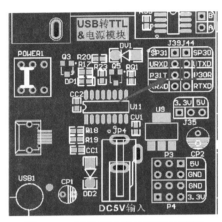

图 1-45　开发板跳线帽连接结构图

图 1-46　开发板跳线帽连接实物图

打开目录"\3--开发工具\3.程序烧入软件"，可以看到目录中有两个烧写软件，一个是"STC-ISP 下载"软件，另一个是"普中科技公司自动下载软件"。"STC-ISP 下载"软件需要冷启动，即先单击"下载"按钮，再开启电源，由于操作较为复杂，所以不推荐使用该软件。而"普中科技公司自动下载软件"只需一键即可下载，操作非常简单，推荐使用该软件下载程序。

> **注意**：要下载程序，前提条件是必须使用 USB 线将开发板和计算机连接好，并安装好 CH340 驱动。下面介绍如何给普中科技 51 双核 A7 开发板下载程序。

首先需要将开发板上的 USB 转 TTL 串口模块上的 J39 和 J44 端子使用短接片短接，出厂的时候开发板默认已经短接好（URXD 与 P31T 连接、UTXD 与 P30R 连接），用户不需要改动，如图 1-46 所示。

打开文件夹"\3--开发工具\3.程序烧入软件\普中科技烧写软件（推荐使用）\普中自动下载软件.exe"，选择开发板程序下载软件如图 1-47 所示。

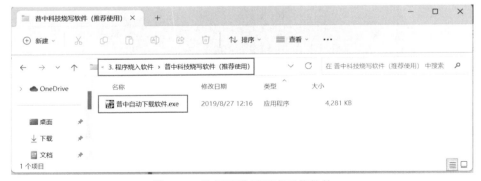

图 1-47　选择开发板程序下载软件

双击"普中自动下载软件.exe"，弹出图 1-48 所示的 MCU 程序下载界面（选择串口号），可以看到软件的版本号。此时默认已经安装好了 CH340 驱动，因此可以看到对应的串口号。

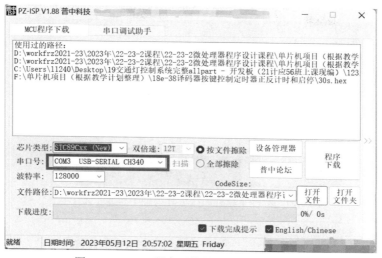

图 1-48　MCU 程序下载界面（选择串口号）

> **注意**：这里显示的是"COM3 USB-SERIAL CH340"，该串口号不是固定的，不同计算机的串口号可能会有所不同。

在图 1-49 所示的程序下载界面（选择芯片类型）中选择芯片类型为"STC89Cxx(New)"。不同批次的开发板上使用的芯片稍有区别，如果选择芯片类型为"STC89Cxx(New)"，下载不成功，则也可以在图 1-50 所示的程序下载界面（选择芯片类型）中选择芯片类型为"STC89Cxx Series"，重新下载。

图 1-49　程序下载界面（选择芯片类型）1

图 1-50　程序下载界面（选择芯片类型）2

将波特率设置为"128000"（如果发现此波特率下载速度比较慢，则可以提高波特率，如果下载失败，则可以把波特率降低，总之选择一个能下载的波特率即可）。程序下载界面（选择波特率和 hex 文件）如图 1-51 所示，其他的选项保持默认设置。单击"打开文件"按钮，弹出图 1-52 所示的程序下载界面（选择 hex 文件）。

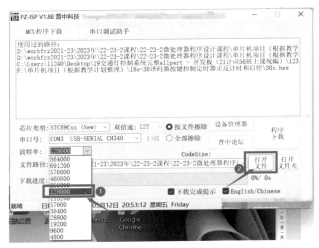

图 1-51　程序下载界面（选择波特率和 hex 文件）

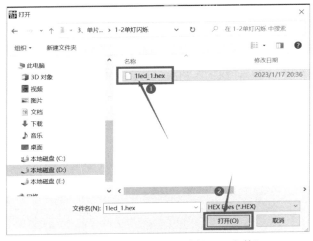

图 1-52　程序下载界面（选择 hex 文件）

选择文件夹中已有的示例 hex 文件，单击图 1-52 中的"打开"按钮，出现图 1-53 所示的程序下载界面（打开 hex 文件后的界面）。

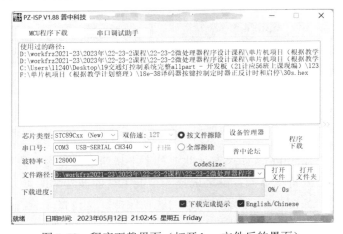

图 1-53　程序下载界面（打开 hex 文件后的界面）

在图 1-54 所示的程序下载过程界面中单击"程序下载"按钮，即可完成程序下载。当程序下载完成时会提示"恭喜！文件下载完毕！"。

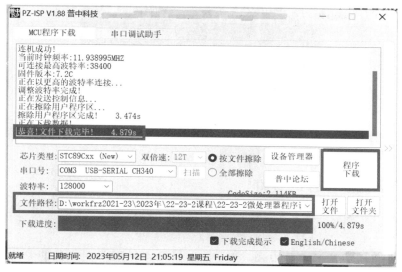

图 1-54　程序下载过程界面

扫描右侧二维码，可以观看"开发板程序下载方法"视频。

### 3．开发板验证

打开下载软件，按图 1-55 所示的步骤选择需要下载的 hex 文件到开发板，选择芯片类型、串口号和波特率，打开文件，并单击"程序下载"按钮。下载完成后，根据图 1-56 所示的开发板运行效果图将开发板和计算机用 USB 线连接，用导线将开发板上的 P1.0 和 LED1 连接，打开电源，即可看到 LED1 灯按一定频率闪烁。

完整程序代码参考 ep1_1.c 文件。

普中科技 A7 开发板
程序下载方法

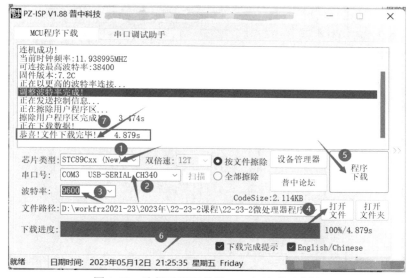

图 1-55　选择需要下载的 hex 文件到开发板

图 1-56　开发板运行效果图

扫描右侧二维码，可以观看教学微视频。

单灯闪烁硬件设计

单灯闪烁软件设计及调试

### 1.1.3.6　"行云流水"的 LED 灯

51 单片机的 P1 端口连接八个 LED 灯，第一个 LED 灯亮一段时间后，第二个 LED 灯被点亮，第三个、第四个、……、第八个 LED 灯依次被点亮。每个阶段只亮一个 LED 灯，其他七个 LED 灯熄灭，八个 LED 灯就像是"行云流水"般被点亮。

#### 1.　硬件电路设计

首先新建"1-3 流水灯"文件夹。

利用 Proteus 仿真软件在最小系统电路基础上增加八个 LED 灯和八个 300Ω 限流电阻，流水灯电路图如图 1-57 所示。放置元件的方法与 1.3.2 节中放置元件的方法一样，流水灯电路元件清单如表 1-4 所示。保存的文件名为"2 流水灯.DSN"，并保存到"1-3 流水灯"文件夹下。

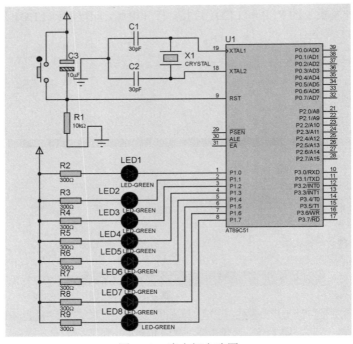

图 1-57　流水灯电路图

表 1-4　流水灯电路元件清单

| 元件名称 | 型号 | 数量 |
| --- | --- | --- |
| 单片机 | AT89C51 | 1 |
| 晶振 | CRYSTAL-12MHz | 1 |
| 电容 | CAP-30pF | 2 |
| 电解电容 | A700D107M006ATE018-10μF | 1 |
| 按键 | BUTTON | 1 |
| 电阻 | RES-10kΩ | 1 |
| 电阻 | RES-300Ω | 8 |
| LED 灯 | LED-GREEN | 8 |

**2. 软件编程**

八个 LED 灯阴极分别连接单片机的 P1.0～P1.7 端，阳极通过限流电阻连接电源，当 P1.0 端输出低电平时，LED1 灯被点亮，当 P1.0 端输出高电平时，LED1 灯中没有电流流过，则 LED1 灯不亮。当 P1.0 端输出低电平，P1.1～P1.7 端输出高电平时，只有 LED1 灯被点亮，延时一段时间后 P1.1 端输出低电平，同时 P1.0、P1.2～P1.7 端输出高电平，只有 LED2 灯被点亮，延时相同时间。以此类推，LED1～LED8 灯分别连接 P1.0～P1.7 端轮流被点亮一段时间，如同行云流水般，本任务因此得名"流水灯"。如此循环往复，从而实现本任务。下面对 P1.0～P1.7 端进行详细分析，流水灯分析表如表 1-5 所示。

表 1-5　流水灯分析表

| P1.7 | P1.6 | P1.5 | P1.4 | P1.3 | P1.2 | P1.1 | P1.0 | 变量 s 的值 |
| --- | --- | --- | --- | --- | --- | --- | --- | --- |
| 1 | 1 | 1 | 1 | 1 | 1 | 1 | **0** | 0xfe |
| 1 | 1 | 1 | 1 | 1 | 1 | **0** | 1 | 0xfd |
| 1 | 1 | 1 | 1 | 1 | **0** | 1 | 1 | 0xfb |
| 1 | 1 | 1 | 1 | **0** | 1 | 1 | 1 | 0xf7 |
| 1 | 1 | 1 | **0** | 1 | 1 | 1 | 1 | 0xef |
| 1 | 1 | **0** | 1 | 1 | 1 | 1 | 1 | 0xdf |
| 1 | **0** | 1 | 1 | 1 | 1 | 1 | 1 | 0xbf |
| **0** | 1 | 1 | 1 | 1 | 1 | 1 | 1 | 0x7f |
| LED8 | LED7 | LED6 | LED5 | LED4 | LED3 | LED2 | LED1 | |

从表 1-5 可以看出，0 的位置在往左移，一直左移到最高位后又回到最低位。

（1）设置变量 s 的初始值为 0xfe，即 s=1111 1110，P1=s；此时第一个 LED 灯被点亮，其余 LED 灯熄灭。

（2）先让 s 左移一位，再加 1。

① s=s<<1，即 s=1111 1100。

② s=s+1，即 s=1111 1101。

③ P1=s，即 P1=1111 1101。此时第二个 LED 灯被点亮，其余 LED 灯熄灭。

（3）重复步骤（2）的①、②、③ 8 次。

用 for 循环实现步骤（2）的功能，代码如下。

```
s=0xfe;//s 的初始值为 1111 1110
//循环 8 次
for(k=0;k<8;k++){//k=0 时; k=1 时; …; k=7 时; k=8 时循环结束
    P1=s;//P1=1111 1110; P1=1111 1101; …; P1=0111 1111
    delay(100);// 延时
    s=s<<1;//s=1111 1100; s=1111 1010; …; s=1111 1110
    s=s+1; // s=1111 1101; s=1111 1011; …; s=1111 1111

    }
```

创建项目 2flow.μvproj，新建 2flow.c 文件并将此文件添加到 2flow.μvproj 项目中，设置项目参数。在 2flow.c 文件中编写代码，编译、调试到没有错误，生成 2flow.hex 文件。

完整的程序代码如下。

```
#include <reg51.h>
unsigned char s; //移位变量
unsigned char k; //循环次数变量
//延时函数
void delay(int num){
   int i,j;
   for(i=0;i<num;i++)
      for(j=0;j<100;j++)

        ;
}
//主函数
void main(){
   while(1){
     s=0xfe;//s 的初始值为 1111 1110
     //循环 8 次
     for(k=0;k<8;k++){//k=0 时; k=1 时; …; k=7 时; k=8 时循环结束
       P1=s;//P1=1111 1110; P1=1111 1101; …; P1=0111 1111
       delay(100);//延时
         s=s<<1;//s=1111 1100; s=1111 1010; …; s=1111 1110
         s=s+1; // s=1111 1101; s=1111 1011; …; s=1111 1111
     }//for
   }//while
}//main
```

### 3．仿真调试

将编译后生成的 2flow.hex 文件下载到单片机中，单击"运行"按钮，可以看到 LED1～LED8 灯像流水一样被点亮，仿真运行效果如图 1-58 所示。

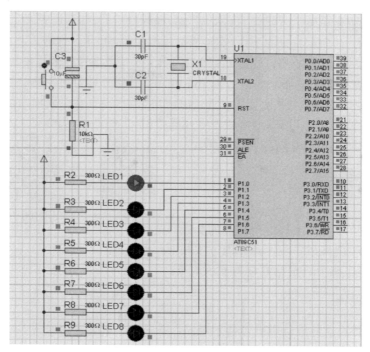

图 1-58　仿真运行效果

### 4．开发板验证

将开发板和计算机用 USB 线连接，打开下载软件，选择需要下载的 2flow.hex 文件，选择芯片类型、串口号和波特率，打开文件，并单击"程序下载"按钮。下载完成后，按图 1-59 所示的开发板连接图连接电路，用导线将开发板上的 P1.0～P1.7 端分别和 LED1～LED8 灯连接，打开电源即可看到 LED1～LED8 灯按一定频率行云流水地被点亮。

图 1-59　开发板连线图

完整程序代码参考 ep1_2.c 文件。

### 5．故障与维修

当硬件电路中连接 LED 灯的电阻超过 1kΩ，或者 LED 灯阴阳两极反接时都会导致 LED 灯亮不起来。在关机状态下，用万用表检测电阻阻值及 LED 灯的阴阳极，确认电阻阻值和 LED 灯极性是否正确。

调试程序时，若是单个 LED 灯始终不亮，则检测微处理器输出端口和 LED 灯连接的引脚号是否对应。例如，代码编写的是 P1.0 端输出低电平以控制 LED 灯被点亮，而在硬件连接上却是 P2.0 端连接了 LED 的阴极。修改硬件电路上 LED 与微处理器的连接端口，将 LED 灯连接到 P1.0 端上，或者将代码 sbit P1^0 改为 sbit P2^0；若是一排灯都不亮，则较大的可能是代码中控制的输出端口和硬件电路上连接八个 LED 灯的端口不一致。同样，可以重新连接 LED 灯到微处理器的对应输出端口 P1 上，或者将代码"P1="修改为"P2="。

扫描右侧二维码，可以观看教学微视频。

流水灯硬件设计　　流水灯软件设计-移位算法　　流水灯软件设计-数组算法

## 1.1.4　能力拓展

在"行云流水"的 LED 灯这个任务的基础上，将 LED 灯的颜色换成彩色，点亮的方式和时间仿照超市或商店在节日里霓虹灯的显示效果。

### 1．硬件电路设计

利用 Proteus 仿真软件设计霓虹灯显示电路，霓虹灯显示电路图如图 1-60 所示，霓虹灯电路元件清单如表 1-6 所示。

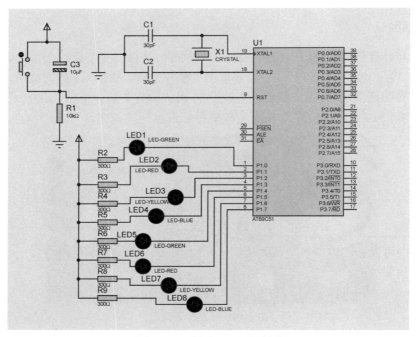

图 1-60　霓虹灯显示电路图

表 1-6　霓虹灯电路元件清单

| 元件名称 | 型号 | 数量 |
| --- | --- | --- |
| 单片机 | AT89C51 | 1 |
| 晶振 | CRYSTAL-12MHz | 1 |
| 电容 | CAP-30pF | 2 |

| 元件名称 | 型号 | 数量 |
|---|---|---|
| 电解电容 | A700D107M006ATE018-10μF | 1 |
| 按键 | BUTTON | 1 |
| 电阻 | RES-10kΩ | 1 |
| 电阻 | RES-300Ω | 8 |
| LED 灯 | LED-GREEN | 2 |
| LED 灯 | LED-RED | 2 |
| LED 灯 | LED-YELLOW | 2 |
| LED 灯 | LED-BLUE | 2 |

## 2．软件编程

八个不同颜色的 LED 灯阴极分别连接到单片机 P1.0～P1.7 端，阳极通过限流电阻连接电源，当 P1.0 端输出低电平时，LED1 灯被点亮；当 P1.0 端输出高电平时，LED1 中没有电流流过，则 LED1 灯不亮。当 P1.0 端输出低电平，P1.1～P1.7 端输出高电平时，只有 LED1 灯被点亮，延时一段时间后 P1.1 端输出低电平，同时 P1.0～P1.7 端输出高电平，只有 LED2 灯被点亮，延迟相同时间。以此类推，按 LED1～LED8 灯的顺序，分别连接到 P1 端口的八位上轮流被点亮一段时间，如行云流水一般，此为正流水。按 LED8～LED1 灯的顺序轮流被点亮，即倒流水，如此循环往复，从而达到霓虹灯的效果。倒流水灯分析表如表 1-7 所示。

表 1-7　倒流水灯分析表

| P1.7 | P1.6 | P1.5 | P1.4 | P1.3 | P1.2 | P1.1 | P1.0 | 变量 s 的值 |
|---|---|---|---|---|---|---|---|---|
| **0** | 1 | 1 | 1 | 1 | 1 | 1 | 1 | 0x7f |
| 1 | **0** | 1 | 1 | 1 | 1 | 1 | 1 | 0xbf |
| 1 | 1 | **0** | 1 | 1 | 1 | 1 | 1 | 0xdf |
| 1 | 1 | 1 | **0** | 1 | 1 | 1 | 1 | 0xef |
| 1 | 1 | 1 | 1 | **0** | 1 | 1 | 1 | 0xf7 |
| 1 | 1 | 1 | 1 | 1 | **0** | 1 | 1 | 0xfb |
| 1 | 1 | 1 | 1 | 1 | 1 | **0** | 1 | 0xfd |
| 1 | 1 | 1 | 1 | 1 | 1 | 1 | **0** | 0xfe |
| LED8 | LED7 | LED6 | LED5 | LED4 | LED3 | LED2 | LED1 | |

从表 1-7 中可以发现，0 的位置在往右移，一直右移到最低位后又回到最高位。

（1）设置变量 s 的初始值为 0x7f，即 s=0111 1111，P1=s；此时第八个 LED 灯被点亮，其余 LED 灯熄灭。

（2）先让 s 右移一位，再加 0x80。

① s=s>>1，即 s=0011 1111。

② s=s+0x80，即 s=1011 1111。

③ P1=s，即 P1=1011 1111。此时第七个 LED 灯被点亮，其余 LED 灯熄灭。

（3）重复步骤（2）的①、②、③8 次。

用 for 循环实现步骤（2）的功能，代码如下。

```
s=0x7f;//s 的初始值为 0111 1111
//循环 8 次
```

```
for(k=0;k<8;k++){//k=0 时；k=1 时；…；k=7 时；k=8 时循环结束
    P1=s;//P1=0111 1111; P1=1011 1111; …; P1=1111 1110
    delay(100);// 延时
    s=s>>1;   //s=0011 1111;
    s=s+0x80; // s=1011 1111;
}
```

新建项目 flowed.μvproj，新建文件 flowed.c 并将此文件添加到项目中，设置项目参数。在 flowed.c 文件中编写代码，编译、调试到没有错误，生成 flowed.hex 文件。

完整的程序代码如下。

```
#include <reg51.h>
int k;
void delay(int num){
  int i,j;
   for(i=0;i<num;i++)
     for(j=0;j<300;j++)
       ;
}
void main(){
   while(1){ //P1  P1^7 P1^6 P1^5 P1^4 P1^3 P1^2 P1^1 P1^0
     //正流水
     P1=0xfe; // P1= 1  1  1  1  1  1  1  0
     delay(100);
     for(k=0;k<7;k++)    {
        P1=P1<<1;
        P1=P1+0x01;
        delay(100);
     } //for
     //倒流水
     P1=0x7f;//P1= 0  1  1  1  1  1  1  1
     delay(100);
     for(k=0;k<7;k++)    {
        P1=P1>>1;   //0101 1111
        P1=P1+0x80;
        delay(100);
     } //for
   }//while
}//main
```

### 3. 仿真调试

将编译后生成的 flowed.hex 文件下载到单片机中，单击"运行"按钮，可以看到 LED1～LED8 灯像霓虹灯一样被轮流点亮，仿真运行效果如图 1-61 所示。

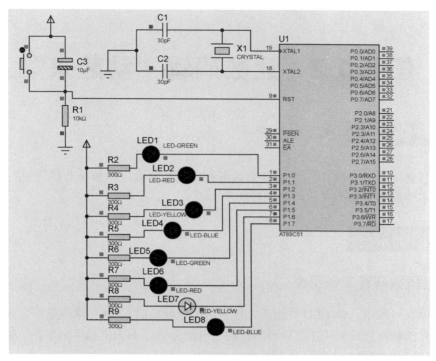

图 1-61　仿真运行效果

#### 4．开发板验证

将开发板和计算机用 USB 线连接，打开下载软件，选择需要下载的 flowed.hex 文件，选择芯片类型、串口号和波特率，打开文件，并单击"程序下载"按钮，下载完成后，按图 1-59 所示的开发板连接图连接电路，将导线 P1.0～P1.7 端分别和 LED1～LED8 灯连接，打开电源，即可看到 LED1～LED8 灯按一定频率以正流水方式被点亮，以及从 LED8～LED1 灯以倒流水方式显示，即模拟霓虹灯显示的效果。

完整代码参考 ep1_2a.c 文件。

扫描右侧二维码，可以观看教学微视频。

## 1.1.5　任务小结

霓虹灯效果

安装 Proteus 仿真软件并利用该仿真软件设计电路图，放置元件时需要注意修改元件名称和参数，LED 灯与单片机输出口连接时需要注意其极性，不能接反。

利用 Keil μVision4 编程软件编写代码时，需要注意代码书写格式和语法不能有错，编译通过后方可下载到仿真电路和开发板上运行。

## 1.1.6　问题讨论

本任务中单片机输出低电平可使 LED 灯发光，单片机是否可以输出高电平来控制 LED 灯发光呢？如果可以，那么应该如何设计电路？如果不可以，那么请说明理由。

# 任务 1.2  让数码管"动起来"

## 1.2.1  任务目标

通过本任务的设计和制作，培养学生具备利用微处理器控制单个数码管进行静态和动态显示、控制多个数码管动态显示不同字符的能力。

## 1.2.2  知识准备

### 1.2.2.1  七段数码管工作原理

七段数码管一般由八个 LED 灯组成，其中由七个细长的 LED 灯组成数字显示段。它的显示段可以独立控制发光或熄灭，这样不同段的组合就形成了不同的数字或字符。另外，一个圆形的 LED 灯显示小数点，七段数码管外部引脚和内部结构如图 1-62 所示。

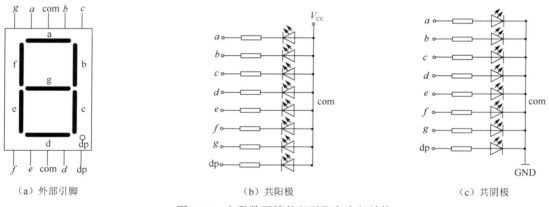

（a）外部引脚　　　　　　　　　　（b）共阳极　　　　　　　　　　（c）共阴极

图 1-62　七段数码管外部引脚和内部结构

要使数码管显示出数字或字符，直接将相应的数字或字符送至数码管的段控制端是不行的，必须使段控制端输出相应的字型编码。将单片机 P2 端口的 P2.0～P2.7 八个引脚依次与数码管的 $a$、$b$、$c$、$d$、$e$、$f$、$g$、dp 八个段控制引脚相连接。如果使用的是共阳极数码管，com 端接 $V_{CC}$（+5V）。要在共阳极数码管上显示数字"0"，则需要将数码管的 $a$、$b$、$c$、$d$、$e$、$f$ 六个段点亮，其他段熄灭，因此，要向 P2 端口传送数据 11000000B（0xC0），该数据就是与字符 0 相对应的共阳极字型编码。如果使用的是共阴极数码管，则 com 端接地。要用共阴极数码管显示数字 0，就要把数码管的 $a$、$b$、$c$、$d$、$e$、$f$ 六个段点亮，其他段熄灭，因此要向 P2 端口传送数据 00111111B（0x3F），这就是与字符 0 相对应的共阴极字型编码。表 1-8 所示为数码管字型编码。

表 1-8 数码管字型编码

| 显示字符 | 共阳极数码管 | | | | | | | | | 共阴极数码管 | | | | | | | | |
|---|---|---|---|---|---|---|---|---|---|---|---|---|---|---|---|---|---|---|
| | dp | g | f | e | d | c | b | a | 字型编码 | dp | g | f | e | d | c | b | a | 字型编码 |
| 0 | 1 | 1 | 0 | 0 | 0 | 0 | 0 | 0 | 0xc0 | 0 | 0 | 1 | 1 | 1 | 1 | 1 | 1 | 0x3f |
| 1 | 1 | 1 | 1 | 1 | 1 | 0 | 0 | 1 | 0xf9 | 0 | 0 | 0 | 0 | 0 | 1 | 1 | 0 | 0x06 |
| 2 | 1 | 0 | 1 | 0 | 0 | 1 | 0 | 0 | 0xa4 | 0 | 1 | 0 | 1 | 1 | 0 | 1 | 1 | 0x5b |
| 3 | 1 | 0 | 1 | 1 | 0 | 0 | 0 | 0 | 0xb0 | 0 | 1 | 0 | 0 | 1 | 1 | 1 | 1 | 0x4f |
| 4 | 1 | 0 | 0 | 1 | 1 | 0 | 0 | 1 | 0x99 | 0 | 1 | 1 | 0 | 0 | 1 | 1 | 0 | 0x66 |
| 5 | 1 | 0 | 0 | 1 | 0 | 0 | 1 | 0 | 0x92 | 0 | 1 | 1 | 0 | 1 | 1 | 0 | 1 | 0x6d |
| 6 | 1 | 0 | 0 | 0 | 0 | 0 | 1 | 0 | 0x82 | 0 | 1 | 1 | 1 | 1 | 1 | 0 | 1 | 0x7d |
| 7 | 1 | 1 | 1 | 1 | 1 | 0 | 0 | 0 | 0xf8 | 0 | 0 | 0 | 0 | 0 | 1 | 1 | 1 | 0x07 |
| 8 | 1 | 0 | 0 | 0 | 0 | 0 | 0 | 0 | 0x80 | 0 | 1 | 1 | 1 | 1 | 1 | 1 | 1 | 0x7f |
| 9 | 1 | 0 | 0 | 1 | 0 | 0 | 0 | 0 | 0x90 | 0 | 1 | 1 | 0 | 1 | 1 | 1 | 1 | 0x6f |
| A | 1 | 0 | 0 | 0 | 1 | 0 | 0 | 0 | 0x88 | 0 | 1 | 1 | 1 | 0 | 1 | 1 | 1 | 0x77 |
| B | 1 | 0 | 0 | 0 | 0 | 0 | 1 | 1 | 0x83 | 0 | 1 | 1 | 1 | 1 | 1 | 0 | 0 | 0x7c |
| C | 1 | 1 | 0 | 0 | 0 | 1 | 1 | 0 | 0xc6 | 0 | 0 | 1 | 1 | 1 | 0 | 0 | 1 | 0x39 |
| D | 1 | 0 | 1 | 0 | 0 | 0 | 0 | 1 | 0xa1 | 0 | 1 | 0 | 1 | 1 | 1 | 1 | 0 | 0x5e |
| E | 1 | 0 | 0 | 0 | 0 | 1 | 1 | 0 | 0x86 | 0 | 1 | 1 | 1 | 1 | 0 | 0 | 1 | 0x79 |
| F | 1 | 0 | 0 | 0 | 1 | 1 | 1 | 0 | 0x8e | 0 | 1 | 1 | 1 | 0 | 0 | 0 | 1 | 0x71 |
| H | 1 | 0 | 0 | 0 | 1 | 0 | 0 | 1 | 0x89 | 0 | 1 | 1 | 1 | 0 | 1 | 1 | 0 | 0x76 |
| L | 1 | 1 | 0 | 0 | 0 | 1 | 1 | 1 | 0xc7 | 0 | 0 | 1 | 1 | 1 | 0 | 0 | 0 | 0x38 |
| P | 1 | 0 | 0 | 0 | 1 | 1 | 0 | 0 | 0x8c | 0 | 1 | 1 | 1 | 0 | 0 | 1 | 1 | 0x73 |
| R | 1 | 1 | 0 | 0 | 1 | 1 | 1 | 0 | 0xce | 0 | 0 | 1 | 1 | 0 | 0 | 0 | 1 | 0x31 |
| U | 1 | 1 | 0 | 0 | 0 | 0 | 0 | 1 | 0xc1 | 0 | 0 | 1 | 1 | 1 | 1 | 1 | 0 | 0x3e |
| Y | 1 | 0 | 0 | 1 | 0 | 0 | 0 | 1 | 0x91 | 0 | 1 | 1 | 0 | 1 | 1 | 1 | 0 | 0x6e |
| – | 1 | 0 | 1 | 1 | 1 | 1 | 1 | 1 | 0xbf | 0 | 1 | 0 | 0 | 0 | 0 | 0 | 0 | 0x40 |
| . | 0 | 1 | 1 | 1 | 1 | 1 | 1 | 1 | 0x7f | 1 | 0 | 0 | 0 | 0 | 0 | 0 | 0 | 0x80 |
| 熄灭 | 1 | 1 | 1 | 1 | 1 | 1 | 1 | 1 | 0xff | 0 | 0 | 0 | 0 | 0 | 0 | 0 | 0 | 0x00 |

### 1.2.2.2 数码管静态显示

静态显示是指使用数码管显示字符时，数码管的公共端恒定接地（共阴极）或接+5V 电源（共阳极）。将每个数码管的八个段控制引脚分别与单片机的一个八位 I/O 端口相连接。只要 I/O 端口有显示字型编码输出，数码管就显示给定字符，并保持不变，直至 I/O 端口输出新的字型编码。

采用静态显示方式，较小的电流就可获得较高的亮度，且占用 CPU 时间短，编程简单，便于监测和控制，但占用单片机的 I/O 端口线多，$n$ 位数码管的静态显示需要占用 $8 \times n$ 个 I/O 端口，其限制了单片机连接数码管的个数。同时，硬件电路复杂，成本高，因此，数码管静态显示方式适用于位数较少的场合。

### 1.2.2.3 数码管动态显示

在单片机应用系统设计中，往往需要采用各种显示器件来显示控制信息和处理结果。当采用数码管显示且位数较多时，一般采用数码管动态显示方式。

动态显示是一种按位轮流点亮各位数码管，高速交替地进行显示，利用人的视觉暂留作用，使人感觉看到多个数码管同时显示的控制方式。采用动态显示时，某时段只让其中一位数码管的"位选端"有效，并送出相应的字型编码。此时，其他位的数码管因"位选端"无效而处于熄灭状态，下一时段按顺序选通另外一位数码管，并送出相应的字型显示编码，按此规律循环下去，即可使各位数码管间断地显示出相应的字符。数码管动态显示电路通常是将所有数码管的八个显示段分别并联起来，仅用一个并行 I/O 端口控制，被称为"段选端"。各位数码管的公共端被称为"位选端"，由另一个 I/O 端口控制。

与静态显示方式相比，当显示位较多时，动态显示方式可节省 I/O 端口资源，且硬件电路简单，但其显示的亮度低于静态显示方式显示的亮度。由于 CPU 要不断地依次运行扫描显示程序，因此将占用 CPU 更长的时间。动态显示方式在实际应用中，由于需要不断地扫描数码管才能得到稳定显示效果，因此在程序中不能有较长时间的停止数码管扫描的语句，否则会影响显示效果，甚至无法显示。若显示位数较少，则采用静态显示方式更加简便。

## 1.2.3　任务实施

### 1.2.3.1　单个数码管的"告白"

单个数码管循环显示 0、1、2、…、9、A、B、C、D、E、F。每个字符先显示一段时间后再显示下一个字符，显示到 F 后，又从 0 开始显示，循环往复。

在了解了七段数码管工作原理后，进行硬件电路设计和软件编程。

**1.　硬件电路设计**

首先新建文件夹"1-4 单个数码管显示"。

利用 Proteus 仿真软件在最小系统电路基础上增加一个共阳极数码管，在数码管的 *a*、*b*、*c*、*d*、*e*、*f*、*g* 段分别连接 300Ω限流电阻后连接到对应的 P2.0～P2.6 端，共阳极连接 $V_{CC}$ 电源。硬件电路设计图如图 1-63 所示，单个数码管显示电路元件清单如表 1-9 所示。保存文件名为"单个数码管显示.DSN"，并保存到"1-4 单个数码管显示"文件夹下。

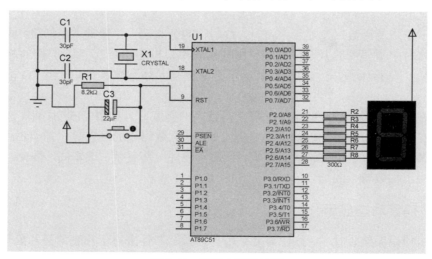

图 1-63　硬件电路设计图

表 1-9 单个数码管显示电路元件清单

| 元件名称 | 型号 | 数量 |
| --- | --- | --- |
| 单片机 | AT89C51 | 1 |
| 晶振 | CRYSTAL-12MHz | 1 |
| 电容 | CAP-30pF | 2 |
| 电解电容 | A700D107M006ATE018-10μF | 1 |
| 按键 | BUTTON | 1 |
| 共阳极数码管（绿色） | 7SEG-COM-AN-GRN | 1 |
| 电阻 | RES-300Ω | 7 |
| 电阻 | RES-8.2kΩ | 1 |

### 2．软件编程

在七段数码管的 $a$～$g$ 段及 dp 段分别连接八个限流电阻后，连接到 P2.0～P2.7 端，八个 LED 灯的共阳极连接电源，当 P2 端口的某一位为低电平时，对应的 LED 灯就被点亮。共阳极数码管显示相应的数字的字型编码在表 1-8 中。将 0～F 的字型编码存放到一个数组中，数组的知识在 1.2.2 节中已有介绍。

在文件夹"1-4 单个数码管显示"下新建项目 smg.μvproj。在该项目中添加一个 smg.c 文件，并在此文件中编写代码。

定义数组 table[16]，里面存放 0～F 的字型编码，数据类型为无符号字符型。

```
unsigned char table[16]={0xc0,0xf9,0xa4,0xb0,0x99,0x92,0x82,
0xf8,0x80,0x90,0x88,0x83,0xc6,0xa1,0x86,0x8e};//数码管编码，输出低电平，适合共阳
极数码管
```

table[0]是"0"的字型编码，table[1]是"1"的字型编码，……，table[15]是"F"的字型编码。

利用 for 循环，循环 16 次，一次显示 0～F，代码如下。

```
for(k=0;k<16;k++){
        P2=table[k];
        delay(100);
    }
```

完整程序代码如下。

```
#include <reg51.h>
unsigned char table[16]={0xc0,0xf9,0xa4,0xb0,0x99,0x92,0x82,
0xf8,0x80,0x90,0x88,0x83,0xc6,0xa1,0x86,0x8e};//数码管编码，输出低电平,适合共阳
极数码管
int i,j,k;
void delay(int num){
    for(i=0;i<num;i++)
      for(j=0;j<1000;j++)
        ;
}
void main(){
    while(1){
      for(k=0;k<16;k++){
          P2=table[k];
```

```
        delay(100);
    }
  }
}
```

编译生成 smg.hex 文件，调试并下载 smg.hex 文件。

### 3．仿真调试

将 smg.hex 文件下载到仿真电路图中，单击"运行"按钮，仿真运行效果如图 1-64 所示。

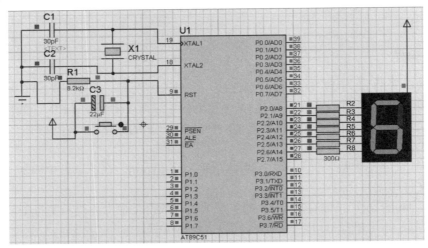

图 1-64　仿真运行效果

### 4．开发板验证

将开发板和计算机用 USB 线连接，打开下载软件，选择需要下载的 hex 文件，选择芯片类型、串口号和波特率，打开文件，并单击"程序下载"按钮，下载完成后，按图 1-65 所示的开发板连线图连接开发板，将导线开发板上的 P2.0～P2.7 端分别连接到共阳极数码管的八个引脚上，打开电源，即可看到数码管按一定的时间间隔轮流显示 0、1、2、…、D、E、F。

图 1-65　开发板连线图

完整代码参考 ep1_3.c 文件。

### 5．故障与维修

调试程序时，如果遇到数码管不显示，则有两种可能，一是电路设计有问题，连接数码管的电阻参数选得不合适，导致流入数码管的每个 LED 灯的电流太小，不足以点亮数码管的某段 LED 灯；二是硬件电路上数码管与微处理器连接的端口和软件代码中的端口不一致。例如，在电路图中，数码管连接微处理器的 P2 端口，而在代码编写中，却写了"P1="，意思是让 P1 端口控制数码管输出。修改代码即可。

扫描右侧二维码，可以观看教学微视频。

单个数码管的告别-静态数
码管显示原理

单个数码管的告别-单个数
码管动态显示效果

### 1.2.3.2　纪念日的动态显示

利用八个数码管动态显示某个纪念日，如显示"20210214"。

在了解多个数码管动态显示工作原理后，进行硬件电路设计和软件编程。

#### 1．硬件电路设计

首先新建文件夹"1-5 数码管动态显示"。

利用 Proteus 仿真软件给在最小系统电路基础上的 P0 端口增加八个 300Ω 限流电阻，此处用一个 300Ω 的排阻（排阻功能与八个 300Ω 限流电阻一样）和八个共阳极数码管。每个共阳极数码管的 a 段 LED 灯的阴极连接在一起，b 段 LED 灯的阴极连接在一起，……，g 段 LED 灯的阴极连接在一起。用总线和网标表示具体连接方式。P3 端口的 P3.0、P3.1、P3.2 端分别连接 74HC138（三八译码器）的 A、B、C（A0、A1、A2）引脚，74HC138 的八个输出引脚 Y0～Y7 分别连接八个三极管的基极，八个三极管的发射极连接在一起后连接电源，八个三极管的集电极分别连接八个数码管的共阳极，以给数码管的八个 LED 灯的共阳极供电。在某个时刻，只有一个数码管的共阳极上有电源，其他没有电源，因此 P0 端口输出的数码管的字型编码代表的数字就显示在有电源的那个数码管上。

为了使 74HC138 正常工作，需要将其引脚 E1 接电源，E2 和 E3 接地。A、B、C 的电平状态决定了 Y0～Y7 的输出电平状态。74HC138 的引脚如图 1-66 所示，74HC138 引脚说明如表 1-10 所示，74HC138 真值表如表 1-11 所示。真值表中"H"表示高电平 1，"L"表示低电平 0。

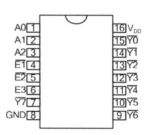

图 1-66　74HC138 的引脚

表 1-10　74HC138 引脚说明

| 名称 | 功能说明 | 引脚号 |
| --- | --- | --- |
| $\overline{Y0}$～$\overline{Y6}$、$\overline{Y7}$ | 数据输出 | 15～9、7 |
| A0～A2 | 数据输入 | 1～3 |
| $\overline{E1}$、$\overline{E2}$、E3 | 使能控制 | 4～6 |
| $V_{DD}$ | 逻辑电源 | 16 |
| GND | 逻辑地 | 8 |

表 1-11　74HC138 真值表

| 输入 | | | | | | 输出 | | | | | | | |
| --- | --- | --- | --- | --- | --- | --- | --- | --- | --- | --- | --- | --- | --- |
| $\overline{E_1}$ | $\overline{E_2}$ | $E_3$ | $A_0$ | $A_1$ | $A_2$ | $\overline{Y_0}$ | $\overline{Y_1}$ | $\overline{Y_2}$ | $\overline{Y_3}$ | $\overline{Y_4}$ | $\overline{Y_5}$ | $\overline{Y_6}$ | $\overline{Y_7}$ |
| H | X | X | X | X | X | H | H | H | H | H | H | H | H |
| X | H | X | X | X | X | H | H | H | H | H | H | H | H |
| X | X | L | X | X | X | H | H | H | H | H | H | H | H |
| L | L | H | L | L | L | L | H | H | H | H | H | H | H |

续表

| 输入 | | | | | | 输出 | | | | | | | |
|---|---|---|---|---|---|---|---|---|---|---|---|---|---|
| $\overline{E_1}$ | $\overline{E_2}$ | $E_3$ | $A_0$ | $A_1$ | $A_2$ | $\overline{Y_0}$ | $\overline{Y_1}$ | $\overline{Y_2}$ | $\overline{Y_3}$ | $\overline{Y_4}$ | $\overline{Y_5}$ | $\overline{Y_6}$ | $\overline{Y_7}$ |
| L | L | H | H | L | L | H | L | H | H | H | H | H | H |
| L | L | H | L | H | L | H | H | L | H | H | H | H | H |
| L | L | H | H | H | L | H | H | H | L | H | H | H | H |
| L | L | H | L | L | H | H | H | H | H | L | H | H | H |
| L | L | H | H | L | H | H | H | H | H | H | L | H | H |
| L | L | H | L | H | H | H | H | H | H | H | H | L | H |
| L | L | H | H | H | H | H | H | H | H | H | H | H | L |

电路总图如图 1-69 所示。为了能看清电路总图的细节，我们将各个部分进行了局部放大。图 1-70（a）所示为单片机最小电路及 74HC138 连接图；图 1-70（b）所示为单片机和部分数码管连接图；图 1-70（c）所示为单片机与 74HC138、三极管的连接图。

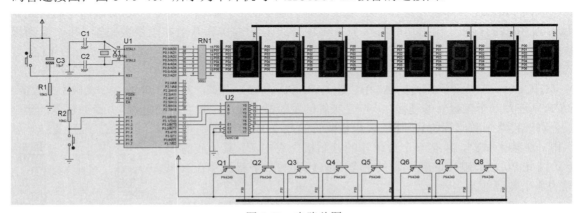

图 1-69　电路总图

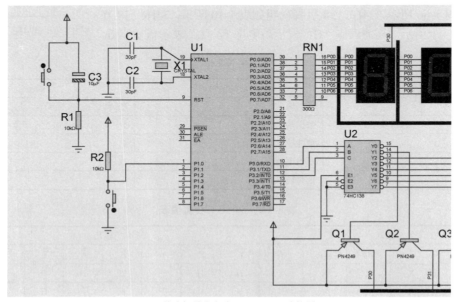

（a）单片机最小电路及 74HC138 连接图

图 1-70　电路分图

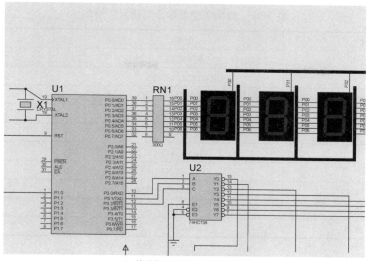

（b）单片机和部分数码管连接图

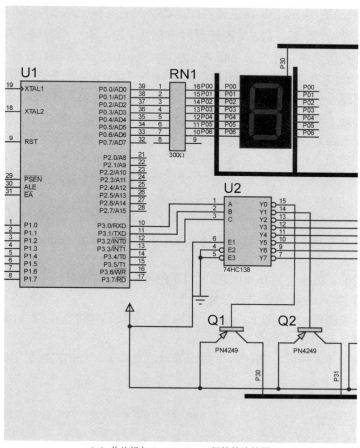

（c）单片机与74HC138、三极管的连接图

图1-70 电路分图（续）

数码管动态显示电路元件清单如表1-12所示。设置文件名为"4数码管动态显示.DSN"，并将文件保存到"1-5数码管动态显示"文件夹下。

表 1-12　数码管动态显示电路元件清单

| 元件名称 | 型号 | 数量 |
|---|---|---|
| 单片机 | AT89C51 | 1 |
| 晶振 | CRYSTAL-12MHz | 1 |
| 电容 | CAP-30pF | 2 |
| 电解电容 | A700D107M006ATE018-10μF | 1 |
| 按键 | BUTTON | 1 |
| 电阻 | RES-10kΩ | 2 |
| 排阻 | RN1-300Ω | 1 |
| 共阳极数码管 | 7SEG-COM-AN-GRN | 8 |
| 三八译码器 | 74HC138 | 1 |
| PNP 型三极管 | PN4249 | 8 |

**2．软件编程**

根据表 1-11 所示的 74HC138 真值表可知，$CBA$（$A_2A_1A_0$）的值为 000 时，$\overline{Y_0}=0$，$\overline{Y_1}\sim\overline{Y_7}$ 都等于 1，三极管 Q1 导通，$V_{DD}$ 电源连通网络标号 P30，第一个数码管接上电源，P0 的编码代表的数字放在数组的第一个元素 table[bir[0]] 中，bir[0] 表示在 bir[] 数组中的第一个元素，假设其值是 2，即 bir[0] 为 2，则 table[2] 的值就是 table 数组中字符 2 的字型编码，并在第一个数码管上显示。同理，当 $CBA$ 的值为 001 时，$\overline{Y_0}=1$，$\overline{Y_1}=0$，$\overline{Y_2}\sim\overline{Y_7}$ 都等于 1，三极管 Q2 导通，第二个数码管接上电源，P0 的编码代表的数字存放在数组的第二个元素 table[bir[1]] 中，并在第二个数码管上显示。当 $CBA$ 的二进制值每次加 1 时，数码管依次接通电源，这样就能使数码管从第一个到第八个轮流被点亮，并显示数组中对应的数字。

```
数组 bir[8]={2,0,2,1,0,2,1,4};                    //存放需要显示的纪念日
数组 table[16]= {0xc0,0xf9,0xa4,0xb0,0x99,0x92,0x82, 0xf8,
0x80,0x90,0x88,0x83,0xc6,0xa1,0x86,0x8e};//数码管编码，输出低电平，适合共阳极数码管
```

随着 k 的值从 0 增加到 7，bir[k] 就是数组 bir[] 的第 k 个元素，table[bir[k]] 显示第 k 个元素的编码代表的数字。

首先，定义变量 s 初始值为 0x00，P3=s，即 P3=0x00，实现第一个数码管接通电源；k=0，P0=table[bir[0]]，则第一个数码管中显示数字 2。

然后，s=s+1，s=0x01，P3=s，即 P3=0x01，实现第二个数码管接通电源；k=1，P0=table[bir[1]]，则第二个数码管中显示数字 0。

以此类推，通过 for 循环，实现八个数码管轮流动态显示 bir[8] 数组中的八个元素的编码代表的数字。

完整程序代码如下。

```
#include <reg51.h>
unsigned char bir[8]={2,0,2,1,0,2,1,4};
unsigned char s;
unsigned char table[16]={0xc0,0xf9,0xa4,0xb0,0x99,0x92, 0x82, 0xf8,0x80,
0x90,0x88,0x83,0xc6,0xa1,0x86,0x8e};//数码管编码，输出低电平，适合共阳极数码管
int i,j,k;
void delay(int num){
```

```
    for(i=0;i<num;i++)
      for(j=0;j<5000;j++)
        ;
}
void main(){
    while(1){
      s=0x00;
      P3=s;//0000 0000
      for(k=0;k<8;k++){
          P0=table[bir[k]];
          delay(10);
          s=s+1; //0000 0001
          P3=s;
      }
    }//while
}//main
```

### 3. 仿真调试

编译程序，生成 hex 文件，下载到仿真电路图中，单击"运行"按钮，可以看到八个数码管依次动态显示"20210214"，仿真运行效果如图 1-71 所示。

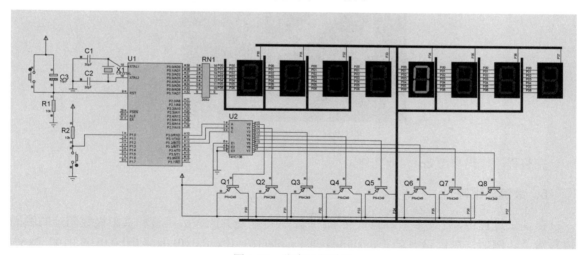

图 1-71　仿真运行效果

从图 1-71 中可以看到，某个时刻，只能看到一个数码管被点亮并显示相应的数字。如果需要看到八个数码管同时显示数字，那么该如何处理呢？我们可以先把生成的 hex 文件下载到开发板，再进行程序调试。

### 4. 开发板验证

将开发板和计算机用 USB 线连接，打开下载软件，选择需要下载的 hex 文件，选择芯片类型、串口号和波特率，打开文件，并单击"程序下载"按钮。下载完成后，正确连接开发板，将导线按图 1-72 所示的开发板运行效果图进行连接，A 连接 P3.0 端，B 连接 P3.1 端，C

连接 P3.2 端，P0 端口连接数码管的 *a*、*b*、*c*、*d*、*e*、*f*、*g* 段码，打开电源，即可看到八个数码管动态轮流显示，但是显示的数字不是仿真电路中的数字，这是为什么呢？原因是开发板上的八个数码管是共阴极数码管，而仿真电路中是共阳极数码管。共阳极数码管点亮其对应的段码，P0 端口对应位为低电平。共阴极数码管点亮其对应段码，只要将 P0 端口的对应位改为高电平，即只要将 table 数组中的值取反就行了，将 "P0=table[bir[k]];" 改成 "P0=~table[bir[k]];" 重新编译后下载到开发板，就能看到 "20210214" 动态显示在八个数码管上，但是还未达到同时显示的要求。我们知道人的眼睛有视觉暂留效应，因此缩短每个数码管显示数字停留的时间，眼睛跟不上八个数码管切换的频率，给人的感觉就是同时显示了，但实际上还是轮流动态显示。

修改后的代码如下。

```c
void delay(int num){
    for(i=0;i<num;i++)
      for(j=0;j<5000;j++)
        ;
    }
```

将第二个 for 循环中的 "j<5000;" 修改成 "j<10;"，重新编译后下载到开发板中，开发板运行效果图如图 1-72 所示。

图 1-72　开发板运行效果图

完整程序代码参考 ep1_4.c 文件。

### 5. 故障与维修

在调试过程中，发现多个数码管显示乱码，有可能是共阴极数码管和共阳极数码管的编码值写错了。例如，在代码中定义 unsigned char table[16]={0xc0,0xf9,0xa4,0xb0,0x99,0x92, 0x82, 0xf8,0x80, 0x90,0x88,0x83,0xc6,0xa1,0x86,0x8e}，这里数组中的元素是共阳极数码管显示数字的编码值，而在电路图中或开发板上使用的是共阴极数码管，恰好和共阳极数码管的编码值相反，可以修改代码，让输出取反。例如，原来控制数码管显示的代码是 P2=table[3]，只要修改成 P2=~table[3] 即可。

扫描右侧二维码，可以观看教学微视频。

## 1.2.4　能力拓展

在用八个数码管显示纪念日的基础上，由八

纪念日的动态显示-利用 38 译码器设计多个数码管动态显示原理及硬件设计

纪念日的动态显示-利用 38 译码器设计多个数码管动态显示软件编程

个数码管动态、稳定地进行"360Andqq"和"20210214"轮流切换显示。

将"360Andqq"八个字符转换成数码管显示的字型编码，存放到 table2[8]数组中，bir[8]数组中存放"20210214"八个字符，table1[bir[8]]中是这八个字符的字型编码。利用两个 for 循环控制两个数组的八个字符轮流切换显示。

### 1．硬件电路设计

硬件电路与图 1-69 所示的电路总图中的硬件电路完全一样。

### 2．软件编程

在 table2[8]数组中存放 360Andqq 的字型编码如下。

```
unsigned char table2[8]={0xb0,0x02,0xc0,0x88,0xab, 0xa1,
0x98,0x98};//360Andqq 的字型编码
```

在第一个 for 循环中显示"20210214"，代码如下。

```
s=0x00;
P3=s;//0000 0000
for(k=0;k<8;k++){
    P0=~table[bir[k]];
    delay(10);
    s=s+1; //0000 0001
    P3=s;
    }
```

在第一个 for 循环结束后，添加一个 for 循环来显示"360Andqq"，可以复制第一个 for 循环的代码，只要将 P0=~table[bir[k]]修改成 P0=~table2[k]即可，代码如下。

```
s=0x00;
P3=s;//0000 0000
for(k=0;k<8;k++){
    P0=~table2[k];
    delay(10);
    s=s+1; //0000 0001
    P3=s;
    }
```

为了能够看清楚每次八个数码管显示的内容，可以让每次显示循环 100 次，不至于使两组数据切换太快。补充完成后的代码如下。

```
#include <reg51.h>
unsigned char bir[8]={2,0,2,1,0,2,1,4};
unsigned char s,m;
unsigned char table[16]= {0xc0,0xf9,0xa4,0xb0,0x99,0x92,0x82,
0xf8,0x80,0x90,0x88,0x83,0xc6,0xa1,0x86,0x8e};//数码管编码，输出低电平，适合共阳
极数码管
unsigned char table2[8]={0xb0,0x02,0xc0,0x88,0xab,0xa1,0x98, 0x98};//360Andqq
```

的字型编码

```
int i,j,k;
void delay(int num){
    for(i=0;i<num;i++)
        for(j=0;j<10;j++)
        ;
}
void main(){
  while(1){
    for(m=0;m<100;m++){
        s=0x00;
        P3=s;//0000 0000
        for(k=0;k<8;k++){
          P0=~table[bir[k]];
          delay(10);
          s=s+1; //0000 0001
          P3=s;
        }
    }
    for(m=0;m<100;m++){
      s=0x00;
      P3=s;//0000 0000
      for(k=0;k<8;k++){
          P0=~table2[k];
          delay(10);
          s=s+1; //0000 0001
          P3=s;
      }
    }
  }//while
}//main
```

### 3. 仿真调试

将"P0=~table[bir[k]];"和"P0=~table2[k];"这两条语句前面的取反符号（~）去掉，代码就能在仿真图中运行了，不过仿真图效果不明显。

### 4. 开发板验证

先将"2. 软件编程"中的代码编译后生成 hex 文件，并下载到开发板中，再运行代码就可以看到图 1-73 所示的开发板运行效果了，它和图 1-74 所示的开发板运行效果是两种数据轮流切换的效果。

图 1-73　开发板运行效果 1　　　　　　　　　图 1-74　开发板运行效果 2

完整程序代码参考 ep1_5.c 文件。

**5．故障与维修**

维修方法同 1.2.3.2 节。

## 1.2.5　任务小结

本任务要控制七段数码管显示数字和字符，根据数码管的七个 LED 灯共同连接在一起的方式，可分为共阴极数码管和共阳极数码管，共阴极数码管和共阳极数码管显示数字或字符的编码恰好是取反的关系。

利用视觉暂留效应，控制多个数码管动态显示不同的字符，通过调整每个数码管持续显示时间的长短，可以获得多个数码管同时显示的效果。

## 1.2.6　问题讨论

能否使用单片机 P3 端口直接控制数码管位选，而不经过 74HC138？

> **温馨提示：** 将选通每位数码管位选值赋值给 P3 端口，仿真即可实现。在实际应用中，可能会涉及单片机端口输出电流不够的情况，一般需要加一个与 74HC138 类似的驱动芯片。

# 任务 1.3　"活用"独立式按键

## 1.3.1　任务目标

通过本任务的设计和制作，介绍微处理器与独立式按键、矩阵式键盘等输入器件之间的接口和编程应用。培养学生具备利用微处理器的 I/O 端口的能力，能通过独立式按键控制简单输出，并能利用独立式按键控制 LED 灯和数码管进行不同的显示。

## 1.3.2 知识准备

### 1.3.2.1 独立式按键

独立式按键是直接用 I/O 端口线构成的单个按键，其特点是每个按键单独占用一根 I/O 端口线，每个按键的工作不会影响其他 I/O 端口线的状态。独立式按键电路配置灵活，软件结构简单，但每个按键必须占用一根 I/O 端口线，因此在按键较多时，I/O 端口线浪费较多，不宜采用。独立式按键的软件常采用查询式结构，先逐位查询每根 I/O 端口线的输入状态，如果某根 I/O 端口线输入为低电平，则可先确认该 I/O 端口线所对应的按键已被按下，再转向该按键的功能处理程序。

### 1.3.2.2 按键去抖动

通常按键所用开关为机械弹性开关。由于机械触点的弹性作用，按键在闭合及断开的瞬间均伴随一连串的抖动。按键抖动会引起一次按键被多次误读。为了确保 CPU 对按键的一次闭合仅进行一次处理，必须去抖动。按键的机械抖动可以采用硬件电路来消除，也可以采用软件方法来消除。软件去抖动编程思路：在检测到有按键被按下时，先执行 10 ms 左右的延时程序，再重新检测该按键是否仍然被按下，以确认该按键被按下不是因抖动引起的。同理，在检测到该按键被释放时，也可以采用先延时、再判断的方法消除抖动的影响。

## 1.3.3 任务实施

### 1.3.3.1 奇妙的转向灯控制

独立式按键控制灯光报警，具体应用在汽车转向灯的控制中。汽车在转向的时候需要亮起转向灯，以引起周围的车和行人注意。双闪灯即危险报警闪光灯，双闪灯是一种提醒其他车辆与行人注意本车发生了特殊情况的信号灯。在驾车过程中遇到浓雾天气，能见度低于 50m 时，由于视线不好，司机不仅应该开启前、后雾灯，还应该开启双闪灯，即汽车两侧的转向灯同时闪烁，以提醒过往车辆及行人注意，特别是提醒后方行驶的车辆应保持应有的安全距离和必要的安全车速，避免紧急刹车而引起追尾事故。在本任务中，要利用单片机驱动前、后、左、右四个 LED 灯来模拟左、右转向及双闪灯，LED 灯的亮灭过程即双闪灯的闪烁过程，亮灭之间的时间间隔通过单片机延时 500ms 完成。

#### 1. 硬件电路设计

将单刀三掷开关的公共端接地，另外三个端子分别连接在 P1.0～P1.2 端。四个 LED 灯分别连接在 P0.0～P0.3 端，电路图如图 1-75 所示。开关状态为低电平或高电平，开关状态作为单片机的输入信号，读取 P1 端口开关状态的输入信号，控制 P0 端口上相连的 LED 灯进行不同的显示。因为 P0 端口内部没有上拉电阻，在开发板或实际应用中，单片机的 P0 端口需要连接上拉电阻。仿真电路中 P0 端口不连上拉电阻也可以仿真运行。汽车转向灯电路元件清单如表 1-13 所示。

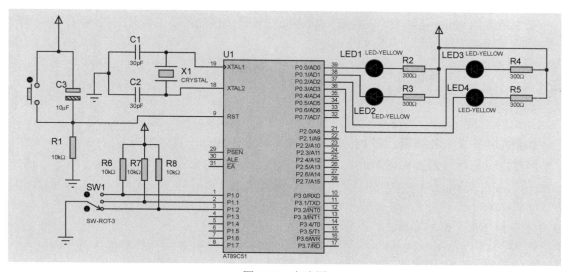

图 1-75 电路图

表 1-13 汽车转向灯电路元件清单

| 元件名称 | 型号 | 数量 |
|---|---|---|
| 单片机 | AT89C51 | 1 |
| 晶振 | CRYSTAL-12MHz | 1 |
| 电容 | CAP-30pF | 2 |
| 电解电容 | A700D107M006ATE018-10μF | 1 |
| 按键 | BUTTON | 1 |
| 电阻 | RES-10kΩ | 4 |
| 电阻 | RES-300Ω | 4 |
| LED 灯 | LED-YELLOW | 4 |
| 单刀三掷开关 | SW-ROT-3 | 1 |

## 2. 软件编程

当 SW1 打到上端时，P1.0 端为低电平，P1.1 端和 P1.2 端为高电平，此时左侧前、后两个 LED 灯闪烁，表示汽车左转。

当 SW1 打到下端时，P1.2 端为低电平，P1.0 端和 P1.1 端为高电平，此时右侧前、后两个 LED 灯闪烁，表示汽车右转。

当 SW1 打到中间端时，P1.1 端为低电平，P1.0 端和 P1.2 端为高电平，此时前、后、左、右四个 LED 灯闪烁，即汽车灯双闪，表示汽车处于报警提醒状态。

利用 sbit 定义四个 LED 灯和左转、右转、双闪开关所在端，代码如下。

```
sbit led1=P0^0;
sbit led2=P0^1;
sbit led3=P0^2;
sbit led4=P0^3;
sbit sl=P1^0;
sbit sm=P1^1;
sbit sr=P1^2;
```

在主函数的 while 循环中，左转灯的状态受左转开关控制，当左转开关接地时，左转灯亮一段时间后熄灭一段时间，代码如下。

```
led1=sl;led2=sl;
delay(100);
led1=1;led2=1;
delay(100);
```

如果左转开关未被接通，即 P1.0 端为高电平，则左转灯一直是熄灭的。

同样地，右转灯闪烁代码如下。

```
led3=sr;led4=sr;
delay(100);
led3=1;led4=1;
delay(100);
```

双闪的四个 LED 灯的状态受中间开关的控制，即 P1.1 端，代码如下。

```
led1=sm;led2=sm;led3=sm;led4=sm;
delay(100);
led1=1;led2=1;led3=1;led4=1;
delay(100);
```

完整程序代码如下。

```
#include <reg51.h>
sbit led1=P0^0;
sbit led2=P0^1;
sbit led3=P0^2;
sbit led4=P0^3;
sbit sl=P1^0;
sbit sm=P1^1;
sbit sr=P1^2;
int i,j;
void delay(int num){
   for(i=0;i<num;i++)
     for(j=0;j<100;j++)
       ;
}
void main(){
    P1=0xff;//1111 1111
    while(1){
        //控制左转灯状态
        led1=sl;led2=sl;
        delay(100);
        led1=1;led2=1;
        delay(100);

        //控制右转灯状态
        led3=sr;led4=sr;
        delay(100);
```

```
        led3=1;led4=1;
        delay(100);

        //控制双闪
        led1=sm;led2=sm;led3=sm;led4=sm;
        delay(100);
        led1=1;led2=1;led3=1;led4=1;
        delay(100);
    }
}
```

### 3. 仿真调试

将编译调试程序下载到仿真电路，运行 hex 文件，控制开关的连接端口状态，观察四个 LED 灯的状态。

### 4. 开发板验证

根据图 1-76 所示的开发板运行效果图，将四个 LED 灯和三个按键开关连接，将 hex 文件下载到开发板后，分别按下按键 K1、K2、K3，观察四个 LED 灯的状态。

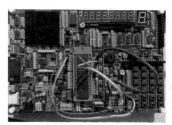 

图 1-76　开发板运行效果图

完整程序代码参考 ep1_6.c 文件。

### 5. 故障与维修

调试程序时，如果出现 LED 灯不受按键控制的情况，则检查按键和微处理器的连接端口是否正确，正确连线，或者修改代码中对按键开关的位定义。例如，按键 K1 连接了 P1.0 端口，代码中定义成了 sbit k1=P2^0，只要修改成 sbit k1=P1^0 即可。

扫描右侧二维码，可以观看教学微视频。

## 1.3.3.2　流水灯受控制啦

利用连接在微处理器端口上的按键，控制八个 LED 灯进行流水灯效果显示，先按下按键，八个 LED 灯流水显示一次，然后全部熄灭，只有再次按下按键，八个 LED 灯才流水显示一次，使流水灯的流水效果受到按键控制。

奇妙的转向灯控制-汽车转向灯硬件设计　　奇妙的转向灯控制-汽车转向灯软件设计

### 1. 硬件电路设计

将独立式按键 sw 连接到 P3.6 端，在 P1 端口上连接八个 LED 灯，电路图如图 1-77 所示，独立式按键控制流水灯显示电路元件清单如表 1-14 所示。

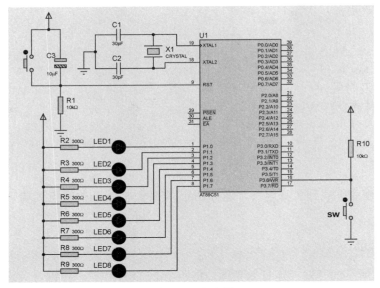

图 1-77　电路图

表 1-14　独立式按键控制流水灯显示电路元件清单

| 元件名称 | 型号 | 数量 |
|---|---|---|
| 单片机 | AT89C51 | 1 |
| 晶振 | CRYSTAL-12MHz | 1 |
| 电容 | CAP-30pF | 2 |
| 电解电容 | A700D107M006ATE018-10μF | 1 |
| 按键 | BUTTON | 2 |
| 电阻 | RES-10kΩ | 2 |
| 电阻 | RES-300Ω | 8 |
| LED 灯 | LED-GREEN | 8 |

## 2. 软件编程

（1）基本功能实现。

将前面做过的流水灯程序编写成一个子函数 void flowled()。

```
void flowled(){
  s=0xfe;//s 的初始值为 1111 1110
  //循环 8 次
  for(k=0;k<8;k++){//k=0 时；k=1 时；…；k=7 时;k=8 时循环结束
    P1=s;//P1=1111 1110; P1=1111 1101; …; P1=0111 1111
    delay(100);//延时
    s=s<<1;//s=1111 1100; s=1111 1010; …; s=1111 1110
    s=s+1; // s=1111 1101; s=1111 1011; …; s=1111 1111

  }
```

```
}
```

在主函数的 while 循环中判断是否有按键被按下，只有按键被按下，才进入流水灯子函数，否则，所有灯熄灭。

定义位变量 sw_last，用来记住按键 sw 的上一个状态，只有当 sw 按键被按下，并且刚才是松开的，以及 sw_last 值为 1 的情况下，才被认为是一次按键。在判断按键被按下执行相关任务之后，需要及时更新 sw_last 的值为按键 sw 的值。当按键被按下后还没被松开，就进入下一次 while 循环再次读取按键状态，因为 sw_last 的值被更新为 sw 的状态 0，所以不会再次进入按键被按下后的程序。只有按键被松开后再次被按下，才能进入按键被按下后的程序。详细代码如下。

```c
#include <reg51.h>
sbit sw=P3^6;
bit sw_last;
int i,j,k;
unsigned char s;
//延时函数
void delay(int num){
    for(i=0;i<num;i++)
      for(j=0;j<100;j++)
        ;
}
//流水灯函数
void flowled(){
    s=0xfe;//s 的初始值为 1111 1110
    //循环 8 次
    for(k=0;k<8;k++){//k=0 时；k=1 时；…；k=7 时；k=8 时循环结束
      P1=s;//P1=1111 1110;P1=1111 1101;…；P1=0111 1111
      delay(100);//延时
      s=s<<1;//s=1111 1100;s=1111 1010;…；s=1111 1110
      s=s+1;// s=1111 1101;s=1111 1011;…；s=1111 1111
    }
}
//主函数
void main(){
    sw_last=1; //按键上一个状态默认为松开
    while(1){
        if(!sw&&sw_last){//按键被按下且刚才是被松开的情况下，认为是一次有效按键
          flowled();//流水灯
        }
        sw_last=sw;//更新 sw_last 状态为按键 sw 状态
        P1=0xff;//全部熄灭
    }
}
```

完整程序代码参考 ep1_7.c 文件。

（2）功能拓展。

基本功能为当按下一次按键时，流水灯显示一次后八个 LED 灯全部熄灭。若要求按一次按键，流水灯循环显示六次后熄灭，那么只需要在按键被按下后增加一个 for 循环，使流水灯子函数循环六次即可。

部分程序代码如下。

```
if(!sw&&sw_last){//按键被按下
      for(n=0;n<6;n++){
            flowled();
      }
}
```

**3．仿真调试**

将编译调试程序下载到仿真电路，运行 hex 文件，按下独立式按键，控制流水灯，观察八个 LED 灯的流水灯效果。

**4．开发板验证**

将一个独立式按键 K1 连接到 P3.6 端，在 P1.0～P1.7 端上分别连接八个 LED 灯，开发板连线如图 1-78 所示，将 hex 文件下载到开发板后，按下按键 K1 观察八个 LED 灯的流水灯效果。

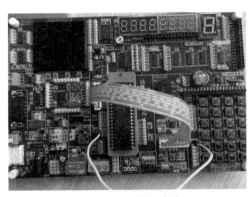

图 1-78　开发板连线

**5．故障与维修**

调试程序时，如果出现流水灯不受控的情况，则检查硬件电路中流水灯和微处理器的连接端口和代码编写中的端口是否一致。如果不一致，则可以更换流水灯与微处理器的连接端口，或者修改代码中的端口号。

扫描右侧二维码，可以观看教学微视频。

### 1.3.3.3　"纪念日"去哪儿了

利用连接在微处理器端上的独立式按键控制八个共阳极数码管显示纪念日。按下一次按键，数码管显示纪念日，延时一段时间后熄灭，只有再次按下按键才再次显示纪念日。

流水灯受控啦-按键控制信号灯硬件设计　　流水灯受控啦-按键控制信号灯软件设计

### 1. 硬件电路设计

硬件电路在原来的数码管动态显示电路基础上增加独立式按键。在 P1.0 端连接一个按键并接地，并连接 10kΩ电阻后连上电源，电路总图如图 1-69 所示，独立式按键控制多个数码管动态显示电路元件清单如表 1-12 所示。

### 2. 软件编程

将前面做过的多个数码管动态显示的程序编写成一个子函数 void display()。

```
void display(){
    s=0x00;
    P3=s;//0000 0000
    for(k=0;k<8;k++){
        P0=table[bir[k]];
        delay(10);
        s=s+1; //0000 0001
        P3=s;
    }
}
```

在主函数的 while 循环中判断是否有按键被按下，只有按键被按下，才进入数码管显示子函数，否则，所有数码管熄灭。

while 循环中按键判断代码如下。

```
while(1){
    if(!sw&&sw_last){//按键被按下
        for(n=0;n<10;n++){
//循环 10 次用于仿真调试，下载到开发板的程序 n<100 以使人眼能看清数码管显示的内容，否则次
数过少，数码管显示一闪而过，还未看清就熄灭。可以适当选择循环次数
            display();
        }
    }
    sw_last=sw;  //更新 sw_last 状态为按键 sw 状态
}
```

完整程序代码如下。

```
#include <reg51.h>
unsigned char bir[8]={2,0,0,1,0,9,1,1};
unsigned char s;
sbit sw=P1^0;
bit sw_last=1;
unsigned char
table[16]={0xc0,0xf9,0xa4,0xb0,0x99,0x92,0x02,0xf8,0x80,0x90,0x88,0x83,0xc6,
0xa1,0x86,0x8e};
//数码管编码，输出低电平，适合共阳极数码管
int i,j,k,n;
void delay(int num){
```

```
    for(i=0;i<num;i++)
      for(j=0;j<5000;j++)
      //for(j=0;j<10;j++)
        ;
}
//八个数码管轮流显示纪念日数字
void display(){
    s=0x00;
    P3=s;//0000 0000
    for(k=0;k<8;k++){
      P0=table[bir[k]];//适用于共阳极数码管
      // P0=~table[bir[k]]; //适用于共阴极数码管
      delay(10);
      s=s+1; //0000 0001
      P3=s;
    }
}
void main(){
    while(1){
      if(!sw&&sw_last){//按键被按下
        for(n=0;n<5;n++){
          display();
        }
      }
      sw_last=sw;
    }//while
}//main
```

完整程序代码参考 ep1_8.c 文件。

### 3. 仿真调试

将上述编译调试程序下载到仿真电路中，运行 hex 文件，控制独立式按键被按下的次数，观察八个数码管的动态显示效果。

发现显示子函数运行完毕后，第一个数码管会显示最后一个数字，如果需要熄灭所有的数码管，那么该如何修改程序呢？

只要在按键被按下后，在 if 语句成立的复合语句最后一行增加一个数码管全部熄灭的子函数 display_off()即可。

```
while(1){
    if(!sw&&sw_last){              //按键被按下
      key_count=!key_count;       //取反
      for(n=0;n<100;n++){
        display();
      }
      display_off();              //熄灭所有的数码管
    }
```

```
    sw_last=sw;
  }//while
```

熄灭所有的数码管的子函数如下：轮流选中八个数码管，熄灭每个数码管中的八个 LED 灯。

```
void display_off(){
    s=0x00;
    P3=s;//0000 0000
for(k=0;k<8;k++){
    P0=0xff;          //共阳极数码管被熄灭
    // P0=~0xff;          //共阴极数码管被熄灭
    delay(10);
    s=s+1; //0000 0001
    P3=s;
    }
}
```

## 1.3.4  能力拓展

### 1. 功能拓展

基本功能为按下一次按键，数码管显示纪念日后熄灭。若再按一次按键，则数码管可以显示另外一组数据，如 "20210214"。要重新定义一个数组 bir2[ ]，只需要在第二次按键被按下后显示 bir2[]数组的内容，而第三次按下按键则回到第一次按键的状态。可以将按键被按下的次数分为奇数次和偶数次，奇数次显示 bir1[]数组的内容，偶数次显示 bir2[]数组的内容。

先定义位变量 key_count，表示按键被按下的奇偶次，key_count 值为 0 代表偶数次，值为 1 代表奇数次，重新定义显示的两个数组 bir1[]和 bir2[]。部分代码如下。

```
bit key_count=0;                //定义按键被按下次数的位变量，默认为偶数次
unsigned char bir1[8]={2,0,0,1,0,9,1,1};
unsigned char bir2[8]={2,0,2,1,0,2,1,4};
```

用 if 语句判断按键是否被按下，如果被按下，则按键被按下次数的位变量取反，原来为偶数次，现在为奇数次，反之亦然。

```
if(!sw&&sw_last){          //按键被按下
  key_count=!key_count;      //按键奇偶次位变量取反
  for(n=0;n<3;n++){
      display();
  }
}......
```

修改 display()函数，增加按键被按下次数的奇偶次判断。

```
void display(){
  if(key_count){              //奇数次按键
    s=0x00;
    P3=s;//0000 0000
    for(k=0;k<8;k++){
```

```
        P0=table[bir1[k]];
        // P0=~table[bir[k]];
      delay(10);
      s=s+1; //0000 0001
      P3=s;
    }
  }
  else{          //偶数次按键
    s=0x00;
    P3=s;//0000 0000
    for(k=0;k<8;k++){
      P0=table[bir2[k]];
      // P0=~table[bir[k]];
      delay(10);
      s=s+1; //0000 0001
      P3=s;
    }
  }
}
```

### 2．开发板验证

仿真电路中是八个共阳极数码管，开发板中是八个共阴极数码管，因此需要将共阳极的编码取反后变为共阴极的编码，即语句为"P0=~table[bir[k]];"，并且缩短延时时间，增减显示的循环次数。重新编译程序下载到开发板，按仿真图在开发板上进行连线，把按键和数码管连到对应的端口上，开发板连线及运行效果如图 1-79 所示。分别按下按键 K1 奇数次和偶数次，观察八个数码管的显示状态。

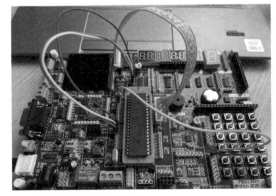

图 1-79　开发板连线及运行效果

### 3．故障与维修

如果开发板的数码管显示的是乱码，那么可能是代码中控制数码管输出的编码值使用了共阳极的编码值，而开发板上的八个动态数码管是共阴极数码管，此时只需将控制数码管显示的编码值取反即可解决问题，即将 P2=table[1]修改成 P2=~table[1]。

### 1.3.5  任务小结

利用独立式按键控制 LED 灯和数码管进行不同的显示，在主函数的 while 循环中需要不停地去读取按键的状态，并利用位变量 sw_last 来记忆按键 sw 刚才的状态，避免误判。

### 1.3.6  问题讨论

在控制多个数码管显示时，每个数码管显示持续的时间很长，有时按下按键的动作会没有被读取到，这是什么原因呢？

# 任务 1.4  "巧用"矩阵式键盘

### 1.4.1  任务目标

通过本任务的设计和制作，培养学生具备利用微处理器矩阵式键盘进行控制显示的能力。

由 16（4×4）个按键组成的 4 行 4 列矩阵式键盘连接微处理器的 I/O 端口，每个按键代表的数值分别为 0～15，数码管显示按键的值。

### 1.4.2  知识准备

在单片机应用系统中，若使用按键较多，则通常采用矩阵式（也称行列式）键盘。矩阵式键盘由行线和列线组成，按键位于行线、列线的交点上，矩阵式键盘结构图如图 1-80 所示。

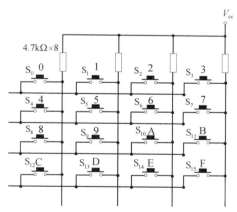

图 1-80  矩阵式键盘结构图

由图 1-80 可知，4×4 的行、列结构可以构成含有 16 个按键的键盘。显然，在按键数量较多时，矩阵式键盘较之独立式键盘要节省很多 I/O 端口。矩阵式键盘中行线、列线分别连接到按键开关的两端。当按键被按下时，与此键相连的行线与列线导通，其影响该键所在行线和列线的电平。

识别矩阵式键盘的按键可采用逐列扫描法或行列反转法。

## 1.4.3 任务实施

### 1. 硬件电路设计

硬件电路在最小系统电路的基础上，通过 P2 端口连接 300Ω限流电阻后连接共阳极数码管的七段码。P1 端口低 4 位分别连接矩阵式键盘的 4 列，高 4 位分别连接矩阵式键盘的 4 行。4 行 4 列分别连接上拉电阻后接电源，电路图如图 1-81 所示，矩阵式键盘控制数码管显示电路元件清单如表 1-15 所示。

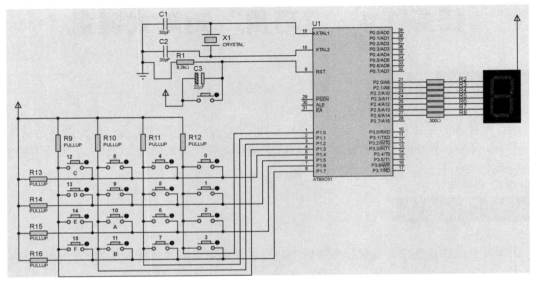

图 1-81　电路图

表 1-15　矩阵式键盘控制数码管显示电路元件清单

| 元件名称 | 型号 | 数量 |
| --- | --- | --- |
| 单片机 | AT89C51 | 1 |
| 晶振 | CRYSTAL-12MHz | 1 |
| 电容 | CAP-30pF | 2 |
| 电解电容 | A700D107M006ATE018-10μF | 1 |
| 按键 | BUTTON | 17 |
| 电阻 | RES-8.2kΩ | 1 |
| 电阻 | RES-300Ω | 8 |
| 上拉电阻 | PULLUP | 8 |
| 共阳极数码管 | 7SEG-COM-AN-GRN | 1 |

### 2. 软件编程

基本功能如下：16 个按键分别代表数字 0～9 和英文字符 A～F。当系统上电时，数码管不显示。

逐列扫描法按键识别过程如下：先让行输出全部为 1，列输出全部为 0，以 P1 端口为例，语句为 P1=0xF0，用变量 temp 保存 P1 端口的值，假设 S0 被按下，则 temp 不等于 0xF0，再延时消抖，并去读 P1 端口的值，若 temp 仍不等于 0xF0，则有按键被按下。让右侧第一列为 0（P1.0 端为低电平），其他列为 1，即 P1=0xFE；接着读 P1 端口的值，即 temp=P1，若 "0" 号键（右侧第一列第一行）被按下，则 P1.4 端和 P1.0 端被接通，P1.4 端为低电平，此时 temp 值为 0xee；若按下 "1" 号键，则 temp 值为 0xde，通过判断 temp 值即可判断按下了哪个按键。接着让右侧第二列为 0（P1.1 端为低电平），其他列为 1，用同样的方法可判断是否有 "4"、"5"、"6" 或 "7" 号键被按下。接着让右侧第三列为 0（P1.2 端为低电平），其他列为 1，用同样的方法可判断是否有 "8"、"9"、"A" 或 "B" 号键被按下。接着让右侧第四列为 0（P1.3 端为低电平），其他列为 1，用同样的方法可判断是否有 "C"、"D"、"E" 或 "F" 号键被按下。逐列扫描法各按键的编码如表 1-16 所示。

表 1-16　逐列扫描法各按键的编码

| 按键（编码） | 按键（编码） | 按键（编码） | 按键（编码） |
| --- | --- | --- | --- |
| 0(0xee) | 1(0xde) | 2(0xbe) | 3(0x7e) |
| 4(0xed) | 5(0xdd) | 6(0xbd) | 7(0x7d) |
| 8(0xeb) | 9(0xdb) | A(0xbb) | B(0x7b) |
| C(0xe7) | D(0xd7) | E(0xb7) | F(0x77) |

```
//功能：单个数码管显示按键的值，0~9、A~F
#include <reg51.h>              //包含头文件 reg51.h，定义 51 单片机的专用寄存器
unsigned char keynum;           //定义按键值为全局变量
char scan_key (void);           //键盘扫描函数
//延时函数
void delay(int num){
    int i,j;
    for(i=0;i<num;i++)
      for(j=0;j<1000;j++)
        ;
}
void main(){              //主函数
//0~9、A~F 的共阳极显示码
unsigned char disp[ ]={0xc0,0xf9,0xa4,0xb0,0x99,0x92,0x82,
0xf8,0x80,0x90,0x88,0x83,0xc6,0xa1,0x86,0x8e};
P2=0x00;//让共阳极数码管亮一下后熄灭，验证数码管工作是否正常
delay(100);
P2=0xff;
while(1) {
    keynum=scan_key ( );//读取按键值
    P2=disp[keynum];// 显示按键值
  }
//函数名：scan_key
```

```
//函数功能：判断是否有按键被按下，如果有按键被按下，则以逐列扫描法得到键值
//形式参数：无
//返回值：键值 0～15
char scan_key ( ) {
//第一列输出低电平，读取第一列的四行中是否有按键被按下
        P1=0xfe;                //1111 1110
        temp=P1;                //xxxx 1110
        temp=temp&0xf0;         //1111 0000
        if(temp!=0xf0){         // 有按键被按下
          temp=P1;// 1110 1110 表示"0"号键被按下，1101 1110 表示"1"号键被按下，1011
1110 表示"2"号键被按下，0111 1110 表示"3"号键被按下
                switch(temp){
                    case 0xee:  //1110 1110
                        keynum=0; break;
                    case 0xde:  //1101 1110
                        keynum=1; break;
                    case 0xbe:  //1011 1110
                        keynum=2; break;
                    case 0x7e:  //0111 1110
                        keynum=3; break;
                }//swtich
        }//if
//第二列输出低电平，读取第二列的 4 行中是否有按键被按下
        P1=0xfd;                //1111 1101
        temp=P1;                //xxxx 1110
        temp=temp&0xf0;         //1111 0000
        if(temp!=0xf0){         // 有按键被按下
          temp=P1;//  1110 1101 表示"4"号键被按下，1101 1101 表示"5"号键被按下，1011
1101 表示"6"号键被按下，0111 1101 表示"7"号键被按下
                switch(temp){
                    case 0xed:  //1110 1101
                        keynum=4; break;
                    case 0xdd:  //1101 1101
                        keynum=5; break;
                    case 0xbd:  //1011 1101
                        keynum=6; break;
                    case 0x7d:  //0111 1101
                        keynum=7; break;
                }//swtich
        }
//第三列输出低电平，读取第三列的 4 行中是否有按键被按下
        P1=0xfb;    //1111 1011
        temp=P1;        //xxxx 1011
        temp=temp&0xf0;  //1111 0000
```

```
        if(temp!=0xf0){// 有按键被按下
            temp=P1;//  1110 1011 表示 "8" 号键被按下，1101 1011 表示 "9" 号键被按下，1011
1011 表示 "10" 号键被按下，0111 1011 表示 "11" 号键被按下
            switch(temp){
                case 0xeb:    //1110 1011
                    keynum=8; break;
                case 0xdb:    //1101 1011
                    keynum=9; break;
                case 0xbb:     //1011 1011
                    keynum=10; break;
                case 0x7b:    //0111 1011
                    keynum=11; break;
            }//swtich
        }
    //第四列输出低电平，读取第四列的 4 行中是否有按键被按下
        P1=0xfb;    //1111 0111
        temp=P1;       //xxxx 0111
        temp=temp&0xf0;  //1111 0000
        if(temp!=0xf0){// 有按键被按下
            temp=P1;// 1110 0111 表示 "12" 号按键被按下，1101 0111 表示 "13" 号按键被按下，
1011 0111 表示 "14" 号按键被按下，0111 0111 表示 "15" 号按键被按下
            switch(temp){
                case 0xe7:    //1110 0111
                    keynum=12; break;
                case 0xd7:    //1101 0111
                    keynum=13; break;
                case 0xb7:     //1011 0111
                    keynum=14; break;
                case 0x77:    //0111 0111
                    keynum=15; break;
            }//swtich
        }
        return  keynum;
}
```

完整程序代码参考 ep1_9.c 文件。

### 3．仿真调试

将上述编译调试程序下载到仿真电路中，运行 hex 文件，按下矩阵式键盘按键，观察图 1-82 所示的仿真运行效果图中数码管显示的值。

### 4．开发板验证

按图 1-83 所示的开发板连线及运行效果图，将矩阵式键盘用扁带线连接在单片机的 P1 端口，将单片机的 P2 端口和共阳极静态数码管连接。将 hex 文件下载到开发板后，分别按下矩

阵式键盘中的按键，观察数码管显示的数值。

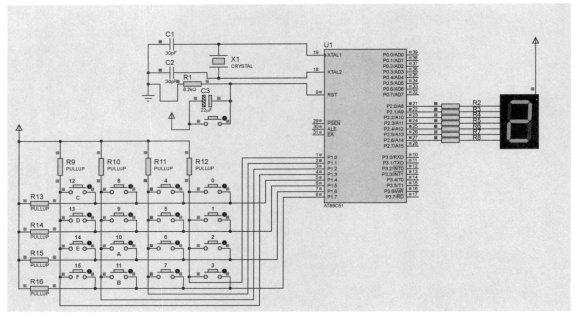

图 1-82　仿真运行效果图

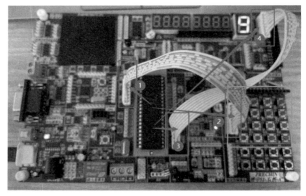

图 1-83　开发板连线及运行效果图

**5．故障与维修**

调试程序时，如果发现数码管显示的字符不是按键代表的那个字符，则检查矩阵式键盘和微处理器连接端口的行列信号是否连接正确，如果行列信号接反了，则只要重新连线，或者修改代码中对行列信号的位定义即可。具体方法参考 1.4.4 节的内容。

扫描右侧二维码，可以观看教学微视频。

巧用矩阵键盘-矩阵　　巧用矩阵键盘-硬件　　巧用矩阵键盘-软件
键盘效果　　　　　　电路设计　　　　　　编程

## 1.4.4　能力拓展

上面的矩阵式键盘按键值右侧第一列第一行为"0"号键，16 个按键的按键排列顺序如图 1-84 所示。

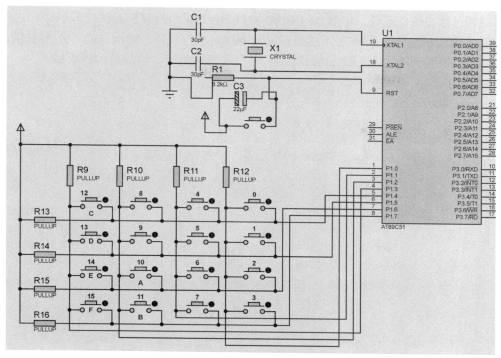

图 1-84 按键排列顺序 1

如果"0"号键在左边第一列第一行，具体按键排列顺序如图 1-85 所示，那么我们该如何修改程序或修改电路连接呢？

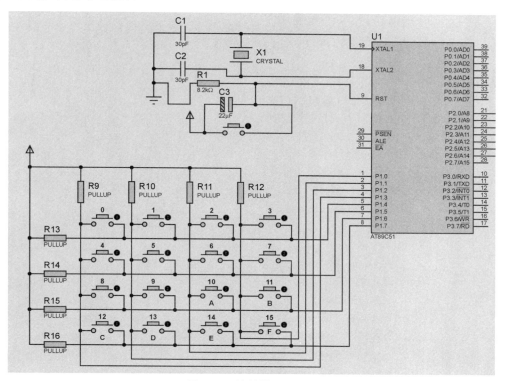

图 1-85 按键排列顺序 2

可以通过修改硬件连线，将图 1-84 所示的行信号线和列信号线交换连接，如图 1-85 所示。

也可以通过修改与图 1-84 所示的按键排列顺序对应的代码，将原来的"0"号键的值修改为"3"号键的值，将"1"号键的值修改为"7"号键的值等。修改后的代码如下。

```c
char scan_key(){
    P1=0xfe;   //1111 1110
    temp=P1;        //xxx0 1110
    temp=temp&0xf0;  //1111 0000
    if(temp!=0xf0){// 有按键被按下
        temp=P1;//  1110 1110
        switch(temp){
          case 0xee:   //1110 1110
              //keynum=0;
              keynum=3; break;
          case 0xde:   //1101 1110
              //keynum=1;
              keynum=7; break;
          case 0xbe:    //1011 1110
              //keynum=2;
              keynum=11; break;
          case 0x7e:    //0111 1110
              //keynum=3;
              keynum=15; break;
      }//swtich
    }//if

    P1=0xfd;   //1111 1101
    temp=P1;        //xxx0 1110
    temp=temp&0xf0;  //1111 0000
    if(temp!=0xf0){// 有按键被按下
        temp=P1;//  1110 1101
        switch(temp){
          case 0xed:
              //keynum=4;
              keynum=2; break;
          case 0xdd:
              //keynum=5;
              keynum=6; break;
          case 0xbd:
              //keynum=6;
              keynum=10; break;
          case 0x7d:
              //keynum=7;
              keynum=14; break;
      }//swtich
```

```
    }//if

    P1=0xfb;   //1111 1011
    temp=P1;        //xxx0 1011
    temp=temp&0xf0;  //1111 0000
    if(temp!=0xf0){// 有按键被按下
        temp=P1;//  1110 1011
        switch(temp){
            case 0xeb:   //1110 1011
               keynum=1; break;
            case 0xdb:   //1101 1011
               //keynum=9;
               keynum=5; break;
            case 0xbb:     //1011 1011
               // keynum=10;
               keynum=9; break;
            case 0x7b:    //0111 1011
               //keynum=11;
               keynum=13; break;
        }//swtich

    }//if

    P1=0xf7;   //1111 0111
     temp=P1;        //xxx0 1011
     temp=temp&0xf0;  //1111 0000
     if(temp!=0xf0){// 有按键被按下
        temp=P1;//  1110 0111
        switch(temp){
            case 0xe7:   //1110 0111
               //keynum=12;
               keynum=0; break;
            case 0xd7:   //1101 0111
               //keynum=13;
               keynum=4; break;
            case 0xb7:     //1011 0111
               // keynum=14;
               keynum=8; break;
            case 0x77:    //0111 0111
               //keynum=15;
               keynum=12; break;
        }//swtich
```

```
    }//if
    return keynum;
}
```

## 1.4.5 任务小结

当按键较多时，每个按键占用一个 I/O 端口，会让资源有限的微处理器捉襟见肘。如果有 16 个按键，则可以利用行列矩阵式键盘来部署按键，利用逐列扫描法读取按键的值，读取按键的值时需要注意按键去抖动处理。

## 1.4.6 问题讨论

使用矩阵式按键设计一个简易电子琴。

温馨提示：可以参考前面任务的内容进行整合，也可以在网络上搜索相关资料。

# 任务 1.5 智慧校园门禁智能控制项目实施

## 1.5.1 任务目标

通过本任务的设计和制作，培养学生具备利用微处理器矩阵式键盘实现智慧校园门禁智能控制的能力。

首先设置一个默认的数字作为密码。从矩阵盘中按下某个按键，如果这个按键的值和设置的密码的值相同，则数码管显示 "8" 或显示按键的值，LED 灯被点亮，门锁连接的电机转动。否则，数码管交替显示 "E" 和 "-"，门锁不动，LED 灯不亮，并且蜂鸣器报警。

## 1.5.2 知识准备

### 1.5.2.1 直流电机介绍

直流电机是指能将直流电能转换成机械能（直流电动机）或将机械能转换成直流电能（直流发电机）的旋转电机，它是能实现直流电能和机械能互相转换的电机。当它作为电动机运行时是直流电动机，将电能转换为机械能；当它作为发电机运行时是直流发电机，将机械能转换为电能。

直流电机的结构应由定子和转子两大部分组成。直流电机运行时静止不动的部分称为定子，定子的主要作用是产生磁场，由机座、主磁极、换向极、端盖、轴承和电刷装置等组成。运行时转动的部分称为转子，其主要作用是产生电磁转矩和感应电动势，是直流电机进行能量转换的枢纽，所以通常又称为电枢，由转轴、电枢铁芯、电枢绕组、换向器和风扇等组成。

直流电机没有正负之分，在两端加上直流电就能工作。交换接线可以形成正反转，需要知道直流电机的额定电压和额定功率，不能使之长时间超负荷运作。

开发板配置的直流电机为 5V 直流电机，其主要参数如下。

轴长：8mm。

轴径：2mm。

电压：1～6V。

参考电流：0.35～0.4A；3V。

转速：17000～18000 转/min。

直流电机外观实物图如图 1-86（a）所示，其驱动芯片如图 1-86（b）所示。

（a）直流电机外观实物图

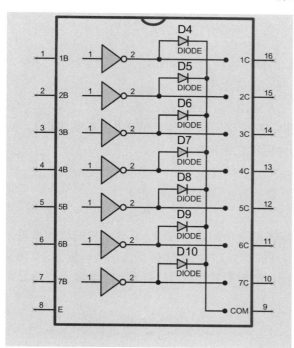
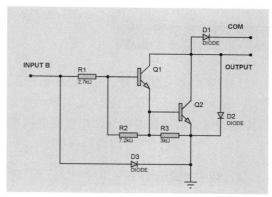

（b）直流电机驱动芯片

图 1-86　直流电机

## 1.5.2.2　ULN2003 芯片介绍

前面我们学习过，微处理器主要是用来控制的而非驱动的，如果直接使用芯片的 GPIO 引脚去驱动大功率器件，那么芯片将会烧坏，或者驱动不起来。所以要驱动大功率器件，如电动机，就必须搭建外部驱动电路，开发板上集成了两种直流电机驱动电路，一种使用的驱动芯片是 L6219，该芯片是一个双极型单片集成电路，旨在控制和驱动一个双极步进电机或双向控制直流电机。它不仅可以用来驱动直流电机，还可以用来驱动开发板配置的四线双极性步进电机，这个在后面章节会具体介绍；另一种使用的驱动芯片是 ULN2003，该芯片是一个单片高电压、高电流的达林顿晶体管阵列集成电路。它不仅可以用来驱动直流电机，还可以用来驱动五线四相步进电机，如 28BYJ-48 步进电机。本节我们使用 ULN2003 来驱动直流电机。下面具体介绍 ULN2003 芯片的使用。

ULN2003 是一个单片高电压、高电流的达林顿晶体管阵列集成电路。它是由 7 对 NPN 型达林顿晶体管组成的，它的高电压输出特性和阴极钳位二极管可以转换感应负载。单个达林顿晶体管的集电极电流是 500mA，达林顿晶体管并联可以承受更大的电流。此电路主要应用于继电器驱动器、字锤驱动器、灯驱动器、显示驱动器（LED 气体放电）、线路驱动器和逻辑缓冲器。ULN2003 的每对达林顿晶体管都有一个 2.7kΩ 串联电阻，可以直接和 TTL 或 5V CMOS 装置连接。

主要特点如下。

① 500mA 额定集电极电流（单个输出）。

② 高电压输出：50V。

③ 输入和各种逻辑类型兼容。

④ 继电器的驱动器。

根据图 1-86（b）可以很容易地理解该芯片的使用方法，其内部实际上相当于非门电路，即若输入高电平则输出低电平，若输入低电平则输出高电平。

若使用该芯片驱动直流电机，则只可实现单方向控制，直流电机一端接电源正极，另一端接芯片的输出端口。若想控制五线四相步进电机，则可将四路输出接到步进电机的四相上，电机另一条线接电源正。开发板上用这个驱动芯片驱动直流电机。

## 1.5.3　任务实施

门禁密码预先设置好。用户进门前按下矩阵式键盘中的某个按键，若此按键的值和设置的密码一致，则连接门锁的直流电机转动而开门，同时门口的照明灯被点亮，数码管显示 "8" 或按键的值。若是按键错误，则直流电机不转动，门禁不打开，门口灯不亮，数码管交替显示 "E" 和 "-" 三次，同时蜂鸣器报警。

### 1．硬件电路设计

门锁用直流电机表示，仿真图中直流电机连接微处理器的 P3.3 端和 P3.4 端，报警蜂鸣器通过三极管连接到微处理器的 P3.7 端，数码管连接到 P2 端口，矩阵式键盘连接电路图与图 1-81 中的电路图相同。硬件电路图如图 1-87 所示，智慧校园门禁智能控制电路元件清单如表 1-17 所示。

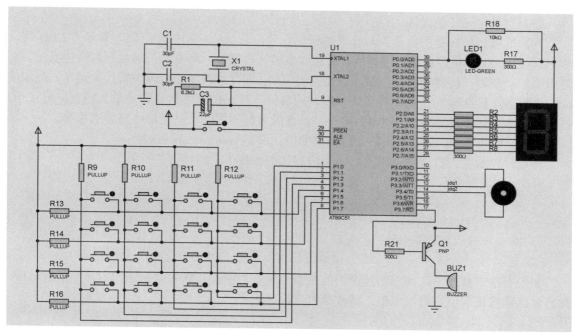

图 1-87　硬件电路图

表 1-17　智慧校园门禁智能控制电路元件清单

| 元件名称 | 型号 | 数量 |
| --- | --- | --- |
| 单片机 | AT89C51 | 1 |
| 晶振 | CRYSTAL-12MHz | 1 |
| 电容 | CAP-30pF | 2 |
| 电解电容 | A700D107M006ATE018-22μF | 1 |
| 按键 | BUTTON | 17 |
| 电阻 | RES-8.2kΩ | 1 |
| 电阻 | RES-10kΩ | 1 |
| 电阻 | RES-300Ω | 9 |
| 上拉电阻 | PULLUP | 8 |
| 共阳极数码管 | 7SEG-COM-AN-GRN | 1 |
| 三极管 | PNP | 1 |
| 蜂鸣器 | BUZZER | 1 |
| 直流电机 | MOTOR | 1 |
| LED 灯 | LED-GREEN | 1 |

## 2．软件编程

（1）设置密码。

定义一个变量 password 表示设定的密码，在主函数中给 password 设置的初始值密码为 9，即 password=9。

（2）读取矩阵式键盘值。

编写 scan_key()子函数，该函数的作用：读取按键的值，如果没有按键被按下，那么按键的值变量 keynum 初始化值为 20。

（3）门禁打开还是关闭。

判断读取到的按键的值是否与设置的密码一致，若一致，则打开门禁，即点亮 LED 灯，数码管显示"8"，也可显示按键的值，给直流电机正向通电，将电源正向加到直流电机上，直流电机转动延时一段时间打开门禁。若要关闭门禁，则微处理器给直流电机反向通电，电源反向加到直流电机两端，直流电机反转一段时间后停止表示门禁关闭。若是输入错误，则 LED 灯不亮，数码管循环显示三次"E"和"-"，直流电机不工作，但是蜂鸣器导通报警。

首先，调用 scan_key()子函数读取按键的值，即 keynum=scan_key()。

然后，判断是否有按键被按下，如果没有按键被按下，则什么都不做。

```
if(keynum==20){
    led=1;//灯不亮
    beep=1;//蜂鸣器不响
    P2=0xff;//数码管不显示
 }
```

如果有按键被按下，则判断按键的值是否为设定的密码，如果是密码，则点亮 LED 灯，数码管显示按键的值，直流电机正转并延时一段时间。

```
else if(keynum==password){
    led=0;                //灯亮
    P2=table[keynum];     //数码管显示密码
    jdq1=1;  jdq2=0;      //直流电机正转模拟打开门禁
    delay(500);
    dq1=0;jdq2=1;         //此处直流电机反转模拟关闭门禁
    delay(500);
    jdq1=0;  jdq2=0;      //直流电机停转
    keynum=20;
 }
```

如果按键的值不是设定的密码，则 LED 灯不亮，数码管显示"E"和"-"，并且蜂鸣器报警三次停止。

```
else{
    keynum=20;
    for(k=0 ;k<3;k++){
        led=1;
        beep=0;
        P2=table[14];  //"E"
        delay(50);
        P2=0x3f;       //0011 1111 "-"
        delay(50);

        beep=1;
        delay(100);

    }//for
}//else
```

完整程序代码如下。

```c
//程序: ep1_10.c
//功能: 门禁智能控制
#include <reg51.h>
unsigned char keynum,password,temp;
unsigned char table[16]={0xc0,0xf9,0xa4,0xb0,0x99,0x92, 0x02, 0xf8,0x80,
0x90,0x88,0x83,0xc6,0xa1,0x86,0x8e};//数码管编码，输出低电平，适合共阳极数码管
sbit led=P0^0;
sbit beep=P3^7;
sbit jdq1=P3^3;
sbit jdq2=P3^4
unsigned char keynum;

int i,j,k;
void delay(int num){
   for(i=0;i<num;i++)
     for(j=0;j<1000;j++)
        ;
}
char scan_key(){
   //读取按键的值
      P1=0xfe;//1111 1110
      temp=P1;
     temp=temp&0xf0;
      if(temp!=0xf0){
        temp=P1;
        switch(temp){
           case 0xee:  keynum=0;break;
           case 0xde:  keynum=1;break;
           case 0xbe:  keynum=2;break;
           case 0x7e:  keynum=3;break;
           default:    keynum=20;break;
        }//switch
     }//if

     P1=0xfd;
     temp=P1;
     temp=temp&0xf0;
      if(temp!=0xf0){
        temp=P1;
        switch(temp){
           case 0xed:  keynum=4;break;
           case 0xdd:  keynum=5;break;
           case 0xbd:  keynum=6;break;
           case 0x7d:  keynum=7;break ;
```

```
            default:     keynum=20;break;
        }//switch
      }//if

    P1=0xfb;
    temp=P1;
    temp=temp&0xf0;
    if(temp!=0xf0){
       temp=P1;
       switch(temp){
            case 0xeb:  keynum=8;break;
            case 0xdb:  keynum=9;break;
            case 0xbb:  keynum=10;break;
            case 0x7b:  keynum=11;break ;
            default:     keynum=20;break;
        }//switch
      }//if

    P1=0xf7; //1111 0111
    temp=P1;
    temp=temp&0xf0;
    if(temp!=0xf0){
       temp=P1;
       switch(temp){
            case 0xe7:  keynum=12;break;
            case 0xd7:  keynum=13;break;
            case 0xb7:  keynum=14;break;
            case 0x77:  keynum=15;break ;
            default:     keynum=20;break;
        }//switch
      }//if
    return keynum;
}
void main(){
    keynum=20;
    password=9;
    P2=0x00;
    delay(100);
    P2=0xff;
    while(1){
    keynum=scan_key();
    //判断是否有按键被按下，如果没有按键被按下，则什么都不做
    if(keynum==20){
        led=1;
        beep=1;
        P2=0xff;
```

```
        }
        //如果有按键被按下，则判断按键的值是否为设定的密码
        //如果是密码，则点亮 LED 灯，数码管显示按键的值，直流电机正转延时一段时间后反转
        else if(keynum==password){
                led=0;
                P2=table[keynum];
                jdq1=1;jdq2=0;        //直流电机正转
                delay(500);
                jdq1=0;jdq2=1;        //直流电机反转
                delay(500);
                jdq1=0; jdq2=0;       //直流电机停转

                keynum=20;
        }
        //如果不是密码，则 LED 灯不亮，数码管显示"E"和"-"三次，并且蜂鸣器报警三次停止
        else{
            keynum=20;
            for(k=0 ;k<3;k++){
                led=1;
                beep=0;
                P2=table[14];      //"E"
                delay(50);
                P2=0x3f;           //0011 1111 "-"
                delay(50);

                beep=1;
                delay(100);
            }//for
        }//else
    }//while
}
```

### 3．仿真调试

将上述编译调试程序下载到仿真电路，运行 hex 文件，按下矩阵式键盘按键，观察直流电机、数码管、LED 灯和蜂鸣器的状态，仿真运行效果如图 1-88 所示。

### 4．开发板验证

在开发板上进行连线，将矩阵式键盘、数码管、LED 灯、蜂鸣器、直流电机和微处理器进行连接，开发板连线图如图 1-89 所示。将 hex 文件下载到开发板后，分别按下矩阵式键盘中的按键，观察直流电机、数码管、LED 灯和蜂鸣器的状态。

仿真电路中直流电机由微处理器的两个端口直接控制，但实际上微处理器端口电流无法驱动直流电机转动，直流电机在开发板上通过专用驱动芯片后才能正常转动。直流电机和芯片、芯片和微处理器的连接可参考图 1-90 所示的开发板与直流电机连接图，直流电机两端连接驱动芯片输出，驱动芯片的输入端连接微处理器的某个输出端口，当微处理器输出为高电平时，直流电机转动。

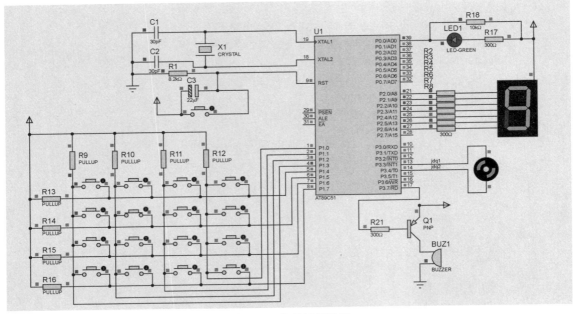

图 1-88　仿真运行效果

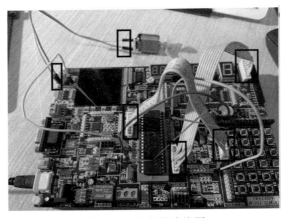

图 1-89　开发板连线图

图 1-90　开发板与直流电机连接图

5. 故障与维修

调试程序时，发现直流电机不受控，检查直流电机两个引脚和微处理器的端口连接是否与代码中的直流电机引脚的位定义一致，如果不一致，则按照代码中的位定义重新连线或修改代码中的位定义。

扫描右侧二维码，可以观看教学微视频。

密码锁效果

密码锁硬件电路设计

密码锁课上解析（容易理解）

## 1.5.4 能力拓展

本任务与我们的日常生活联系紧密，此处不再赘述能力拓展部分，请联系生活自主学习。

## 1.5.5 任务小结

利用矩阵式键盘作为密码锁的按键系统，利用软件编程实现按键的值和设定密码的比对，如果按键的值和设定密码一致，则直流电机转动，模拟打开门禁，LED 灯被点亮；否则，报警三次，数码管交替显示"E"和"–"三次。

## 1.5.6 问题讨论

如果密码是多位的，那么该如何判断多次按键的值组合后就是设定的密码呢？

# 任务 1.6 企业案例——储物柜门锁智能控制

## 1.6.1 任务目标

通过本任务的设计和制作，培养学生具备利用微处理器矩阵式键盘实现储物柜门锁的智能控制的能力。

直流电机直连仿真电路中的微处理器 I/O 端口，预先设置好三位数密码。微处理器输出端口连接两个继电器和直流电机。若依次按下矩阵式键盘的按键值和设定的密码一致，则开柜，否则柜子不开。

## 1.6.2 知识准备

需要了解继电器的工作原理，微处理器端口的输出电流很小，无法驱动门锁直流电机工作，因此需要在微处理器和门锁之间加继电器作为驱动。当继电器线圈中有电流流过时，开关被吸合到常开端；当继电器线圈中没有电流流过时，开关和常闭端连接。因此可以通过微处理器端口输出高电平给继电器线圈通电；输出低电平，让继电器不工作，电路图如图 1-91 所示。

如果需要控制直流电机的正转和反转，则需要使用两个继电器，同一时刻只有一个继电器导通，另一个继电器不工作。通过电路的连接，当第 1 个继电器工作，第 2 个继电器不工作的时候，使直流电机的两端接通正向电压；而当第 1 个继电器不工作，第 2 个继电器工作的时候，使直流电机的两端接通负向电压，从而控制两个继电器的导通状态来控制直流电机的正反转。继电器与直流电机连接如图 1-92（a）所示。为简化设计，仿真时可先不考虑继电器驱动，直流电机的正反转直接由微处理器的 P3.3 端和 P3.4 端控制，直流电机与单片机直接连接如图 1-92（b）所示。

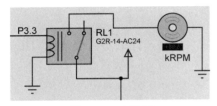

图 1-91　电路图

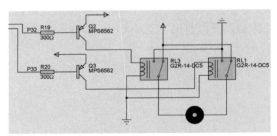

（a）继电器与直流电机连接

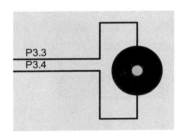

（b）直流电机与单片机直接连接

图 1-92　直流电机与继电器或单片机的连接图

## 1.6.3　任务实施

将储物柜门锁密码预先设置为三位。打开柜门前按下矩阵式键盘中的某三个按键，若此按键的值和设置的密码一致，则连接门锁的直流电机转动而打开柜门，同时柜门边的照明灯被点亮，数码管显示"C"。若此按键的值和设置的密码不一致，则直流电机不转动，柜门不打开，柜门边的照明灯不亮，数码管交替显示"E"和"–"三次，同时蜂鸣器报警。

### 1．硬件电路设计

门锁用直流电机表示，仿真图中直流电机连接微处理器的 P3.3 端和 P3.4 端，报警蜂鸣器通过三极管连接到微处理器的 P3.7 端，数码管连接到 P2 端口。仿真电路图和智慧校园门禁智能控制电路的仿真电路图一样，电路图如图 1-87 所示，其电路元件清单与智慧校园门禁智能控制电路的电路元件清单一样，如表 1-17 所示。

### 2．软件编程

（1）设置密码。

定义一个变量 password 表示设定的三位密码，在主函数中给 password 设置的初始值密码为 123。例如，password=123。

（2）读取矩阵式键盘值。

编写 scan_key()子函数，读取按键的值。

（3）柜门打开还是关闭。

判断按键被按下的次数和读取到的按键的值，数码管显示按键被按下的次数，在第三次按键被按下时，对三次按键的值进行运算，得到一个三位数，判断这个三位数是否和设置的密码一致，如果一致则打开柜门，即点亮 LED 灯，给直流电机正向通电，将电源正向加到直流电机上，直流电机转动一段时间后打开柜门。若要关闭柜门，则微处理器给直流电机反向通电，电源反向加到直流电机两端，直流电机反转一段时间后停止，表示柜门关闭。若输入错误，则 LED 灯不亮，数码管循环显示三次"E"和"−"，直流电机不工作，但是蜂鸣器导通报警。调用 scan_key()子函数读取按键的值，即 keynum_rd=scan_key()。在主函数的 while 循环中，读取按键的值，如果还没有按键被按下，即按键次数为 0，则灯不亮，蜂鸣器不报警，数码管不显示，处于初始状态。

```
if(press_count==0){
        led=1;beep=1;P2=0xff;
}
```

如果有按键被按下，则数码管显示按键被按下的次数，并且只有当第三次按下按键后，才判断三次按键的值是否和设置密码一致，若一致，则亮灯，直流电机正转一段时间后再反转一段时间，停止转动。若不一致，则灯不亮，蜂鸣器报警三次后停止。

```
else{//如果按键次数不为 0
  P2=table[press_count];                //则显示按键被按下的次数
  delay(100);
  if(press_count==3){                   //第三次按键被按下后得到一个三位数
  //三次按键的三位数和设置密码相同并且允许直流电机运转时
    if((keynum_rd==password)&&(run_en)){
            led=0;                      //LED 灯亮
            jdq1=1;jdq2=0;beep=1;  //打开柜门
            delay(100);
            jdq1=0;jdq2=1;beep=1;  //关闭柜门
            delay(100);
            jdq1=0;jdq2=0;led=1;   //直流电机停止，灯灭
            run_en=0;                   //直流电机不允许运转
            beep_en=1;                  //蜂鸣器允许报警
      }
    if((keynum_rd!=password)&&(beep_en)){
    //输入和设置不一致
            led=1;run_en=1;beep_en=0;
    //LED 灯不亮，直流电机允许运转，蜂鸣器不允许报警
            for(k=0;k<3;k++){//报警循环三次
                beep=0;P2=table[14];delay(100);
                beep=1;P2=0xbf;;delay(100);
            }
      }
    beep=1;//蜂鸣器不报警
```

```
    }
    else { //若不是三次按键则不报警
    beep=1;
    }
    }//按键被按下的次数不为 0
```

其中，run_en 和 beep_en 是位变量，控制直流电机转动和蜂鸣器报警。

读取按键的子函数和上个任务的子函数稍有区别。一旦有按键被按下，给 keynum 变量赋予按键的值的同时，就需要给按键被按下的次数变量 press_count 加 1，按键的状态变量立即更新为被按下的状态，key_last1=0 表示按键被按下，否则，表示按键被松开。下面是读取位于第一列第四行上的四个按键的值的代码。

```
//读取按键的值
unsigned int scan_key(){
    //读取位于第一列第四行上的四个按键
    P1=0xfe;//1111 1110
    temp=P1;
    temp=temp&0xf0;
    if((temp!=0xf0)&&(key_last1)){
        temp=P1;
        switch(temp){
            case 0xee:
                keynum=0;press_count++; key_last1=0; break;
            case 0xde:
                keynum=1;press_count++; key_last1=0;break;
            case 0xbe:
                keynum=2;press_count++; key_last1=0;break;
            case 0x7e:
                keynum=3;press_count++; key_last1=0;break;
            default:    break;
        }//switch
    }//if
    if(temp==0xf0){key_last1=1;}
```

其他三列四行的代码和上面的代码类似。

根据按键被按下的次数，给三位按键的值的百位、十位和个位分别赋值，在第三次按键被按下时，将百位、十位和个位上的值拼接成一个三位数，这个三位数就是要和设置密码进行比对的按键的值，然后把这个三位数返回给主函数读取按键的值的地方。

```
//根据按键被按下的次数记录三位数的值
switch(press_count){
    case 1:  keynum_bai=keynum;  break;
    case 2:  keynum_shi=keynum;  break;
    case 3:  if(add_en){
        keynum3=keynum_bai*100+keynum_shi*10+keynum;
        add_en=0;
    }
        return keynum3;
```

```
        break;
    case 4: press_count=0; //清除按键的值
        keynum_bai=0;keynum_shi=0;keynum=0;keynum3=0;
        add_en=1;
        break;
    default: press_count=0; //清除按键的值
        keynum_bai=0;keynum_shi=0;keynum=0;keynum3=0;
        add_en=1;
        break;
    }//switch
```

完整程序代码参考 ep1_11.c 文件。

### 3. 仿真调试

将上述编译调试程序下载到仿真电路中，运行 hex 文件，按下矩阵式键盘按键，观察直流电机、数码管、LED 灯和蜂鸣器的状态，仿真运行效果如图 1-88 所示。

扫描右侧二维码，可以观看教学微视频。

储物柜门锁智能控　　储物柜门锁智能控　　储物柜门锁智能控
制 3 位密码效果　　　制软件设计方法 1-1　制软件设计方法 1-2

## 1.6.4　能力拓展

仿真电路中的直流电机直接连接到了微处理器的两个输出端口，在实际应用中，这两个输出端口的输出电流不足以驱动直流电机，因此需要在直流电机两端增加两个继电器来驱动直流电机转动。

### 1. 完善仿真电路

在图 1-87 所示的电路图中加上两个继电器和两个三极管作为驱动，尽量符合真实应用环境。通过继电器控制的电路图如图 1-93 所示，学生宿舍储物柜门锁智能控制电路元件清单如表 1-18 所示。当 P3.3 端和 P3.4 端输出分别为 0 和 1 时，继电器 RL1 开关打到左边，继电器 RL2 不动作，直流电机被加上正向电源，直流电机正转。反之，直流电机反转。

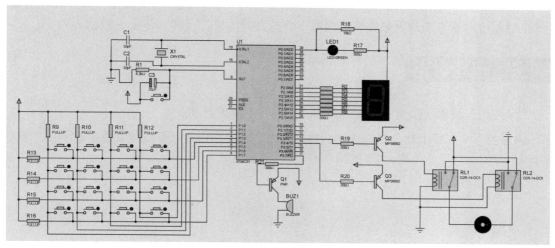

图 1-93　通过继电器控制的电路图

表 1-18　学生宿舍储物柜门锁智能控制电路元件清单

| 元件名称 | 型号 | 数量 |
| --- | --- | --- |
| 单片机 | AT89C51 | 1 |
| 晶振 | CRYSTAL-12MHz | 1 |
| 电容 | CAP-30pF | 2 |
| 电解电容 | A700D107M006ATE018-22μF | 1 |
| 按键 | BUTTON | 17 |
| 电阻 | RES-8.2kΩ | 1 |
| 电阻 | RES-10kΩ | 1 |
| 电阻 | RES-300Ω | 11 |
| 上拉电阻 | PULLUP | 8 |
| 共阳极数码管 | 7SEG-COM-AN-GRN | 1 |
| 三极管 | PNP | 1 |
| 三极管 | MPS6562 | 2 |
| 蜂鸣器 | BUZZER | 1 |
| 直流电机 | MOTOR | 1 |
| LED 灯 | LED-GREEN | 1 |
| 继电器 | G2R-14-DC5 | 2 |

本任务可以作为一个课程设计项目，学生自己购买元件设计电路并编写程序，此项目可以用于实际生活中的门禁系统。

**2．故障与维修**

调试程序时，发现直流电机不受控，检查直流电机和继电器的连接方式是否正确。按图正确连线。

## 1.6.5　任务小结

利用矩阵式键盘作为储物柜门锁的按键系统，利用软件编程实现按键的值和设定密码的比对，根据按键的正确与否来实现连接继电器的直流电机正反转和停止的控制。

## 1.6.6　问题讨论

如何使用开发板上的继电器模块控制 5V 直流电机的开和关？

**温馨提示**：实际上就是控制继电器的开和关，只需要将直流电机的电源线接到继电器的常开端（NO 端），公共端（COM 端）接电源 5V，直流电机另一端接地。

# 项目 2

# 智慧交通显示系统智能控制

## 知识目标

1. 掌握微处理器数据传送控制方式。
2. 理解中断的基本概念。
3. 熟悉与中断控制有关的寄存器。
4. 理解中断优先级和中断响应过程。
5. 掌握外部中断的控制方法。
6. 理解微处理器控制系统中的几种定时方法。
7. 掌握定时器/计数器的控制。
8. 熟练掌握定时器/计数器的工作方式设置和控制。
9. 理解 LED 点阵屏显示原理和 LCD 液晶屏显示原理。

## 能力目标

1. 能灵活运用微处理器中断请求。
2. 能正确设置与微处理器中断相关的寄存器。
3. 能利用微处理器的外部中断控制 LED 灯显示。
4. 能利用微处理器的定时器中断控制数码管和信号灯的显示。
5. 能进行 LED 点阵屏的简单控制。
6. 能进行 LCD 液晶屏的简单控制。
7. 能综合应用微处理器的中断实现对智慧交通显示系统的智能控制，并进行能力拓展。

## 知识导图

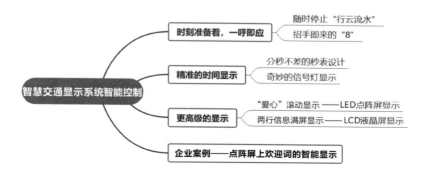

本项目专注于智慧交通显示系统智能控制，重点在于微处理器中断技术的精确设计与实现。项目被细分为四个关键小任务，旨在系统性地培养学生运用外部中断和定时器中断技术，以实现对交通信号灯的智能化控制。学生首先需要掌握中断技术的理论基础，随后应用于实际的信号灯控制场景中，以提高对复杂交通系统的控制能力。

进一步地，本单元要求学生完成 LED 点阵屏和 LCD 液晶屏显示任务，这不仅涉及编程技能的提升，还包括了 LED 点阵屏和 LCD 液晶屏在现实世界应用的深入理解，如电梯运行的智能显示控制。此部分将加深学生对于 LED 点阵屏显示技术的理解，并强化他们在遇到电梯显示故障时进行维修与维护的实际操作能力。

最后，学生将有机会把所学技能应用于企业案例，如通过控制显示屏显示欢迎词等，进一步扩展和巩固他们的技术能力和实际应用经验。这种由基础到实际应用的逐步深入学习方式，旨在全面提升学生对智能控制系统设计和维护的专业技能，为他们在未来的职业生涯中提供坚实的技术基础和实践经验。

# 任务 2.1　时刻准备着，一呼即应

## 2.1.1　任务目标

通过本任务的设计和制作，以 51 单片机为例介绍微处理器中断技术，能利用外部中断和定时器中断实现智能显示。本任务培养学生利用微处理器的中断功能分别控制 LED 灯和数码管智能显示的能力，并能简单控制 LED 点阵屏和 LCD 液晶屏的显示。

## 2.1.2　知识准备

中断是计算机中的一个重要概念，中断系统是计算机的重要组成部分。为使单片机具有对外部或内部随机发生的事件进行实时处理的功能而设置中断。中断功能的存在，在很大限度上提高了单片机处理外部或内部事件的能力。

### 2.1.2.1　中断的概念

在计算机中，由于计算机内部和外部的原因或软硬件的原因，因此 CPU 暂停当前的工作，转到需要处理的中断源的服务程序入口，在入口处执行一个跳转指令去处理中断事件，执行完中断服务后，再回到原来程序被中断的地方继续处理执行程序，这个过程被称为中断，中断过程示意图如图 2-1 所示。

实现中断功能的软硬件被统称为"中断系统"；能向 CPU 发出请求的事件被称为"中断源"；"中断源"向 CPU 提出的处理请求被称为"中断请求"；CPU 暂停自身事务转去处理中断请求的过程被称为"中断响应"；对事件的整个处理过程被称为"中断服务"或"中断处理"；处理完中断请求后回到原来被中断的地方，被称为"中断返回"。若有多个中断源同时提出请求，或者 CPU 正在处理某个中断请求时，又有事件发出中断请求了，则 CPU 先根据中断源的优先级对其进行排序，再按优先顺序处理中断源的请求。

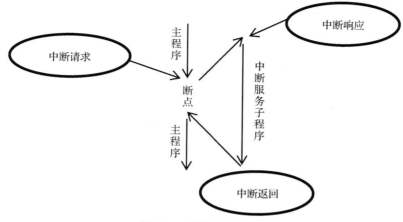

图 2-1  中断过程示意图

### 2.1.2.2  与中断控制有关的寄存器

中断控制主要解决以下三类问题。

中断的屏蔽控制，即何时允许 CPU 响应中断；中断优先级控制，即多个中断同时提出请求时，先响应哪个中断请求；中断的嵌套，即 CPU 正在响应一个中断时，是否允许响应另一个中断请求。

中断控制是指单片机所提供的中断控制手段，通过对控制寄存器的操作来有效管理中断系统。以 MCS51 为代表的单片机设置了四个与中断控制相关的控制寄存器：定时器/计数器控制寄存器 TCON、串行口控制寄存器 SCON、中断允许寄存器 IE、中断优先级控制寄存器 IP。其中，定时器/计数器控制寄存器 TCON 和串行口控制寄存器 SCON 将在后面的任务中进行详细介绍。本任务重点介绍中断允许寄存器 IE 和中断优先级控制寄存器 IP。

（1）中断允许寄存器 IE。

MCS51 单片机的 5 个中断源都是可以屏蔽中断的。中断系统内部设有一个专用寄存器 IE，用于控制 CPU 对各中断源的开放或屏蔽。中断允许寄存器 IE 的格式如表 2-1 所示，中断允许寄存器 IE 各个位的含义如表 2-2 所示。

表 2-1  中断允许寄存器 IE 的格式

| 位序号 | D7 | D6 | D5 | D4 | D3 | D2 | D1 | D0 |
|---|---|---|---|---|---|---|---|---|
| 位符号 | EA | X | X | ES | ET1 | EX1 | ET0 | EX0 |

表 2-2  中断允许寄存器 IE 各个位的含义

| 中断允许位 | | 说　明 |
|---|---|---|
| EA | 中断总允许位 | EA = 1，开放所有中断，各中断源的允许和禁止可通过相应的中断允许位单独加以控制；EA = 0，禁止所有中断 |
| ES | 串行口中断允许位 | ES = 1，允许串行口中断；ES = 0，禁止串行口中断 |
| ET1 | T1 中断允许位 | ET1 = 1，允许 T1 中断；ET1 = 0，禁止 T1 中断 |

| 中断允许位 | | 说 明 |
|---|---|---|
| EX1 | 外部中断 1 允许位 | EX1 = 1，允许外部中断 1 中断；EX1 = 0，禁止外部中断 1 中断 |
| ET0 | T0 中断允许位 | ET0 = 1，允许 T0 中断；ET0 = 0，禁止 T0 中断 |
| EX0 | 外部中断 0 允许位 | EX0 = 1，允许外部中断 0 中断；EX0 = 0，禁止外部中断 0 中断 |

（2）中断优先级控制寄存器 IP。

MCS51 单片机有 2 个中断优先级：高优先级和低优先级。同一优先级的中断源采用自然优先级。

中断优先级控制寄存器 IP 用于锁定各中断源优先级控制位。IP 中的每位均可由软件置位或清零。1 表示高优先级，0 表示低优先级。中断优先级控制寄存器 IP 的格式及其各个位的含义分别如表 2-3、表 2-4 所示。

表 2-3　中断优先级控制寄存器 IP 的格式

| 位序号 | D7 | D6 | D5 | D4 | D3 | D2 | D1 | D0 |
|---|---|---|---|---|---|---|---|---|
| 位符号 | X | X | X | PS | PT1 | PX1 | PT0 | PX0 |

表 2-4　中断优先级控制寄存器 IP 各个位的含义

| 中断优先级控制位 | | 说 明 |
|---|---|---|
| PS | 串行口中断优先级控制位 | PS = 1，设定串行口为高优先级中断；PS = 0，设定串行口为低优先级中断 |
| PT1 | T1 中断优先级控制位 | PT1 = 1，设定 T1 为高优先级中断；PT1 = 0，设定 T1 为低优先级中断 |
| PX1 | 外部中断 1 优先级控制位 | PX1 = 1，设定外部中断 1 为高优先级中断；PX1 = 0，设定外部中断 1 为低优先级中断 |
| PT0 | T0 中断优先级控制位 | PT0 = 1，设定 T0 为高优先级中断；PT0 = 0，设定 T0 为低优先级中断 |
| PX0 | 外部中断 0 优先级控制位 | PX0 = 1，设定外部中断 0 为高优先级中断；PX0 = 0，设定外部中断 0 为低优先级中断 |

以 89C51 为代表的单片机有 5 个中断源：外部中断 0（INT0）、外部中断 1（INT1）、定时器/计数器 0（T0）、定时器/计数器 1（T1）、串行口中断（RI/TI）。

中断的自然优先级从高到低依次为外部中断 0、定时器/计数器 0 中断、外部中断 1、定时器/计数器 1 中断、串行口中断。

### 2.1.2.3　中断响应

#### 1．中断响应条件

中断响应条件如下。

（1）有中断源发出中断请求。

（2）中断总允许位 EA=1，即 CPU 开放所有中断，且申请中断的中断源对应的中断允许位为 1，即没被屏蔽。

（3）没有更高级或同级的中断正在处理中。

（4）执行完当前指令。若当前指令为返回指令或访问 IP、IE 指令，则 CPU 必须在执行完当前指令后再继续执行下一条指令，最后才响应中断。

### 2．中断响应过程

中断响应过程就是自动调用并执行中断服务程序，即中断函数的过程。

### 3．中断响应时间

中断响应时间是指从中断请求标志位置位到 CPU 开始执行中断服务程序的第一条语句所需的时间。

#### 2.1.2.4　中断服务程序函数头的书写方法

C51 编译器支持在 C 源程序中直接以函数形式编写中断服务程序。中断函数定义形式如下。

```
void 函数名（） interrupt  n
```

其中，n 为中断类型号，C51 编译器允许 0～31 个中断，n 的取值范围为 0～31。

这 5 个中断源的中断请求标志位、中断类型号 n 取值、入口地址及自然优先级，如表 2-5 所示。

表 2-5　51 系列单片机中断源的标志位

| 中断源 | 中断请求标志位 | 中断类型号 n 取值 | 入口地址 | 自然优先级 |
|---|---|---|---|---|
| 外部中断 0 | IE0 | 0 | 0003H | 最高级 |
| 定时器/计数器 0 中断 | TF0 | 1 | 000BH | ↓ |
| 外部中断 1 | IE1 | 2 | 0013H | |
| 定时器/计数器 1 中断 | TF1 | 3 | 001BH | |
| 串行口接收/发送中断 | RI、TI | 4 | 0023H | 最低级 |

## 2.1.3　任务实施

### 2.1.3.1　随时停止"行云流水"

本任务要求完成的工作是在流水灯的基础上加上中断控制，利用外部中断使 LED 灯随时停止"行云流水"的效果。LED 灯正常工作时循环被点亮，当按下中断按钮时，八个 LED 灯停止流水灯效果，转而同时闪烁八次。本任务旨在使学生熟悉单片机中断系统及中断控制功能的实现方法。中断源采用的是外部中断 0，接在 P3.2 端的按钮实现中断触发。当 P3.2 端为低电平时发出中断请求，单片机接到中断请求后，根据中断控制方式找到相应的中断服务程序执行，当中断服务程序执行完毕后，CPU 回到主程序原来断点处继续执行。本任务在实施过程中，学生重点掌握中断的初始化方法，掌握中断服务程序的编程方法，熟悉中断的执行过程。

根据本任务的工作内容和要求，流水灯采用八个 LED 灯模拟，接在 P1 端口上，当系统上电时，流水灯左移。单片机的 P3.2 端除了是普通的端口，还可作为外部中断 0 的输入端。由于外部中断 0 的输入信号是低电平有效，所以在 P3.2 端上先接一个上拉电阻，再串联一个按键，按键的另一端接地，当按下按键时，即发出中断请求信号。单片机的其他引脚的连接方式不变，应为最小系统电路的连接方式。

### 1．硬件电路设计

根据任务分析，本电路除了单片机工作的最小系统电路，在 P1 端口接八个 LED 灯，每个 LED 灯分别串接一个 300Ω 电阻后连接 5V 电源。P3.2 端即外部中断 0 外接一个上拉电阻后与电源相连，同时与按键相连，按键的另一端接地。随时停止"行云流水"电路的电路图如图 2-2 所示，随时停止"行云流水"电路元件清单如表 2-6 所示。

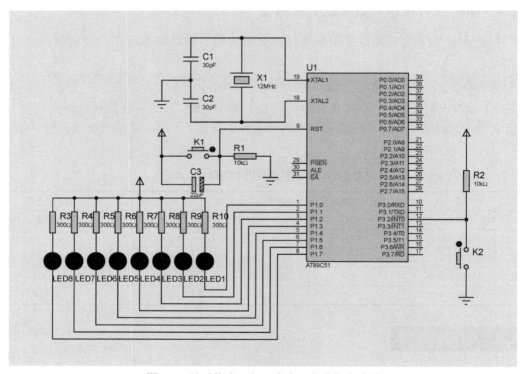

图 2-2　随时停止"行云流水"电路的电路图

表 2-6　随时停止"行云流水"电路元件清单

| 元件名称 | 型号 | 数量 |
| --- | --- | --- |
| 单片机 | AT89C51 | 1 |
| LED 灯 | LED-RED | 8 |
| 晶振 | CRYSTAL-12MHz | 1 |
| 电容 | CAP-30pF | 2 |
| 电解电容 | A700D107M006ATE018-22μF | 1 |

续表

| 元件名称 | 型号 | 数量 |
|---|---|---|
| 电阻 | RES-10kΩ | 2 |
| 电阻 | RES-300Ω | 8 |
| 按键 | BUTTON | 2 |

### 2. 软件编程

（1）主程序设计。

在主程序中首先初始化一些参数，如中断总允许位、外部中断 0 允许位，流水灯初始化时第一个 LED 灯被点亮，在主程序的 while 循环中，通过 P1 端口 0 的位置左移来轮流点亮 LED 灯，每次点亮后调用 delay(int num) 函数延时一段时间。

```
void main(){
    EA=1;//开放所有中断
    EX0=1;//允许外部中断 0 中断
    IT0=0;//外部中断 0 触发方式为低电平触发
    P1=0xfe; //点亮第一个 LED 灯
    while(1){
        delay(100);         //延时
        P1=P1<<1;           //左移一位
        P1=P1+1;            //点亮左移后的 LED 灯
        if(P1==0xff){       //处理第一个 LED 灯的状态
            P1=0xfe;
        }
    }
}
```

（2）外部中断程序设计。

一旦连在外部中断 0 上的按钮被按下，P3.2 端为低电平，就触发外部中断 0 产生中断请求，当 CPU 响应后，进入外部中断程序，利用 for 循环控制 LED 灯闪烁 8 次。程序代码如下。

```
void myint0() interrupt 0 {
    for(n=0;n<8;n++){ //循环 8 次
        P1=0xff;        //LED 灯全灭
        delay(100);     //延时
        P1=0x00;        //LED 灯全亮
        delay(100);     //延时
    }
}
```

（3）整个程序代码。

完整程序代码参考 ep2-1.c 文件。

```
#include <reg51.h> //导入头文件
int i,j;            //延时函数中循环变量
unsigned n;         //循环次数变量
/*************************************
```

```
延时函数
*********************************************/
void delay(int num){
   for( i=0;i<num;i++)
     for( j=0;j<200;j++)
        ;
}
/**********************************************
外部中断 0 程序
*********************************************/
void myint0()  interrupt 0 {
  for(n=0;n<8;n++){   //循环 8 次
    P1=0xff;            //LED 灯全灭
    delay(100);         //延时
    P1=0x00;            //LED 灯全亮
    delay(100);         //延时
  }
}
/**********************************************
主程序
*********************************************/
void main(){
   EA=1;       //开放所有中断
   EX0=1;      //允许外部中断 0 中断
   IT0=0;      //外部中断 0 触发方式为低电平触发
   P1=0xfe;    //点亮第一个 LED 灯
   while(1){
      delay(100);       //延时
      P1=P1<<1;         //左移一位
      P1=P1+1;          //点亮左移后的 LED 灯
      if(P1==0xff){     //处理第一个 LED 灯的状态
         P1=0xfe;
      }
   }
}
```

### 3．仿真调试

将上述编译调试程序下载到仿真电路中，运行 hex 文件，按下外部中断 0 连接的按键，观察流水灯运行效果。

### 4．开发板验证

在开发板上将 P1 端口与八个 LED 灯连接，将外部中断 0（P3.2 端）与控制按键 K1 连接，开发板连线图如图 2-3 所示。将 hex 文件下载到开发板后，按下按键 K1，观察八个 LED 灯的流水灯运行效果。

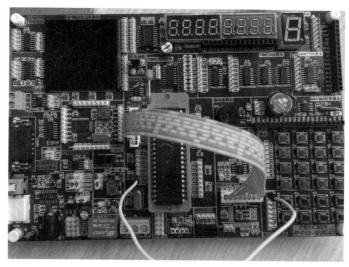

图 2-3　开发板连线图

### 5. 故障与维修

调试程序时，发现流水灯不能受到外部中断按键的控制。首先，检查外部中断按键是否连接在 P3.2 端和 P3.3 端上，如果不是，则按图正确连线。其次，检查代码中的外部中断服务函数的入口地址对应的中断类型号 n 的值是否一致。例如，外部中断 0 的中断服务函数头应该为 void myint0() interrupt 0{}，外部中断 1 的中断服务函数头为 void myint1() interrupt 2{}。其中 interrupt 后面的那个数字不能写错。否则，CPU 将找不到正确的入口地址，将无法正确执行中断服务函数。

扫描右侧二维码，可以观看教学微视频。

随时停止"行云流水"

## 2.1.3.2　招手即来的"8"

本任务在 2.1.3.1 节的基础上完成对数码管显示的控制。正常情况下，数码管的 a 段 LED 灯到 g 段 LED 灯轮流被点亮，按手写"8"的顺序依次点亮数码管。当按下中断按键后，数码管显示"8"并闪烁八次，然后回到正常状态。

八段数码管是由八个 LED 灯构成的，在正常情况下，数码管的 a 段 LED 灯到 g 段 LED 灯和小数点 LED 灯轮流被点亮，其实就是 2.1.3.1 节的流水灯轮流被点亮的情况，然而需要按照手写"8"的顺序点亮 LED 灯。按不带小数点的七段数码管排列为 a-f-g-c-d-e-g-b-a 的顺序。当按下中断按键后，数码管显示"8"并闪烁八次，然后回到正常状态，即 2.1.3.1 节的流水灯同时闪烁八次。本任务使用外部中断 1 产生中断请求，需要修改主程序中关于中断的一些寄存器的设置和中断服务函数头的书写方法。

### 1. 硬件电路设计

不带小数点的数码管为七个 LED 灯构成数码管的 a、b、c、d、e、f、g 七段，按照共阳极数码管常规的连接方法，将 P1.0 端连接 a 段，P1.1 端连接 b 段，以此类推。因为此处只有七个 LED 灯，所以将 P1.7 端悬空即可。共阳极数码管与单片机正常连接图如图 2-4 所示，共阳极数码管与单片机正常连接电路元件清单如表 2-7 所示。

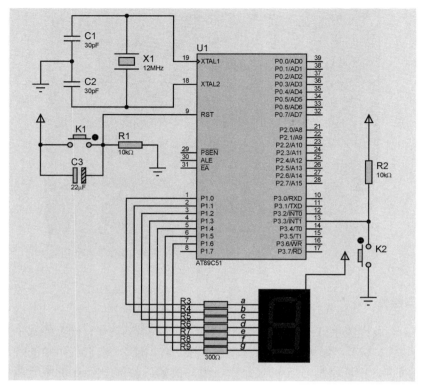

图 2-4　共阳极数码管与单片机正常连接图

表 2-7　共阳极数码管与单片机正常连接电路元件清单

| 元件名称 | 型号 | 数量 |
|---|---|---|
| 单片机 | AT89C51 | 1 |
| 共阳极数码管 | 7SED-COM-AN-GRN | 1 |
| 晶振 | CRYSTAL-12MHz | 1 |
| 电容 | CAP-30pF | 2 |
| 电解电容 | A700D107M006ATE018-22μF | 1 |
| 电阻 | RES-10kΩ | 2 |
| 电阻 | RES-300Ω | 7 |
| 按键 | BUTTON | 2 |

### 2. 软件编程

本任务要求按 "8" 的书写顺序来显示，即 $a$-$f$-$g$-$c$-$d$-$e$-$g$-$b$-$a$，可以通过设置各个 LED 灯的值来控制数码管按要求显示。例如，定义 $a$ 段 LED 灯的变量值为 unsigned char ledA=0xfe，点亮 $a$ 段只需要给 P1 端口赋值为 ledA，即 P1=ledA；定义 $b$ 段 LED 灯的变量值为 unsigned char ledB=0xfd，点亮 $b$ 段只需要给 P1 端口赋值为 ledB，即 P1=ledB；以此类推。这样按照 "8" 的书写顺序点亮 $a$-$f$-$g$-$c$-$d$-$e$-$g$-$b$，即 P1=ledA；P1=ledF；P1=ledG；P1=ledC；P1=ledD；P1=ledE；P1=ledG；P1=ledB。因此在主程序的 while 循环中可以这样编写代码：

```
while(1){//按 a-f-g-c-d-e-g-b 顺序点亮 LED 灯
    P1=ledA;
```

```
        delay(100);//延时
        P1=ledF;
        delay(100);//延时
        P1=ledG;
        delay(100);//延时
        P1=ledC;
        delay(100);//延时
        P1=ledD;
        delay(100);//延时
        P1=ledE;
        delay(100);//延时
        P1=ledG;
        delay(100);//延时
         P1=ledB;
        delay(100);//延时
    }
```

当然，我们也可以将 ledA、ledB、……、ledG 的值存在一个数组 disp[]中，然后用 for 循环实现上面的功能，如此可简化上面的代码。

```
unsigned char disp[]={0xfe,0xdf,0xbf,0xfb,0xf7,0xef,0xbf,0xfd};
//分别点亮 a-f-g-c-d-e-g-b 段 LED 灯的编码
while(1){
    for(k=0;k<8;k++){
        P1=disp[k];// 分别点亮 a-f-g-c-d-e-g-b 段 LED 灯
        delay(100);
    }
}
```

主函数中与外部中断相关的寄存器设置如下。

```
EA=1;//开放所有中断
EX1=1;//允许外部中断 1 中断
IT1=0;//外部中断 1 触发方式为低电平触发
```

中断服务函数头书写方法如下。

```
void myint1() interrupt 2
```

外部中断 1 的中断类型号 n 为 2。外部中断 1 的中断服务函数代码如下。

```
void myint1() interrupt 2 {
  for(n=0;n<8;n++){ //循环 8 次
    P1=0xff;          //LED 灯全灭
    delay(100);       //延时
    P1=0x00;          //LED 灯全亮
    delay(100);       //延时
  }
}
```

完整程序代码参考 ep2-2.c 文件。

### 3．仿真调试

把写好的程序在 Proteus 仿真软件中进行调试与仿真，当调试成功后，将其下载到开发板上运行。

### 4．开发板验证

仿真图中为共阳极数码管，在开发板上将 P1 端口与数码管连接，将外部中断 1（P3.3 端）与控制按键 K1 连接，连线图参考图 2-5（a）。将 hex 文件下载到开发板后，按下按键 K1，观察数码管的运行效果，开发板运行效果如图 2-5（b）所示。

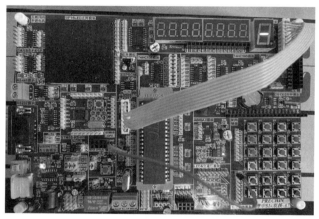

（a）开发板连线图

（b）开发板运行效果

图 2-5　开发板连线图与运行效果

### 5．故障与维修

调试程序时，如果发现数码管显示不受外部中断按键的控制，那么首先检查硬件连线是否正确，其次进行代码审查，查看外部中断服务函数的入口地址是否与其对应的中断类型号 n 匹配。例如，对于外部中断 0，其中断服务函数的声明应为 void myint0() interrupt 0 {}，而外部中断 1 则应声明为 void myint1() interrupt 2 {}。这里的 interrupt 关键字后的数字是至关重要的，它指定了 CPU 寻找相应中断服务函数的入口地址。若此数字设定错误，则 CPU 将无法定位正确的入口地址，从而导致中断服务函数无法被正确执行。

扫描右侧二维码，可以观看教学微视频。

招手即来的 8

## 2.1.4　能力拓展

利用外部中断 0 和 1 来切换正反流水灯的效果。平时八个 LED 灯熄灭。当按下外部中断 0 连接的按键后，流水灯立刻切换成正向流水的效果，再按一次外部中断 0 连接的按键，流水灯立刻切换成反向流水的效果。当按下外部中断 1 连接的按键后，流水灯实现反向流水的效果。

### 1.　硬件电路设计

在流水灯电路图的基础上，增加两个外部中断按键，如图 2-6 所示。

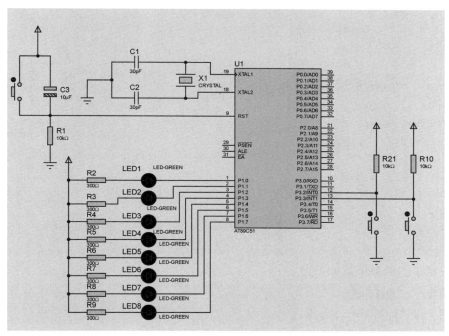

图 2-6　能力拓展电路图

### 2.　软件编程

主函数的循环中将八个 LED 灯熄灭，主函数代码如下。

```
void main(){
    EA=1;  //开放所有中断
    EX0=1;  //允许外部中断 0 中断
    EX1=1;  //允许外部中断 1 中断
    IT0=1;  //外部中断 0 的触发方式为电平跳变触发
    IT1=1;  //外部中断 1 的触发方式为电平跳变触发
    zfflow=1;//外部中断 0 作为正反向流水的标志位
    while(1){
        P1=0xff;//八个 LED 灯熄灭
```

```
    }
}
```

外部中断 0 的服务函数如下。

```
//外部中断 0 实现正反向流水
void myint0() interrupt 0{
    IE0=0;
    zfflow=!zfflow;      //流水方向控制位
    if(zfflow){     //方向位为 1，正向流水
      s=0xfe;//1111 1110
      for(k=0;k<8;k++){
        P1=s; //1111 1110
        delay(100);
        s=s<<1;   //1111 1100   利用移位实现流水
        s=s+1;    //1111 1101
      }//for
    }//if
    else{    //方向位为 0，反向流水
      s=0x7f;   //0111 1111
      for(k=0;k<8;k++){
        P1=s; //0111 1111
        delay(100);
        s=s>>1;  //0011 1111
        s=s+0x80; //1011 1111
      }//for
    }//else
}
```

外部中断 1 的服务函数如下。

```
//外部中断 1 实现反向流水
void myint1() interrupt 2{
    IE1=0;
    s=0x7f;  //0111 1111
    for(k=0;k<8;k++){
        P1=s; //0111 1111
        delay(100);
        s=s>>1;  //0011 1111
        s=s+0x80; //1011 1111
    }
}
```

完整程序代码参考 ep2-2a.c 文件。

### 3．仿真调试

将上述程序编译后生成的 hex 文件在 Proteus 仿真软件中进行调试与仿真，当调试成功后，将其下载到开发板上运行。

## 2.1.5　任务小结

外部中断一旦被触发后，CPU 响应中断就需要具备以下条件：中断总允许位 EA=1，允许外部中断请求 EX0=1 和 EX1=1。设置中断触发方式为电平跳变触发或低电平触发，IT0=1、IT1=1 或 IT0=0、IT1=0。在书写中断服务函数头时，需要注意外部中断 0 和外部中断 1 的中断类型号。

## 2.1.6　问题讨论

如果写错了中断类型号，那么产生中断后能进入相应的中断服务函数吗？

温馨提示：不能，每个中断类型号对应了相应的中断服务函数入口地址，如果写错中断类型号，那么 CPU 将找不到对应的入口地址。

# 任务 2.2　精准的时间显示

## 2.2.1　任务目标

随着科技的飞速发展，微处理器不断深入我们的生活。本任务模拟交通信号灯系统，利用典型的 AT89C51 为核心元件，实现路面上的交通信号灯的智能控制。根据实际情况设计一套交通信号灯控制系统，假设在十字路口分为南北方向和东西方向，在任一时刻，只有一个方向通行，另一个方向禁行，持续一段时间后，经过短暂过渡，将通行方向和禁行方向对换，该系统运行情况如下。

首先，东西方向通行，南北方向禁行。具体过程如下：东西方向绿灯亮，南北方向红灯亮，同时在东西南北四个方向都由两位七段共阳极数码管显示 20s 倒计时时间，当倒计时到 10s 时，东西方向绿灯闪烁 5s，当倒计时到 5s 时，东西方向黄灯亮，表示进入路口的车辆继续通行，未进入路口的车辆禁止超越标志线，黄灯亮 5s 后熄灭，此时倒计时到 0s，东西方向红灯亮，南北方向绿灯亮，信号灯的状态切换为东西方向禁行，南北方向通行，以此类推，不断循环。可以通过两个按键控制信号灯的状态及倒计时的开始或停止，以应对特殊的交通情况，如在交通拥堵时，交警可以人为控制交通信号灯被点亮的时间。

通过几个子任务的操作训练和相关知识的学习，让学生熟悉单片机端口控制的工作原理，掌握定时器/计数器的控制方法，巩固外部中断的控制方法，熟悉单片机开发的基本过程。

## 2.2.2　知识准备

定时器/计数器是微处理器中重要的功能模块之一，也可用于对外部事件计数。以 51 系列为代表的单片机内部有两个 16 位可编程定时器/计数器，即定时器 T0 和定时器 T1。它们都具有定时和计数的功能，并有 4 种工作方式可以被选择。

### 2.2.2.1　定时器/计数器工作原理

定时器/计数器 T0 和 T1 实质上是加 1 计数器，即每输入一个脉冲，计数器加 1，当加到计数器全为 1 时，再输入一个脉冲，就使得计数器归零，且计数器溢出使 TCON 中的标志位 TF1 或 TF0 置 1，向 CPU 发出中断请求。根据输入的计数脉冲来源不同，可把它们分成定时与计数两种功能。作为定时器时，脉冲来自内部时钟振荡器；作为计数器时，脉冲来自外部引脚。定时器/计数器工作原理图如图 2-7 所示。

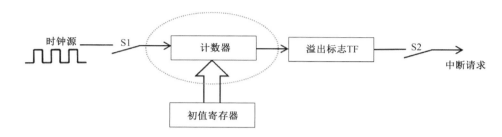

S1—启动或停止计数器工作；S2—允许或禁止溢出中断。

图 2-7　定时器/计数器工作原理图

#### 1．定时器模式

作为定时器使用时，输入脉冲由内部振荡器的输出经过 12 分频后送出，因此定时器也可看成对机器周期的计数器。若晶振频率为 12MHz，则机器周期为 1μs，定时器每接收一个输入脉冲的时间为 1μs；若晶振频率为 6MHz，则机器周期为 2μs，定时器每接收一个输入脉冲的时间为 2μs。因此，确定定时时间，其实只需要对脉冲进行计数即可。

#### 2．计数器模式

作为计数器使用时，输入脉冲是由外部引脚 T0（P3.4 端）或 T1（P3.5 端）输入到计数器的。在每个机器周期的 S5P2 期间采样 T0、T1 的引脚电平。当在某周期采样到一个高电平输入，而下一个周期又采样到一个低电平时，则计数器加 1。

#### 3．计数器位数

计数器位数确定了计数器的最大计数值 $M$ 和计数范围。$n$ 位计数器的最大计数值 $M=2^n$，计数范围为 $0 \sim 2^n-1$。例如，8 位计数器的最大计数值为 $M=256$，计数范围为 $0 \sim 255$。

### 2.2.2.2　定时器/计数器的组成

以 51 系列为代表的单片机内部有两个 16 位的可编程定时器/计数器 T0 和 T1，定时器/计数器逻辑结构如图 2-8 所示。

T0、T1 是 16 位加法计数器，分别由两个 8 位专用寄存器组成，T0 由 TH0 和 TL0 组成，T1 由 TH1 和 TL1 组成。每个寄存器均可被单独访问，因此可以被设置为 8 位、13 位或 16 位计数器使用。

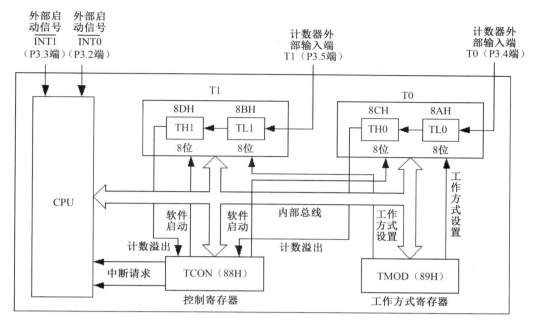

图 2-8　定时器/计数器逻辑结构

定时器/计数器允许用户编程设定开始计数的数值，称为赋初值。若初值不同，则计数器产生溢出时，统计脉冲数也不同。例如，对于 8 位计数器，统计最大值为 255。当初值设为 100 时，再统计 155 个脉冲，计数器就产生溢出；当初值设为 200 时，再统计 55 个脉冲，计数器就产生溢出。

初值计算方法如下。

假设晶振频率为 12MHz，那么计数频率 $f_{计数}$=12MHz/12=1MHz；计数周期 $T_{计数}$=1/$f_{计数}$= 1μs。

如果需要定时 1ms，那么计数个数 count=1ms/1μs=1000，假设使用 16 位计数器，则初值= $2^{16}$−1−1000=65535−1000=64535。

假设由定时器/计数器 T0 进行定时/计数，则两个寄存器的初值分别为 TH0=64535/256，TL0=64535%256。

### 2.2.2.3　定时器/计数器工作方式寄存器 TMOD

TMOD 为定时器/计数器工作方式寄存器，其格式如表 2-8 所示。

表 2-8　定时器/计数器工作方式寄存器 TMOD 的格式

| 位序号 | D7 | D6 | D5 | D4 | D3 | D2 | D1 | D0 |
|---|---|---|---|---|---|---|---|---|
| 位符号 | GATE | C/$\overline{\text{T}}$ | M1 | M0 | GATE | C/$\overline{\text{T}}$ | M1 | M0 |
| | T1 | | | | T0 | | | |

TMOD 的低 4 位为 T0 的工作方式字段，高 4 位为 T1 的工作方式字段，它们的含义如表 2-9 所示。

表 2-9　工作方式选择位含义

| M1 | M0 | 工作方式 | 功能说明 |
|----|----|----------|----------|
| 0 | 0 | 0 | 13 位计数器 |
| 0 | 1 | 1 | 16 位计数器 |
| 1 | 0 | 2 | 初值自动重载 8 位计数器 |
| 1 | 1 | 3 | T0：拆成两个独立的 8 位计数器<br>T1：停止计数 |

工作方式 0 为由 $TH_x$ 的高 8 位和 $TL_x$ 的低 5 位组成的 13 位计数器（$x$ 取值为 0 或 1）。

工作方式 1 为由 $TH_x$ 的高 8 位和 $TL_x$ 的低 8 位组成的 16 位计数器（$x$ 取值为 0 或 1）。

工作方式 2 为 8 位定时器/计数器，初值由 $TL_x$ 决定，$TH_x$ 的值和 $TL_x$ 的值一致。每次中断结束后都会将 $TH_x$ 的值自动重载到 $TL_x$ 寄存器中（$x$ 取值为 0 或 1）。

当在工作方式 3 时，定时器/计数器 T0 被拆成两个独立的 8 位计数器使用，T1 停止计数。TL0 所对应的定时器/计数器使用 T0 原来的资源，即使用 TR0 控制启动，TF0 作为溢出标志。TH0 对应的定时器/计数器借用 T1 的资源 TR1 和 TF1。只有 T0 可以设置为工作方式 3，T1 设置为工作方式 3 时不工作。

说明：当 T0 在工作方式 3 时，T1 仍然可以设置为工作方式 0、工作方式 1 或工作方式 2。但由于 TR1、TF1 和 T1 的中断源已被 T0 占用，因此，定时器 T1 仅由控制位 C/T 切换其定时或计数功能。当计数器计满溢出时，只能将输出送往串行口。在这种情况下，T1 一般用在串行口波特率发生器或不需要中断的场合。因 T1 的 TR1 被占用，当设置好工作方式后，T1 自动开始计数，当送入一个设置 T1 为工作方式 3 的方式字后，T1 停止计数。定时器的工作方式 0 和工作方式 1 示意图、定时器的工作方式 2 示意图分别如图 2-9 和图 2-10 所示。

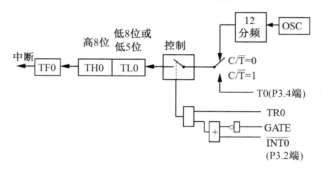

图 2-9　定时器的工作方式 0 和工作方式 1 示意图

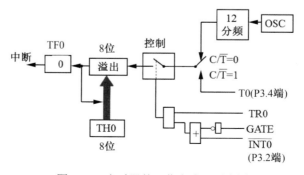

图 2-10　定时器的工作方式 2 示意图

TMOD 寄存器其他位的含义如表 2-10 所示。

表 2-10　TMOD 寄存器其他位的含义

| 控制位 | | 功　能　说　明 |
|---|---|---|
| C/$\overline{\text{T}}$ | 功能选择位 | C/$\overline{\text{T}}$ =0 时，设定为定时器工作方式；C/$\overline{\text{T}}$ =1 时，设定为计数器工作方式 |
| GATE | 门控位 | GATE=0 时，软件启动方式，将 TCON 寄存器中的 TR0 或 TR1 置 1，即可启动相应定时器；GATE=1 时，软硬件共同启动方式，软件控制 TR0 或 TR1 置 1 的同时，还需要 INT0（P3.2 端）或 INT1（P3.3 端）为高电平才可启动相应定时器，即允许外部中断 0 或外部中断 1 启动定时器 |

### 2.2.2.4　定时器/计数器控制寄存器 TCON

TCON 既有定时器/计数器的控制功能，又有中断控制功能。TCON 可以位寻址，即对寄存器的每一位可进行单独操作。复位时 TCON 全部被清 0。

表 2-11 所示为定时器/计数器控制寄存器 TCON 的格式，表 2-12 所示为定时器/计数器控制寄存器 TCON 各位的定义。

表 2-11　定时器/计数器控制寄存器 TCON 的格式

| 位序号 | D7 | D6 | D5 | D4 | D3 | D2 | D1 | D0 |
|---|---|---|---|---|---|---|---|---|
| 位符号 | TF1 | TR1 | TF0 | TR0 | IE1 | IT1 | IE0 | IT0 |

表 2-12　定时器/计数器控制寄存器 TCON 各位的定义

| 位符号 | 说明 | 功能 |
|---|---|---|
| TF1 | T1 溢出标志位 | T1 被启动计数后，从初值开始加 1 计数，计数满溢出后由硬件置位 TF1，同时向 CPU 发出中断请求，此标志一直保持到 CPU 响应中断后才由硬件自动清零，也可由软件查询该标志，并由软件清零 |
| TR1 | T1 运行控制位 | 由软件清零关闭定时器 1，即 TR1=0，关闭定时器 1。<br>当 GATE=0 时，TR1 软件置 1 即启动定时器 1。<br>当 GATE=1 且 INT1 为高电平时，TR1 软件置 1 启动定时器 1 |
| TF0 | T0 溢出标志位 | T0 被启动计数后，从初值开始加 1 计数，计数满溢出后由硬件置位 TF0，同时向 CPU 发出中断请求，此标志一直保持到 CPU 响应中断后才由硬件自动清零，也可由软件查询该标志，并由软件清零 |
| TR0 | T0 运行控制位 | 由软件清零关闭定时器 0，即 TR0=0，关闭定时器 0。<br>当 GATE=0 时，TR0 软件置 1 即启动定时器 0。<br>当 GATE=1 且 INT0 为高电平时，TR0 软件置 1 启动定时器 0 |
| IE1 | 外部中断 1 请求标志位 | IE1=1，外部中断 1 向 CPU 申请中断（硬件置 1），当 CPU 响应中断后，由硬件自动清零 |
| IT1 | 外部中断 1 触发方式选择位 | IT1=1，下降沿触发方式；IT1=0，低电平触发方式，该位由软件置位或清除 |
| IE0 | 外部中断 0 请求标志位 | IE0=1，外部中断 0 向 CPU 申请中断（硬件置 1），当 CPU 响应中断后，由硬件自动清零 |
| IT0 | 外部中断 0 触发方式选择位 | IT0=1，下降沿触发方式；IT0=0，低电平触发方式，该位由软件置位或清除 |

#### 2.2.2.5 定时器/计数器的工作过程

##### 1. 设置定时器/计数器的工作方式

通过设置 TMOD，确定相应的定时器/计数器是定时功能的还是计数功能的，并确定工作方式及启动方式。

##### 2. 设置计数初值

定时时间$=(2^n-X)\times12/f_{osc}$，其中，$n$ 为计数位数，$X$ 为初始值，$f_{osc}$ 为晶振频率。$TH_M=X/256$，$TL_M=X\%256$，$M$ 为 0 或 1。

##### 3. 启动定时器/计数器

根据第 1 步中设置的启动方式启动定时器/计数器。

##### 4. 计数溢出

一旦计数溢出，溢出标志位 TF1 或 TF0 就会被置 1，通知用户定时器/计数器已经计满，用户可以通过查询溢出标志位的状态或中断方式进行操作。

### 2.2.3 任务实施

#### 2.2.3.1 分秒不差的秒表设计

在计时抢答类娱乐节目中，通常会用两位数码管显示计时时间，或者 60s 倒计时，哪位选手用时最短或剩余时间最多者获胜。主持人通过按下计时按键开始倒计时，选手按下停止按键，停止计时，数码管显示的时间即剩余时间。一旦倒计时到 0s，没有选手按下停止按键，就会点亮某个 LED 灯以示报警。

本任务要求完成的工作是分解出 60s 倒计时的工作过程及控制方法，完成硬件电路设计和软件编程。通过单片机的两个外部中断和定时器中断实现 60s 倒计时控制，以模拟仿真生活中真实的倒计时显示效果。本项目主要采用中断方式进行外部中断和定时器中断控制，由此使学生加深对中断的理解，为后面的综合应用打下夯实的基础。

利用共阳极数码管 SMG1 显示十位数，SMG2 显示个位数。按键 K2 连接外部中断 INT0（P3.2 端），按下按键 K2 启动倒计时；按键 K3 连接外部中断 INT1（P3.3 端），按下按键 K3，倒计时和显示停止。当倒计时为 0 时，点亮 LED 灯以示报警。

##### 1. 硬件电路设计

根据任务说明、工作内容及要求，通过具体分析设计电路。60s 倒计时秒表电路图如图 2-11 所示，"60s 倒计时"电路元件清单如表 2-13 所示。

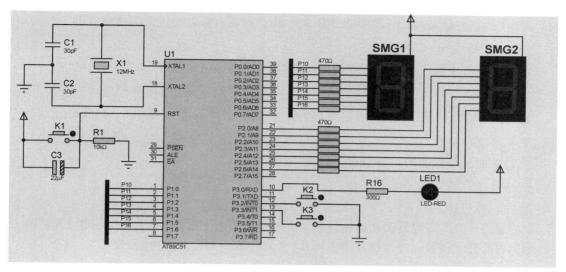

图 2-11 60s 倒计时秒表电路图

表 2-13 "60s 倒计时"电路元件清单

| 元件名称 | 型号 | 数量 |
| --- | --- | --- |
| 单片机 | AT89C51 | 1 |
| 晶振 | CRYSTAL-12MHz | 1 |
| 电容 | CAP-30pF | 2 |
| 电解电容 | A700D107M006ATE018-22μF | 1 |
| 按键 | BUTTON | 3 |
| 电阻 | RES-10kΩ | 1 |
| 电阻 | RES-470Ω | 14 |
| 电阻 | RES-300Ω | 1 |
| LED 灯 | LED-RED | 1 |
| 共阳极数码管 | 7SED-COM-AN-GRN | 2 |

### 2. 60s 倒计时秒表程序设计

（1）主程序设计。

在主程序中需要对 TMOD、TCON、TH0、TL0 等寄存器进行初始化。首先确定选用定时器/计数器 0 作为定时器，工作方式设定为 1，为 16 位计数器，使用 12MHz 晶振，每次定时器定时时间为 10ms。

① 定时器 T0 工作方式设置：TMOD=0000 0001B，即

```
TMOD=0X01; T0 工作方式 1;
```

② 初始值计算：$10ms=(2^{16}-1-X)\times12/12\,MHz$，其中 $X$ 为初始值，$X=65535-10\times10^{-3}/(1\times10^{-6})=55535$，因此：

```
TH0=55535/256;
TL0=55535%256;
```

③ 优先级设定。

考虑到实际应用情况，当按下连接在外部中断 1 上的按键 K3 后，应立即停止计时，因此

外部中断 1 的优先级最高；外部中断 0 和定时器/计数器 0 按自然优先级排序即可。因此：

```
PX1=1; PX0=0; PT0=0;
```

④ 开放所有中断，同时允许外部中断 0 和外部中断 1，定时器 T0 中断，因此：

```
EA=1;EX1=1;EX0=1;ET0=1;
```

⑤ P1 和 P2 端口输出为全 0，使得数码管 SMG1、SMG2 分别显示 8。因此：

```
P1=0X00;P2=0X00;
```

⑥ 设定时间显示的初始值为 60，因此：

```
seconds=60;
```

⑦ 循环体设计。

主程序进行一些寄存器的初始化设置和一些变量初始化后，就进入 while 的死循环中，循环显示当前的时间秒数，并等待外部中断 0、外部中断 1 和定时器中断的产生。

（2）外部中断 0 程序设计。

当按下按键 K2 触发外部中断 0 提出请求时，启动 T0 开始计时，即 TR0=1，每次按下按键 K2 都从 60s 开始倒计时，因此 seconds=60。

（3）外部中断 1 程序设计。

当按下按键 K3 触发外部中断 1 提出请求时，停止 T0 计时，即 TR0=0。

（4）定时器 T0 中断程序设计。

T0 的定时时间为 10ms，即每 10ms 定时器会触发一次定时中断，如果需要定时 1s，就需要触发 100 次，因此用变量 $n$ 来统计触发的次数。当 $n \geq 100$ 时，表示 1s 时间到，此时需要将显示秒数减 1，并获取显示的十位和个位数字。若定义 shi 表示十位数，ge 表示个位数，则

```
shi=seconds/10; ge=seconds%10;
```

（5）数码管显示数字的程序设计。

考虑到用共阳极七段数码管，将数码管显示 0～9 的编码存放到数组 table 中，数字 0 的编码为 0xc0，则 table[0]=0xc0；如果希望 SMG1 显示 0，那么只需要设置 P1=table[0]即可，以此类推。

（6）整个程序代码。

```
#include <reg51.h>        //导入头文件
unsigned char table[]={0xc0,0xf9,0xa4,0xb0,0x99, 0x92, 0x82,
0xf8,0x80,0x90 };         //共阳极数码管 0~9 的编码
unsigned char seconds;    //显示时间变量
unsigned char shi,ge;     //显示十位数和个位数变量
unsigned char n;          //定时器中断次数变量
sbit led=P3^0;            //定义报警灯连接的端口
/*****************************************************
外部中断 1 中断程序
*****************************************************/
void int1() interrupt 2 using 1{
  TR0=0; //定时器 T0 停止计时
  led=1; //关闭报警灯，在正常情况下不需要报警
}
```

```
/********************************************************
外部中断 0 中断程序
********************************************************/
void int0() interrupt 0 using 0{
  TR0=1;              //启动定时器 T0 开始计时
  seconds=60;        //显示初始值设为 60s
  n=0;               //中断次数从 0 开始
  led=1;             //关闭报警灯
}
/********************************************************
定时器 T0 中断程序
********************************************************/
void myt0() interrupt 1 using 0{
  TH0=55536/256;      //重新设置初始值
  TL0=55536%256;
  n++;                //定时中断次数加 1
  if(n>=100){         //满 1s
    seconds--;        //显示时间秒数减 1
    shi=seconds/10;   //显示十位数数值
    ge=seconds%10;    //显示个位数数值
    P1=table[shi];    //SMG1 显示十位数数字
    P2=table[ge];     //SMG2 显示个位数数字
    n=0;              //下次定时中断次数从 0 开始
  }
}
/********************************************************
```

主程序设计代码如下。

```
/********************************************************/
void main(){
  TMOD=0x01;          //0000 0001    T0 工作方式 0
  TH0=55536/256;      //定时器初始值设置
  TL0=55536%256;
  IT1=1;              //外部中断 1 触发方式为电平跳变触发
  IT0=1;              //外部中断 0 触发方式为电平跳变触发
  PX1=1;              //外部中断 1 优先级为高
  EA=1;               //开放所有中断
  ET0=1;              //允许定时器 T0 产生中断
  EX0=1;              //允许外部中断 0 产生中断
  EX1=1;              //允许外部中断 1 产生中断
  shi=8;              //数码管初始显示 8
  ge=8;
  seconds=60;         //显示时间初始值为 60s
  n=0;
  led=1;              //不报警
```

```
while(1){
  P1=table[shi];     //数码管显示十位数字
  P2=table[ge];      //数码管显示个位数字
  if(seconds==0) { //一旦显示时间倒计时为 0
    TR0=0;           //定时器 T0 就停止工作
    led=0;           //点亮报警灯
  }
}
}
```

完整程序代码参考 ep2_3.c 文件。

### 3. 仿真调试

把 60s 倒计时秒表的程序在 Proteus 仿真软件中进行调试与仿真，当调试成功后，因为开发板上数码管的连接方式与图 2-11 所示电路图不一样，所以需要先根据开发板的硬件连接对程序进行修改，然后下载到开发板上运行才能得到想要的结果。

60s 倒计时秒表开发板电路图如图 2-12 所示。

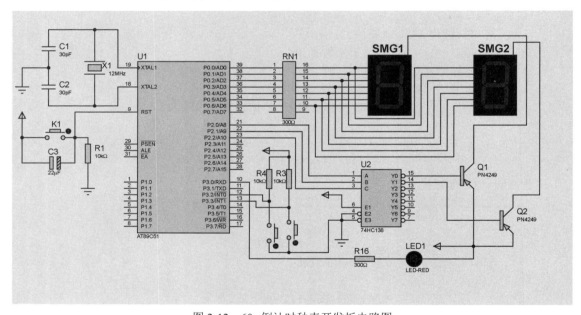

图 2-12　60s 倒计时秒表开发板电路图

显示时间的十位和个位数字的两个数码管的七段 LED 灯同时连接在 P0 端口上，十位数字的数码管的电源连接在三极管 Q1（PN4249）的集电极上，个位数字的数码管的电源连接在三极管 Q2（PN4249）的集电极上。Q1 的基极连接 74HC138 的 Y0 端，Q2 的基极连接在74HC138 的 Y1 端。Y0 端和 Y1 端的状态受单片机 P2.0、P2.1、P2.2 端控制。当 P2.2、P2.1、P2.0 端输出电平为 000 时，Q1 导通，Q1 的集电极为高电平，显示时间的十位数字数码管 SMG1 接通电源，显示的数字由 P0 端口的状态决定。同理，当 P2.2、P2.1、P2.0 端输出电平为 001 时，显示时间的个位数字的数码管 SMG2 接通电源，由 P0 端口的状态决定个位数字的显示。只要通过控制 P2.0 端到 P2.1 端的电平，十位数字和个位数字的数码管就被轮流接通电源，可以轮流显示数字。控制轮流显示的频率大于 50Hz，由于人眼的视觉暂留效应，会感觉到两个数码管是同时显示数字的。设置定时器 5ms 被中断一次，$5ms=(8192-1-x)\times1\mu s=>8191-x=5000=>x=3191D=0c77H$。因此：

```
TH0=0x0c;TL0=0x77;
```

SMG1 和 SMG2 是否被加上电源取决于 P2.0 端的值，在程序开头定义三个位变量 a、b、c：

```
sbit a=P2^0; sbit b=P2^1; sbit c=P2^2;
```

当 cba 为 000 时，SMG1 加上电源，显示十位数字，当 cba 为 001 时，SMG2 加上电源，显示个位数字。因此，只要改变 a 的取值即可选择十位还是个位数字数码管显示。每次定时器中断就使变量 a 取反，即每隔 5ms，a 取反一次，此变量为 0 时，选择十位数字数码管显示；变量 a 为 1 时，选择个位数字数码管显示，由此来实现两个显示时间的数码管轮流显示。

说明一点，仿真图中用的是共阳极数码管，因此在仿真运行时 P0=table[shi]或 P0=table[ge]。而开发板上是共阴极数码管，所以开发板在运行时，程序要修改为 P0=~table[shi] 和 P0=~table[ge]。

将主程序中数码管显示部分的代码修改后如下。

```
while(1){
    //显示时间的十位数
    if(! a){
        // P0=table[shi];//适用于仿真图中共阳极数码管显示
        P0=~table[shi];//适用于开发板上共阴极数码管显示
    }
    //显示时间的个位数
    else{
        P0=~table[ge];
    }
    //倒计时为 0，点亮 LED 灯，定时器停止
    if(min==0) {
        TR0=0;
        led=0;
    }
}
```

在定时器 0 的中断程序中加一句：a=!a，表示 a 的状态取反。

将修改后的程序进行编译，生成的 hex 文件下载到开发板中运行。

完整程序代码参考 ep2_3a.c 文件。

### 4．开发板验证

仿真图中是共阳极数码管，在开发板上按照仿真图连接数码管和外部中断 0 按键开关。60s 倒计时秒表开发板连线及运行效果如图 2-13 所示，将 hex 文件下载到开发板后，按下按键 K1 和 K2，观察数码管的运行效果。

图 2-13    60s 倒计时秒表开发板连线及运行效果

#### 5. 故障与维修

调试程序时，发现数码管时间显示不受控，首先检查数码管与单片机端口连接是否正确，其次审查代码，定时器中断服务函数的入口地址是否与其对应的中断类型号 n 匹配。例如，对于定时器 0 请求中断，其中断服务函数的声明应为 void myt0() interrupt 1 {}，而定时器 1 则应声明为 void myt1() interrupt 3{}。这里的 interrupt 关键字后的数字是至关重要的，它指定了 CPU 寻找相应中断服务函数的入口地址。若此数字设定错误，则 CPU 将无法定位正确的入口地址，从而导致中断服务函数无法被正确执行。

扫描右侧二维码，可以观看教学微视频。

### 2.2.3.2  奇妙的信号灯显示

分秒不差的秒表-60 秒倒计时

本任务要完成的工作是分解出交通信号灯工作顺序和控制状态方式，完成交通信号灯的硬件设计和软件设计。通过单片机控制外围电路点亮 LED 灯，模拟仿真生活中真实的交通信号灯显示效果。本任务在对交通信号灯控制过程中，主要采用位操作，通过对某一位的置位或清零来完成基本信号灯的亮灭控制，由此加深学生对位操作的理解，为以后的应用打下夯实的基础。由于接在端口的各个信号灯状态不同，采用位操作优势明显。因此，本任务注重对位操作的使用，同时提高对任务的分析能力，抓住解决问题的关键点。

根据交通信号灯控制系统的任务说明、工作内容和要求，通过具体的路口交通信号灯的状态演示分析，把生活中真实的交通信号灯归纳为以下 6 个状态。

状态 1：东西方向绿灯亮，南北方向红灯亮，倒计时 20s。此状态下，东西方向允许通行，南北方向禁止通行。

状态 2：倒计时到 10s 时，东西方向绿灯闪烁，持续 5s，起提示作用。南北方向依然为红灯亮，禁止通行。此状态下东西方向未进入路口标志线的车辆注意减速，采取必要的措施。

状态 3：倒计时到 5s 时，东西方向黄灯亮，持续 5s。此时南北方向依然为红灯亮，禁止通行。此时给东西方向驾驶员一个警示，东西方向进入路口标志线的车辆继续行进，驶离路口。未进入路口标志线的车辆禁止进入路口，不得超越路口标志线。

状态 4：南北方向绿灯亮，东西方向红灯亮，倒计时 20s，重新开始。此状态下，南北方向允许通行，东西方向禁止通行。

状态 5：倒计时到 10s 时，南北方向绿灯闪烁，持续 5s，起提示作用。东西方向依然为红灯亮，禁止通行。此状态下南北方向未进入路口标志线的车辆注意减速，采取必要的措施。

状态 6：倒计时到 5s 时，南北方向黄灯亮，持续 5s。此时东西方向依然为红灯亮，禁止通行。此时给南北方向驾驶员一个警示，南北方向进入路口标志线的车辆继续行进，驶离路口。未进入路口标志线的车辆禁止进入路口，不得超越路口标志线。

以上 6 个状态完成后，再进入大循环，重复下去。东西南北四个路口均有红绿黄 3 个灯和数码管显示器 2 个，在任何一个路口，遇红灯禁止通行，转绿灯才可通行，之后黄灯警示通行与禁止状态将变换。

同时，交警手上有遥控器可以根据当时交通状态延长或缩短绿灯和红灯亮的时间。交通信号灯状态和通行状态表如表 2-14 所示。

表 2-14　交通信号灯状态和通行状态表

| 交通灯 | 状态 | | | | | |
|---|---|---|---|---|---|---|
| | 状态 1 | 状态 2 | 状态 3 | 状态 4 | 状态 5 | 状态 6 |
| 东西绿灯 | 0 | 闪烁 | 1 | 1 | 1 | 1 |
| 东西黄灯 | 1 | 1 | 0 | 1 | 1 | 1 |
| 东西红灯 | 1 | 1 | 1 | 0 | 0 | 0 |
| 南北绿灯 | 1 | 1 | 1 | 0 | 闪烁 | 1 |
| 南北黄灯 | 1 | 1 | 1 | 1 | 1 | 0 |
| 南北红灯 | 0 | 0 | 0 | 1 | 1 | 1 |
| 东西方向 | 通行 | 提示通行 | 警示 | 禁止通行 | 禁止通行 | 禁止通行 |
| 南北方向 | 禁止通行 | 禁止通行 | 禁止通行 | 通行 | 提示通行 | 警示 |

### 1．硬件电路设计思路

根据上面的分析，东西南北每个方向都有 3 个灯，一共有 12 个灯，可以分别连接到单片机 P0 的 8 个端口和 P3 的 4 个端口。但是，在实际应用中考虑到单片机带负载能力，通常需要在端口和 LED 灯之间连接反相器或其他驱动电路，也可以将南北方向的灯串联或并联起来，东西方向的灯串联或并联起来，但是需要在每个端口外面加上驱动电路，如 74LS05 反相器，这样可以省去 6 个端口。当然可以采用可编程通用并行接口 8255 作为驱动来实现单片机对信号灯的控制。有兴趣的同学可以考虑单片机加了驱动后的硬件电路设计。利用可编程通用并行接口 8255 实现单片机对信号灯的控制图如图 2-14 所示。

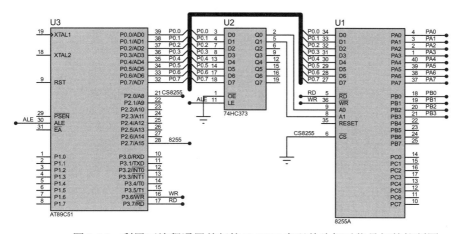

图 2-14　利用可编程通用并行接口 8255 实现单片机对信号灯的控制图

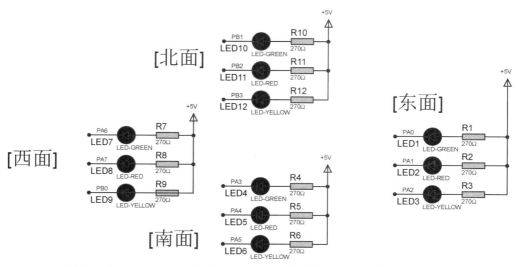

图 2-14　利用可编程通用并行接口 8255 实现单片机对信号灯的控制图（续）

### 2. 交通信号灯硬件设计

本任务使用单片机的端口直接连接 LED 灯来模拟仿真交通信号灯控制，与数码管连接的电阻参数设置为 470Ω，与 LED 灯串联的电阻参数设置为 300 Ω。P0 端口接 300 Ω的排阻后连接+5V 电源，交通信号灯控制系统硬件电路图如图 2-15 所示，"交通信号灯控制系统"电路元件清单如表 2-15 所示。

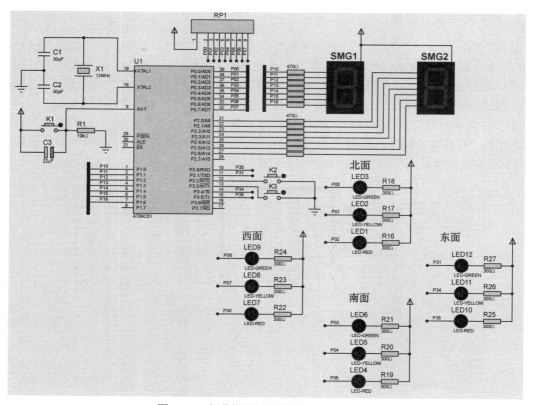

图 2-15　交通信号灯控制系统硬件电路图

表 2-15    "交通信号灯控制系统"电路元件清单

| 元件名称 | 型号 | 数量 |
|---|---|---|
| 单片机 | AT89C51 | 1 |
| 晶振 | CRYSTAL-12MHz | 1 |
| 电容 | CAP-30pF | 2 |
| 电解电容 | A700D107M006ATE018-22μF | 1 |
| 按键 | BUTTON | 3 |
| 电阻 | RES-10kΩ | 1 |
| 电阻 | RES-470Ω | 14 |
| 电阻 | RES-300Ω | 12 |
| LED 灯 | LED-GREEN、LED-YELLOW、LED-RED | 各 4 个 |
| 共阳极数码管 | 7SEG-COM-AN-GRN | 2 |
| 排阻 | 300Ω | 1 |

### 3．软件编程

由表 2-16 信号灯与端口连接的位定义可知，交通信号灯控制阶段有 6 种方式，即东西方向和南北方向两组信号灯有 6 种工作形式。表 2-16 中位变量名对应的值为"0"，表示其对应端口所连接的 LED 灯被点亮；位变量名对应的值为"1"，表示其对应端口所连接的 LED 灯熄灭。由于单片机的并行端口都可以进行位操作，因此采用 sbit ledR_N=P0^2 来定义北面红灯连接的是 P0.2 端口。

表 2-16    信号灯与端口连接的位定义

| 路口信号灯 | 位变量名 | 对应端口 |
|---|---|---|
| 东面绿灯 | ledG_E | P3.1 |
| 东面黄灯 | ledY_E | P3.4 |
| 东面红灯 | ledR_E | P3.5 |
| 西面绿灯 | ledG_W | P0.6 |
| 西面黄灯 | ledY_W | P0.7 |
| 西面红灯 | ledR_W | P3.0 |
| 南面绿灯 | ledG_S | P3.3 |
| 南面黄灯 | ledY_S | P3.4 |
| 南面红灯 | ledR_S | P3.5 |
| 北面绿灯 | ledG_N | P0.0 |
| 北面黄灯 | ledY_N | P0.1 |
| 北面红灯 | ledR_N | P0.2 |

各阶段程序分析如下。

阶段 1：东西方向绿灯亮，南北方向红灯亮，其他灯都不亮。

```
ledR_N=0;ledR_S=0;ledG_E=0;ledG_W=0;
```

其他位变量均为 1。

阶段 2：东西方向绿灯闪烁，南北方向红灯亮，其他灯都不亮。

阶段 3：东西方向黄灯亮，南北方向红灯亮，其他灯都不亮。

```
ledY_E=0;ledY_W=0;ledR_N=0;ledR_S=0;
```

其他位变量为 1。

阶段 4：东西方向红灯亮，南北方向绿灯亮，其他灯都不亮。

```
ledR_E=0;ledR_W=0;ledG_N=0;ledG_S=0;
```

其他位变量为 1。

阶段 5：东西方向红灯亮，南北方向绿灯闪烁，其他灯都不亮。

阶段 6：东西方向红灯亮，南北方向黄灯亮，其他灯都不亮。

```
ledR_E=0;ledR_W=0;ledY_N=0;ledY_S=0;
```

其他位变量为 1。

设计思路：阶段 5 的情况与阶段 2 的情况类似，下面分析阶段 2 的设计思路。

利用定时器计时 0.5s 灯亮 0.5s 灯灭来实现绿灯闪烁。

利用 12MHz 晶振，定时器/计数器 T0 工作方式 1（16 位计数器），定时时间为 50ms。

A．TMOD=0000 0001B，设置定时器工作方式 1。

B．定时初值设置 $X$：$50\text{ms}=(2^{16}-1-X)\times12/12\text{ MHz}$，得到 $X=65535-50000=15535$。

因此：

```
TH0=15535/256;TL0=15535%256;
```

C．0.5s 为 10 个 50ms，因此 10 次定时器 T0 中断即 0.5s，所以 10 次中断后控制灯亮，再 10 次中断后控制灯灭，上面的循环 3 次为 3s。

定时器 T0 中断程序如下。

```
void myt0() interrupt 1 using 0{
   TH0=15535/256;//对于12MHz晶振,定时50ms的初始值
   TL0=15535%256;//50000=65535-X
   n1++; //统计中断次数,n1为0.5s的计数次数
   n2++;//n2为1s的计数次数
   if(n1>=10){  //0.5s计时到,控制黄灯状态的标志位翻转
     label=!label;
     n1=0;
   }
   if(n2>=20){  //1s计时到,时间变量减1
    n2=0;
    seconds--; // 时间秒数减1
   if(seconds==5){
      step++; //进入第2个或第5个阶段
    }
    if(seconds==2){
     step++;  //进入第3个或第6个阶段
    }
    if(seconds<=0){ //进入第4个或第1个阶段
      step++;
      if(step>=7){
       step=1;
      }
```

```
            seconds=30;
        }
    }
}
```

定时器 T0 中断程序负责各个阶段的切换。6 个阶段下灯的亮灭在主程序的 while 循环下完成，该程序如下。

```
while(1){
    switch(step){   //step 标志交通信号灯所处的状态
    case 1://阶段 1
        //东西方向绿灯亮，南北方向红灯亮
        ledR_N=0;
        ledR_S=0;
        ledG_E=0;
        ledG_W=0;
        //东西方向、南北方向黄灯熄灭
        ledY_E=1;
        ledY_W=1;
        ledY_N=1;
        ledY_S=1;
        //东西方向红灯和南北方向绿灯熄灭
        ledG_N=1;
        ledG_S=1;
        ledR_W=1;
        ledR_E=1;
        break;
    case 2://阶段 2
        //东西方向绿灯闪烁，南北方向红灯亮
        ledR_N=0;
        ledR_S=0;
        if(label){
            ledG_E=0;
            ledG_W=0;
        }
        else {
            ledG_E=1;
            ledG_W=1;
        }
        //东西方向、南北方向黄灯熄灭
        ledY_E=1;
        ledY_W=1;
        ledY_N=1;
        ledY_S=1;
        //南北方向绿灯和东西方向红灯熄灭
        ledG_N=1;
        ledG_S=1;
        ledR_W=1;
```

```
            ledR_E=1;
            break;
    case  3://阶段 3
        //东西方向黄灯亮，南北方向红灯亮，其他灯熄灭
        ledY_E=0;
        ledY_W=0;
        ledR_N=0;
        ledR_S=0;
        //东南方向、西北方向绿灯熄灭
        ledG_E=1;
        ledG_W=1;
        ledG_N=1;
         ledG_S=1;
          //东西方向红灯和南北方向黄灯熄灭
         ledR_E=1;
         ledR_W=1;
         ledY_N=1;
         ledY_S=1;
         break;
    case  4://阶段 4
        //南北方向绿灯亮，东西方向红灯亮
        ledR_E=0;
        ledR_W=0;
        ledG_N=0;
        ledG_S=0;
         //东西方向、南北方向黄灯熄灭
        ledY_E=1;
        ledY_W=1;
        ledY_E=1;
        ledY_W=1;
         //南北方向红灯和东西方向绿灯熄灭
        ledG_W=1;
        ledG_E=1;
        ledR_N=1;
        ledR_S=1;
        break;
    case  5://阶段 5
        //南北方向绿灯闪烁，东西方向红灯亮
        ledR_E=0;
        ledR_W=0;
        if(label){
            ledG_N=0;
            ledG_S=0;
        }
```

```
        else {
           ledG_N=1;
           ledG_S=1;
         }
        ledY_N=1;
        ledY_S=1;
        ledY_E=1;
        ledY_W=1;
        ledR_N=1;
        ledR_S=1;
        ledG_E=1;
        ledG_W=1;
        break;
    case 6://阶段 6
        //南北方向黄灯亮，东西方向红灯亮，其他灯熄灭
        ledY_N=0;
        ledY_S=0;
        ledR_E=0;
        ledR_W=0;
        //东南方向、西北方向绿灯熄灭
        ledG_E=1;
        ledG_W=1;
        ledG_N=1;
        ledG_S=1;
        //南北方向红灯和东西方向黄灯熄灭
        ledR_N=1;
        ledR_S=1;
        ledY_E=1;
        ledY_W=1;
        break;
    default: break;
    }
}
```

### 4．仿真调试

根据交通信号灯控制系统的任务说明、工作内容和要求，把交通信号灯控制系统设计分解成以下几个部分。

（1）根据前面的任务，将信号灯的工作状态和显示电路连接起来，构成一个完整的交通信号灯控制系统的硬件电路。

（2）交通信号灯控制系统整体程序设计。

整个程序代码参考 ep2_4.c 文件。

（3）仿真调试。

交通信号灯控制系统仿真运行效果图如图 2-16 所示。

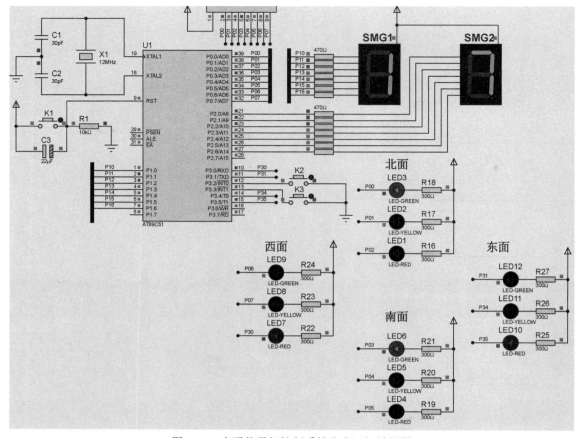

图 2-16　交通信号灯控制系统仿真运行效果图

### 5．开发板验证

将仿真的效果移植到开发板上，由开发板实现交通信号灯的控制效果。开发板上数码管的连接方式与图 2-15 所示交通信号灯控制系统硬件电路图不同，需要先根据开发板的硬件连接对程序进行修改后，再下载到开发板上运行才能得到想要的结果。开发板的硬件电路图如图 2-17 所示。

显示时间的十位数字和个位数字的两个数码管的七段 LED 灯同时连接在 P0 端口上，十位数字的数码管的电源连接在三极管 Q1（PN4249）的集电极上，个位数字的数码管的电源连接在三极管 Q2（PN4249）的集电极上。Q1 的基极连接在 74HC138 的 Y0 端上，Q2 的基极连接在 74HC138 的 Y1 端口上。74HC138 的 A、B、C 端分别连接 P2.0、P2.1、P2.2 端，当 P2.2、P2.1、P2.0 端输出电平为 000 时，Y0 输出低电平，Q1 导通，Q1 的集电极为高电平，显示时间的十位数字数码管接通电源，显示的数字由 P0 端口的状态决定。同理，当 P2.2、P2.1、P2.0 端输出电平为 001 时，Y1 输出低电平，Q2 导通，显示时间的个位数字的数码管电源被接通，由 P0 端口的状态决定个位数字的显示。只要通过控制 P2.0、P2.1 和 P2.2 端的电平，这样，十位数字和个位数字的数码管就轮流被接通电源，可以轮流显示数字。控制轮流显示的频率大于 50Hz，由于人眼的视觉暂留效应，因此会感觉到两个数码管是同时显示数字的。将在主程序的 while 循环中添加对数码管倒计时显示的控制代码，修改后如下。

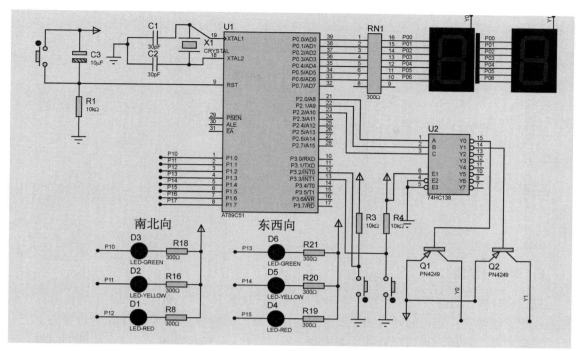

图 2-17　开发板的硬件电路图

```
while(1){
    //数码管显示
    c=0;b=0;a=0;
    //P0=table[shi];//适用共阳极数码管
    P0=~table[shi]; //开发板上用共阴极数码管
    //对共阳极数码管的编码取反, 即可用于共阴极数码管显示
    delay(5);
    c=0;b=0;a=1;
    //P0=table[ge];
    P0=~table[ge];
    delay(5);
    //以下同仿真控制的代码, 只是在开发板上南北方向用三个不同色的 LED 灯表示, 东西方向用三
个不同色的 LED 灯表示
    // 信号灯状态
    switch(step){
    //Step1:20s~10s  南北方向绿灯亮, 东西方向红灯亮
    case 1:
        ledG_N=0;
        ledY_N=1;
        ledR_N=1;
        ledG_W=1;
        ledY_W=1;
        ledR_W=0;
        break;
    case 2: ......
```

```
}
```

在程序开始时，根据两组红绿黄 LED 灯所连接的硬件进行位定义，如下。

```
sbit ledG_N=P1^2;//绿
sbit ledY_N=P1^3;//黄
sbit ledR_N=P1^4;//红
sbit ledG_W=P1^5;//绿
sbit ledY_W=P1^6;//黄
sbit ledR_W=P1^7;//红
```

位定义控制 74HC138 的三个端口，如下。

```
sbit a=P2^0;
sbit b=P2^1;
sbit c=P2^2;
```

### 6．故障与维修

调试程序时，如果发现三色灯及数码管时间显示状态不改变，则除了和之前的任务存在同样连线错误的情况，还可能是代码中没有启动定时器，应检查 TR0 或 TR1 是否设置为 1。

扫描右侧二维码，可以观看教学微视频。

奇妙的信号灯显示-交通     奇妙的信号等显示-交通
灯控制硬件设计          灯控制软件编程

## 2.2.4　能力拓展

在设计城市交通控制系统时，需要特别考虑到高峰时段十字路口的交通拥堵情况。针对此类情形，系统应具备灵活调整主干道交通信号灯时长的功能，以缓解拥堵。例如，在上下班高峰时段，由于主干道车辆密集，需要延长绿灯放行时间。

为实现此功能，系统设计中包括一个由交警操作的遥控器，该遥控器能够直接控制交通信号灯的状态。当监测到路口拥堵时，交警可通过控制遥控器延长绿灯亮起的时间，以促进交通流畅。这一控制机制依赖于两个外部中断按键，分别用于控制交通信号灯定时器的启动与停止。通过这种方式，可以实现灵活调节信号灯状态，有效应对高峰时段的交通压力。

外部中断 0 启动定时器，外部中断 1 停止定时器。

将修改后的程序进行编译，生成的 hex 文件下载到开发板中运行，开发板连线图和运行效果图如图 2-18 所示。

图 2-18　开发板连线图和运行效果图

完整程序代码参考 ep2_4a.c 文件。

## 2.2.5 任务小结

设置与定时器相关的寄存器，包括定时器工作模式 TMOD、定时器初始值、THX 和 TLX，根据晶振频率来设定产生定时器中断的定时时间。编写定时器中断服务函数 void myt0() interrupt 1{}或 void myt1() interrupt 3{}，实现定时功能。

## 2.2.6 问题讨论

如果通过一个按键设置通行时间的交通灯系统，那么该如何完成呢？

> **温馨提示：** 参考本任务的实现方法，将独立式按键结合其中。

# 任务 2.3 更高级的显示

## 2.3.1 任务目标

日常生活中，由 LCD 液晶屏和 LED 点阵屏显示各种信息的场景无所不在。本任务模拟校园 LED 点阵屏和 LCD 液晶屏显示图像、学校名称和校训。

通过几个任务的操作训练和相关知识的学习，让学生熟悉微处理器端口控制的工作原理，掌握对 LED 点阵屏和 LCD 液晶屏的控制方法，巩固 GPIO 的控制与使用方法，熟悉微处理器开发的基本过程。

## 2.3.2 知识准备

### 2.3.2.1 LED 点阵屏的基本知识

LED 点阵屏是由 LED 灯排列组成的显示器件，在日常生活用的电器中随处可见，被广泛应用于汽车报站器、广告屏等，LED 点阵屏显示图如图 2-19 所示。

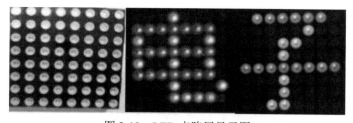

图 2-19 LED 点阵屏显示图

通常应用较多的是 8×8 点阵，使用多个 8×8 点阵可组成不同分辨率的 LED 点阵屏，如

16×16 点阵可以使用 4 个 8×8 点阵构成。因此，理解了 8×8 点阵的工作原理，其他分辨率的 LED 点阵屏都是一样的。这里以 8×8 点阵进行介绍，其内部结构图可参考图 2-20 所示的点阵连接方式图。

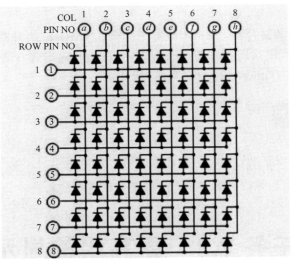

图 2-20　点阵连接方式图

　　8×8 点阵共由 64 个 LED 灯组成，且每个 LED 灯放置在行线和列线的交叉点上，当对应的某行置 1 电平，某列置 0 电平时，相应的 LED 灯就被点亮；如果要将第一个 LED 灯点亮，则第一行的 1 脚接高电平，第一列的 $a$ 脚接低电平，第一个 LED 灯就被点亮了；如果要将第一行 LED 灯点亮，则第一行的 1 脚要接高电平，而第一列到第八列的（$a$、$b$、$c$、$d$、$e$、$f$、$g$、$h$）这些引脚都接低电平，那么第一行 LED 灯就会被点亮；如果要将第一列 LED 灯点亮，则第一列的 $a$ 脚接低电平，而第一行到第八行的（1、2、3、4、5、6、7、8）这些引脚都接高电平，那么第一列 LED 灯就会被点亮。由此可见，LED 点阵屏的使用是非常简单的。

### 2.3.2.2　LCD1602 液晶屏基本知识

#### 1. LCD1602 简介

　　LCD1602 液晶屏也叫 LCD1602 字符型液晶屏，它能显示 2 行字符信息，每行又能显示 16 个字符。它是一种专门用来显示字母、数字、符号的点阵型液晶模块。它由若干个 5×7 或 5×10 的点阵字符位组成，每个点阵字符位都可以显示一个字符，每位之间有一个点距的间隔，每行之间也有间隔，起到了字符间距和行间距的作用，正因如此，它不能很好地显示图片。LCD1602 实物图如图 2-21 所示。

图 2-21　LCD1602 实物图

在图 2-21 中可以看到，LCD1602 有 16 个引脚孔，从左至右引脚编号顺序为 1~16，LCD1602 引脚定义如表 2-17 所示。

表 2-17　LCD1602 引脚定义

| 编号 | 符号 | 引脚说明 | 编号 | 符号 | 引脚说明 |
| --- | --- | --- | --- | --- | --- |
| 1 | $V_{SS}$ | 电源地 | 9 | D2 | Data I/O |
| 2 | $V_{DD}$ | 电源正极 | 10 | D3 | Data I/O |
| 3 | VL | 液晶显示偏压信号 | 11 | D4 | Data I/O |
| 4 | RS | 数据/命令选择端（H/L） | 12 | D5 | Data I/O |
| 5 | R/W | 读/写选择端（H/L） | 13 | D6 | Data I/O |
| 6 | E | 使能信号 | 14 | D7 | Data I/O |
| 7 | D0 | Data I/O | 15 | BLA | 背光源正极 |
| 8 | D1 | Data I/O | 16 | BLK | 背光源负极 |

下面对几个引脚进行具体说明。

3 脚：VL，液晶显示偏压信号。用于调整 LCD1602 的显示对比度，一般会外接电位器用以调整偏压信号，注意此引脚电压为 0 时可以得到最强的对比度。

4 脚：RS，数据/命令选择端（H/L）。当此引脚为高电平时，可以对 LCD1602 进行数据字节的传输操作，而当此引脚为低电平时，进行命令字节的传输操作。命令字节即用来对 LCD1602 的一些工作方式进行设置的字节；数据字节即用来在 LCD1602 上显示的字节。值得一提的是，LCD1602 的数据是 8 位的。

5 脚：R/W，读/写选择端（H/L）。当此引脚为高电平时，可对 LCD1602 进行读数据操作，反之进行写数据操作。

6 脚：E，使能信号。其实是 LCD1602 的数据控制时钟信号，利用该信号的上升沿实现对 LCD1602 的数据传输。

7~14 脚：8 位并行数据口，而 51 系列单片机的一组 I/O 端口也是 8 位的，对 LCD1602 的数据读写很方便。

在 LCD1602 内部含有 80 个字节的 DDRAM，它是用来寄存显示字符的。其地址和屏幕的对应关系可参考图 2-22 所示的 LCD1602 内部 DDRAM 地址和屏幕对应关系图。

| | 显示位置 | 1 | 2 | 3 | 4 | 5 | 6 | 7 | ··· | 40 |
| --- | --- | --- | --- | --- | --- | --- | --- | --- | --- | --- |
| DDRAM 地址 | 第一行 | 00H | 01H | 02H | 03H | 04H | 05H | 06H | ··· | 27H |
| | 第二行 | 40H | 41H | 42H | 43H | 44H | 45H | 46H | ··· | 67H |

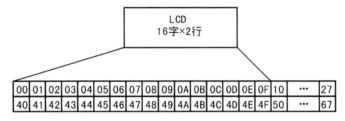

图 2-22　LCD1602 内部 DDRAM 地址和屏幕对应关系图

从图 2-22 可知，不是所有的地址都可以直接用来显示字符数据，只有第一行中的 00~0F，第二行中的 40~4F 才能显示，其他地址只能用于存储。显示字符时要先输入显示字符地址，也就是告诉模块在哪里显示字符，如第二行第一个字符的地址是 40H，那么是否直接写入 40H

就可以将光标定位在第二行第一个字符的位置呢？这样不行，因为写入显示地址时要求最高位 D7 恒定为高电平 1，所以实际写入的数据应该是 01000000B(40H)+10000000B(80H)= 11000000B(C0H)。在 LCD1602 中我们就用前 16 个就行了，第二行也一样用前 16 个地址。

### 2．LCD1602 常用指令

在使用 LCD1602 时，我们需要掌握一些常用的指令，这些指令对于 LCD1602 初始化是必需的。

（1）清屏指令。

清屏指令如表 2-18 所示。

表 2-18　清屏指令

| 指令功能 | 指令编码 | | | | | | | | | | 执行时间 |
|---|---|---|---|---|---|---|---|---|---|---|---|
| | RS | R/W | DB7 | DB6 | DB5 | DB4 | DB3 | DB2 | DB1 | DB0 | /ms |
| 清屏 | 0 | 0 | 0 | 0 | 0 | 0 | 0 | 0 | 0 | 1 | 1.64 |

功能如下。

① 清除液晶显示器，即将 DDRAM 的内容全部填入"空白"的 ASCII 码 20H。

② 光标归位，即将光标撤回液晶显示屏的左上方。

③ 将地址计数器（AC）的值设为 0。

（2）模式设置指令。

模式设置指令如表 2-19 所示。

表 2-19　模式设置指令

| 指令功能 | 指令编码 | | | | | | | | | | 执行时间 |
|---|---|---|---|---|---|---|---|---|---|---|---|
| | RS | R/W | DB7 | DB6 | DB5 | DB4 | DB3 | DB2 | DB1 | DB0 | /μs |
| 模式设置 | 0 | 0 | 0 | 0 | 0 | 0 | 0 | 1 | I/D | S | 40 |

功能如下。

设定每次写入 1 位数据后光标的移位方向，并且设定每次写入的一个字符是否移动。

I/D：0=写入新数据后光标左移；1=写入新数据后光标右移。

S：0=写入新数据后显示屏不移动；1=写入新数据后显示屏整体右移 1 个字符。

（3）显示开关控制指令。

显示开关控制指令如表 2-20 所示。

表 2-20　显示开关控制指令

| 指令功能 | 指令编码 | | | | | | | | | | 执行时间 |
|---|---|---|---|---|---|---|---|---|---|---|---|
| | RS | R/W | DB7 | DB6 | DB5 | DB4 | DB3 | DB2 | DB1 | DB0 | /μs |
| 显示开关控制 | 0 | 0 | 0 | 0 | 0 | 0 | 1 | D | C | B | 40 |

功能如下。

控制显示器开/关、光标显示/关闭，以及光标是否闪烁。

D：0=显示功能关；1=显示功能开。

C：0=无光标；1=有光标。

B：0=光标闪烁；1=光标不闪烁。

（4）功能设定指令。

功能设定指令如表 2-21 所示。

表 2-21　功能设定指令

| 指令功能 | 指令编码 | | | | | | | | | | 执行时间 |
| --- | --- | --- | --- | --- | --- | --- | --- | --- | --- | --- | --- |
| | RS | R/W | DB7 | DB6 | DB5 | DB4 | DB3 | DB2 | DB1 | DB0 | /μs |
| 功能设定 | 0 | 0 | 0 | 0 | 1 | DL | N | F | X | X | 40 |

功能如下。

设定数据总线位数、显示的行数及字型。

DL：0=数据总线为 4 位；1=数据总线为 8 位。

N：0=显示 1 行；1=显示 2 行。

F：0=5×7 点阵/每字符；1=5×10 点阵/每字符。

### 3．LCD1602 使用

使用 LCD1602 时，首先需要对其初始化，即通过写入一些特定的指令实现，然后选择要在 LCD1602 的哪个位置显示并将所要显示的数据发送到 LCD 的 DDRAM。LCD1602 通常用于写数据，很少使用读功能。LCD1602 操作步骤如下。

（1）初始化。

（2）写命令（RS=L），设置显示坐标。

（3）写数据（RS=H）。

在此，不需要读出它的数据状态或数据本身，所以只需要看两个写时序，如下。

① 当要写指令字，设置 LCD1602 的工作方式时：首先需要把 RS 设置为低电平，R/W 设置为低电平，然后将数据送到数据口 DB0～DB7，最后 E 引脚输入一个高脉冲将数据写入。

② 当要写数据字，在 LCD1602 上实现显示时：首先需要把 RS 设置为高电平，R/W 设置为低电平，然后将数据送到数据口 DB0～DB7，最后 E 引脚输入一个高脉冲将数据写入。写指令和写数据的差别仅仅在于 RS 的电平不一样而已。LCD1602 时序图如图 2-23 所示，时序参数如表 2-22 所示。

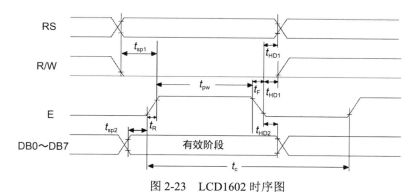

图 2-23　LCD1602 时序图

表 2-22　时序参数

| 时序参数 | 符号 | 极限值 | | | 单位 |
| --- | --- | --- | --- | --- | --- |
| | | 最小值 | 典型值 | 最大值 | |
| E 信号周数 | $t_c$ | 400 | — | — | ns |

续表

| 时序参数 | 符号 | 极限值 | | | 单位 |
|---|---|---|---|---|---|
| | | 最小值 | 典型值 | 最大值 | |
| E 脉冲宽度 | $t_{pw}$ | 150 | — | — | ns |
| E 上升沿/下降沿时间 | $t_R$, $t_F$ | — | — | 25 | ns |
| 地址建立时间 | $t_{sp1}$ | 30 | — | — | ns |
| 地址保持时间 | $t_{HD1}$ | 10 | — | — | ns |
| 数据建立时间（读操作） | $t_D$ | — | — | 100 | ns |
| 数据保持时间（读操作） | $t_{HD2}$ | 20 | — | — | ns |
| 数据建立时间（写操作） | $t_{sp2}$ | 40 | — | — | ns |
| 数据保持时间（写操作） | $t_{HD2}$ | 10 | — | — | ns |

从表 2-18 中可以看到，以上给的时序参数全部是 ns 级别的，而 51 单片机的机器周期是 1μs，指令周期是 2～4 个机器周期，所以即使在程序里不加延时程序，也可以很好地配合 LCD1602 的时序要求。

当要写命令字节时，时间由左往右，RS 设置为低电平，R/W 设置为低电平，注意是 RS 的状态先变化完成的。这时，DB0～DB7 上的数据进入有效阶段，E 引脚输入有一个整脉冲的跳变，接着要维持时间最小值为 $t_{pw}=400$ns 的 E 脉冲宽度。然后 E 引脚负跳变，RS 电平变化，R/W 电平变化。这样便是一个完整的 LCD1602 写命令的时序。

> **注意**：这里介绍的是 8 位 LCD1602，现在某些公司为简化引脚数，使用 4 位 LCD1602。当使用 4 位 LCD1602 时，应该多看手册，找到不同点，对原有程序加以修改。至此，我们就把 LCD1602 介绍完了，如果想要更详细地了解它，可以查看相关资料"LCD1602 液晶完整中文资料.pdf"或在网络上进行搜索。

## 2.3.3  任务实施

### 2.3.3.1  "爱心"滚动显示——LED 点阵屏显示

在智慧校园的 LED 点阵屏上显示一个图形或字符，并且可以上下滚动显示。

本任务要求完成的工作是分解出点阵显示的原理，利用仿真软件实现在一个 8×8 的 LED 点阵屏上显示图形或字符。学生逐步加深对 LED 点阵屏显示的理解，并能显示自己想要显示的内容，为后面的综合应用打下夯实的基础。

利用 8×8 点阵，8 列信号连接微处理器的 P0 端口，8 行信号连接 74LS245 驱动芯片后连接微处理器的 P1 端口。若 P1 端口输出低电平，P0 端口输出高电平，则对应的 LED 灯被点亮，画出"爱心"图。

在此基础上，让"爱心"图上下滚动显示，使显示具有动感。

**1. 硬件电路设计**

根据 8×8 点阵工作原理，LED 点阵屏的列信号和行信号分别和微处理器的两个端口连接，电路图如图 2-24 所示。

LED 点阵屏从左往右，左侧为第 1 列，右侧为第 8 列。P0 端口连接列信号，P0.7 端连接第 1 列，P0.0 端连接第 8 列。行信号连接驱动芯片 74LS245 的输出，该芯片的输入端连接微处理器的 P1 端口。从上往下，最上为第 1 行，最下方为第 8 行。P1.0 端连接第 8 行，P1.7 端连接第 1 行。行信号为低电平，列信号为高电平，对应的 LED 灯被点亮。

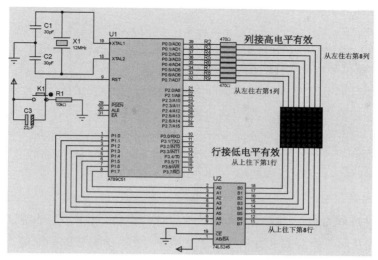

图 2-24　电路图

"8×8 点阵屏显示"电路元件清单如表 2-23 所示。

表 2-23　"8×8 点阵屏显示"电路元件清单

| 元件名称 | 型号 | 数量 |
| --- | --- | --- |
| 单片机 | AT89C51 | 1 |
| 晶振 | CRYSTAL-12MHz | 1 |
| 电容 | CAP-30pF | 2 |
| 电解电容 | A700D107M006ATE018-22μF | 1 |
| 按键 | BUTTON | 1 |
| 电阻 | RES-10kΩ | 1 |
| 电阻 | RES-470Ω | 8 |
| 驱动芯片 | 74LS245 | 1 |
| 8×8 点阵屏 | MATRIX-8×8-RED | 1 |

### 2. 软件编程

P1 端口控制行，连接 LED 灯的阴极，P0 端口控制列，连接 LED 灯的阳极。画出"爱心"图在点阵屏中的排列，LED 点阵屏显示"爱心"图如图 2-25 所示。

第 1 行的 8 个 LED 灯都不亮，第 1 行连接的是 P1.7 端，因为行连接的是 LED 灯的阴极，列连接的是 LED 灯的阳极，所以如果第 1 行不亮，那么 P1.7 端输出低电平并且所有列输出低电平即可，即 P1.7=0，P1.6、P1.5、…、P1.0 都为 1，所以 P1 端口的值为 0111 1111，即 P1=0x7f。P0 端口连接的是列信号，对应的列信号为低电平，就不会点亮第 1 行的 LED 灯了，因此 P0 端口的值为 0000 0000，即 P0=0x00。

图 2-25　LED 点阵屏显示
"爱心"图

第 2 行的第 1、2、3、5、6、7 个 LED 灯亮，因此，第 2 行连接的 P1.6 端为低电平，P1 端口的值为 1011 1111，即 P1=0xbf，对应的列信号为高电平，则 LED 灯被点亮，因此，P0 端口的值为 1110 1110，即 P0=0xee。

第 3 行的第 1、3、4、5、7、8 个 LED 灯亮，因此，首先让第 3 行信号为低电平，P1 端口的值为 1101 1111，即 P1=0xdf，行信号对应的 P0 端口各位取值为高电平时，对应的 LED 灯被点亮，因此 P0 端口的值为 1011 1011，即 P0=0xbb。

因此，可以给行和列定义两个数组 row[8] 和 col[8]。row[0] 的值表示第 1 行的值，赋值为 0x7f，col[0] 代表第 1 行的 8 个列的值，赋值为 0x00。以此类推，得出这两个数组的值如下。

列信号数组元素：

```
col[8]={0x00,0xee,0xbb,0x83,0xc6,0x7c,0x38,0x00};
```

行信号数组元素：

```
row[8]={0x7f,0xbf,0xdf,0xef,0xf7,0xfb,0xfd,0xfe};
```

逐行扫描，先从第 1 行到第 8 行依次给予低电平，然后给对应的列赋能点亮 LED 灯的值，利用循环依次扫描 8 行，每行扫描后停留短暂的时间，利用视觉暂留效应完成一帧"爱心"图显示。此循环嵌套在 while 死循环中，永远循环显示"爱心"图。核心代码如下。

```
unsigned char col[8]={0x00,0xee,0xbb,0x83,0xc6,0x7c,0x38, 0x00};
unsigned char row[8]={0x7f,0xbf,0xdf,0xef,0xf7,0xfb,0xfd, 0xfe};
void main(){
  while(1){
    for(k=0;k<8;k++){
        P1=row[k];
        P0=col[k];
        delay(1);
    }
  }
}
```

完成程序代码参考 ep2_5.c 文件。

### 3．仿真调试

将上述编译程序下载到微处理器中运行，仿真运行效果图如图 2-26 所示。

### 4．故障与维修

调试程序时，如果没有显示"爱心"图，那么首先检查 LED 点阵屏的行列信号线是否接反了，即把行线接到了列线上，把列线接到了行线上，此时按照电路图正确连线即可。其次审查代码对行列信号的控制端口是否搞反了，此时改正代码，使用行列信号对应的端口输出信号即可。

扫描右侧二维码，可以观看教学微视频。

爱心点阵屏显示原理分析　　爱心显示牌的设计代码分析

### 5．完善软件编程

"爱心"图滚动显示，其实就是分多屏显示。第 1 屏上面 7 行 LED 灯都不亮，第 8 行显示

"爱心"图的第 1 行的内容 0x00。"爱心"图的 8 行显示的内容在数组中为 unsigned char col[8]=
{0x00, 0xee,0xbb,0x83,0xc6,0x7c,0x38, 0x00}。

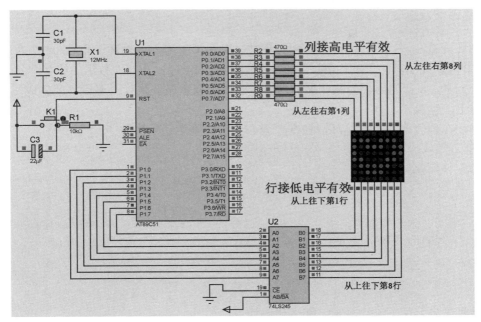

图 2-26 仿真运行效果图

因此，需要在 col 数组中增加 7 个 0x00，表示第 1 屏的前 7 行。

第 1 屏 8 行的内容为{0x00, 0x00, 0x00, 0x00, 0x00, 0x00, 0x00, 0x00}；数组中第 1 个元素
表示第 1 行 8 列的状态，第 2 个元素表示第 2 行 8 列的状态，以此类推。

第 2 屏 8 行的显示内容为第 1 屏的第 1 行移出去，第 1 屏的第 2 行为第 2 屏的第 1 行，
即第 1 行到第 6 行为黑屏，第 7 行为"爱心"图的第 1 行，第 8 行为"爱心"图的第 2 行，在
数组中具体值为{0x00, 0x00, 0x00, 0x00, 0x00, 0x00, 0x00,0xee}。

第 3 屏 8 行的显示内容为第 2 屏的第 1 行移出去，第 2 屏的第 2 行为第 3 屏的第 1 行，
以此类推，具体值为{0x00, 0x00, 0x00, 0x00, 0x00, 0x00,0xee,0xbb}。

"爱心"图从下往上滚动，一共会出现 15 屏。

当"爱心"图的最后 1 行出现在 LED 点阵屏的第 1 行时，第 2 行到第 8 行为黑屏，第 1
行为"爱心"图最后 1 行的值，因此需要在 col 数组中添加 7 个元素 0x00，表示每行都不显
示，col 数组元素为 22 个。

unsigned char col[22]={0x00,0x00,0x00,0x00,0x00,0x00,0x00,0x00,0xee,0xbb,0x83,0xc6, 0x7c,
0x38,0x00,0x00,0x00,0x00,0x00,0x00,0x00,0x00}。在"爱心"图数组的前面和后面分别加 7 个
0x00，即增加 14 行 0x00。

row[8]数组中元素不变，依次给每行提供低电平，每行上对应的列为高电平时，对应的点
就被点亮。

利用双重循环来实现"爱心"图从下往上的滚动显示。

```
for(m=0;m<15;m++){ //m 表示第几屏
    for(k=0;k<8;k++){
        P1=row[k];
```

```
            P0=col[k+m];
            delay(1);
        }
    }
```

外循环变量 m 表示第几屏，当 m 为 0 时，表示第 1 屏，内循环 k 取值 0~7 八个数，当 m=0，k=0 时，显示第 1 屏的内容；当 m=1 时，P0=col[k+1]。从 col 数组的第 2 个元素开始连续取 8 个元素，8 行的内容为第 2 屏的内容。当这个双重循环执行一遍后，就完成了"爱心"图从下往上滚动显示一次。

例如，在外面再加一层循环，控制"爱心"图完整滚动的次数。

```
for(p=0;p<10;p++){          //"爱心"图滚动次数
    for(m=0;m<15;m++){  //第几屏
        for(k=0;k<8;k++){
            P1=row[k];
            P0=col[k+m];
            delay(1);
        }
    }
}
```

如果要求从上往下滚动显示，那么代码如下。

```
//从上往下滚动
for(p=0;p<10;p++){
    for(m=14;m>=0;m--){  //第几屏
        for(k=0;k<8;k++){
            P1=row[k];
            P0=col[k+m];
            delay(1);
        }
    }
}
```

第 1 屏为 col 数组的最后 8 个元素 col[14]~col[21]，第 2 屏为 col 数组的 col[13]~col[20]。以此类推，就能得到从上往下滚动的效果。

实现"爱心"图先从下往上滚动显示 10 次，然后从上往下滚动显示 10 次，循环的主要代码如下。

```
while(1){
    //从下往上滚动
    for(p=0;p<10;p++){
        for(m=0;m<15;m++){  //第几屏
            for(k=0;k<8;k++){
                P1=row[k];
                P0=col[k+m];
                delay(1);
            }
        }
    }
}
```

```
//从上往下滚动
for(p=0;p<10;p++){
    for(m=14;m>=0;m--){ //第几屏
        for(k=0;k<8;k++){
            P1=row[k];
            P0=col[k+m];
            delay(1);
        }
    }
}
```

完整程序代码参考 ep2_5a.c 文件。

扫描右侧二维码，可以观看教学微视频。

1 爱心显示牌从下往上　　　爱心显示牌从上往
　　滚动显示设计　　　　　　下滚动显示

### 2.3.3.2 两行信息满屏显示——LCD 液晶屏显示

在智慧校园的 LCD1602 液晶屏上显示两行信息，第 1 行为"I love C51"，第 2 行为"SZJM WELCOME U!"的字样，以及自定义字符"℃"。

本任务要求完成的工作是分解出 LCD1602 液晶屏的原理，首先利用仿真软件，实现在 LCD1602 液晶屏上显示字符，然后利用开发板滚动显示上述欢迎词。学生逐步加深对液晶屏显示的理解，并能显示自己想要显示的内容，为后面的综合应用打下夯实的基础。

利用 LCD1602 液晶屏的 D0～D7 连接微处理器的 P0 端口，RS、RW、E 端连接 P2 端口，连上电源。硬件设计完成后，进行软件编程，实现显示上述欢迎词。

#### 1. 硬件电路设计

根据 LCD1602 工作原理，连接液晶屏和微处理器，电路图如图 2-27 所示，LCD1602 液晶屏显示电路元件清单如表 2-24 所示。

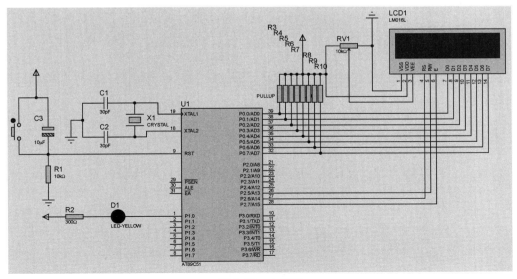

图 2-27　电路图

表 2-24　LCD1602 液晶屏显示电路元件清单

| 元件名称 | 型号 | 数量 |
|---|---|---|
| 单片机 | AT89C51 | 1 |
| 晶振 | CRYSTAL-12MHz | 1 |
| 电容 | CAP-30pF | 2 |
| 电解电容 | A700D107M006ATE018-22μF | 1 |
| 按键 | BUTTON | 1 |
| 电阻 | RES-300Ω | 1 |
| 电阻 | PULLUP | 8 |
| 电位器 | 3352T-1-105LF | 1 |
| LCD1602 液晶屏 | LM016L | 1 |

　　LCD1602 液晶屏的 8 位数据口 D0～D7 与单片机的 P0.0～P0.7 端连接，LCD1602 液晶屏的 RS、RW、E 引脚与单片机的 P2.6、P2.5、P2.7 端连接。RJ1 是一个电位器，用来调节 LCD1602 液晶屏对比度，即显示亮度。

**2．软件编程**

　　液晶屏显示完整程序代码如下。

```
#include<reg51.h>          //包含单片机寄存器的头文件
#include<intrins.h>        //包含_nop_()函数定义的头文件
//根据开发板上引脚连接，设计仿真电路图，定义引脚
sbit E=P2^7;               //使能信号位，将 E 位定义为 P2.7 引脚
sbit RS=P2^6;              //寄存器选择位，将 RS 位定义为 P2.6 引脚
sbit RW=P2^5;              //读写选择位，将 RW 位定义为 P2.5 引脚
sbit D7=P0^7;              //忙碌标志位，将 D7 位定义为 P0.7 引脚
unsigned char  string[ ]= {"I LOVE C51"};
unsigned char  string1[ ]={"SZJM WELCOME U!"};
unsigned char
user[]={0x10,0x06,0x09,0x08,0x08,0x09,0x06,0x00};//自定义字符℃
/***********************************************
函数功能：延时 1ms
***********************************************/
void delay1ms()
{
  unsigned char i,j;
  for(i=0;i<10;i++)
    for(j=0;j<33;j++)
      ;
}
 /***********************************************
函数功能：延时若干毫秒
入口参数：n
***********************************************/
```

```
void delay(unsigned int n)
{ unsigned int i;
  for(i=0;i<n;i++)
      delay1ms();
}
/*******************************************************
```

函数功能：判断液晶模块的忙碌状态

返回值：result。result=1，忙碌；result=0，不忙
```
*******************************************************/
bit BusyTest(void)
  { bit result;
    RS=0;         //根据规定，当 RS 端口为低电平，RW 端口为高电平时，液晶屏处于读状态
    RW=1;
    E=1;          //E=1，才允许读写
    _nop_();      //空操作
    _nop_();
    _nop_();
    _nop_();      //空操作四个机器周期，给硬件反应时间
    result=BF;    //将忙碌标志电平赋给 result
    E=0;
    return result;
  }
/*******************************************************
```

函数功能：将模式设置指令或显示地址写入液晶模块

入口参数：dictate
```
*******************************************************/
void Write_com (unsigned char dictate)
{   while(BusyTest()==1){;} //如果忙，则等待
    RS=0;             //根据规定，RS 和 RW 同时为低电平时，可以写入指令
    RW=0;
    E=0;              //E 置低电平(写指令时，就是让 E 从 0 到 1 发生正跳变，所以应先置"0")
    _nop_();
    _nop_();          //空操作两个机器周期，给硬件反应时间
    P0=dictate;       //将数据送入 P0 端口，即写入指令或地址
    _nop_();
    _nop_();
    _nop_();
    _nop_();          //空操作四个机器周期，给硬件反应时间
    E=1;              //E 置高电平
    _nop_();
    _nop_();
    _nop_();
    _nop_();          //空操作四个机器周期，给硬件反应时间
    E=0;              //当 E 由高电平跳变成低电平时，液晶模块开始执行命令
}
/*******************************************************
```

函数功能：指定字符显示的实际地址

入口参数：x

\*\*\*\*\*\*\*\*\*\*\*\*\*\*\*\*\*\*\*\*\*\*\*\*\*\*\*\*\*\*\*\*\*\*\*\*\*\*\*\*\*\*\*\*\*\*\*\*\*\*/

```
void WriteAddress(unsigned char x)
{
    Write_com(x|0x80);  //显示位置的确定方法规定为"80H+地址码 x"
}
```
/\*\*\*\*\*\*\*\*\*\*\*\*\*\*\*\*\*\*\*\*\*\*\*\*\*\*\*\*\*\*\*\*\*\*\*\*\*\*\*\*\*\*\*\*\*\*\*\*\*\*

函数功能：将数据（字符的标准 ASCII 码）写入液晶模块

入口参数：y（为字符常量）

\*\*\*\*\*\*\*\*\*\*\*\*\*\*\*\*\*\*\*\*\*\*\*\*\*\*\*\*\*\*\*\*\*\*\*\*\*\*\*\*\*\*\*\*\*\*\*\*\*\*/

```
void WriteData(unsigned char y)
{
    while(BusyTest()==1);
    RS=1;           //RS 为高电平，RW 为低电平时，可以写入数据
    RW=0;
    E=0;            //E 置低电平（写指令时，就是让 E 从 0 到 1 发生正跳变，所以应先置 "0"）
    P0=y;           //将数据送入 P0 端口，即将数据写入液晶模块
    _nop_();
    _nop_();
    _nop_();
    _nop_();        //空操作四个机器周期，给硬件反应时间
    E=1;            //E 置高电平
    _nop_();
    _nop_();
    _nop_();
    _nop_();        //空操作四个机器周期，给硬件反应时间
    E=0;            //当 E 由高电平跳变成低电平时，液晶模块开始执行命令
}
```
/\*\*\*\*\*\*\*\*\*\*\*\*\*\*\*\*\*\*\*\*\*\*\*\*\*\*\*\*\*\*\*\*\*\*\*\*\*\*\*\*\*\*\*\*\*\*\*\*\*\*

函数功能：对 LCD 的显示模式进行初始化设置

\*\*\*\*\*\*\*\*\*\*\*\*\*\*\*\*\*\*\*\*\*\*\*\*\*\*\*\*\*\*\*\*\*\*\*\*\*\*\*\*\*\*\*\*\*\*\*\*\*\*/

```
void LcdInt(void)
{
    delay(15);  //延时 15ms，首次写指令时应给 LCD 灯一段较长的反应时间
    Write_com(0x38);  //0011 1000 显示模式设置：16×2 显示，5×7 点阵，8 位数据接口
    delay(5);   //延时 5ms
    Write_com(0x38);
    delay(5);
    Write_com(0x38);  //3 次写设置模式
    delay(5);
    Write_com(0x0f);  //0000 1111 显示模式设置：显示开，有光标，光标闪烁
    delay(5);
```

```
    Write_com(0x06);   //0000 0110 显示模式设置：光标右移，字符不移
    delay(5);
    Write_com(0x01);   //0000 0001 清屏幕指令，将以前的显示内容清除
    delay(5);
  }
//主函数
void main(void)
{ unsigned char i,j;
    LcdInt();                    //调用 LCD 灯初始化函数
    delay(10);
    while(1) {
    Write_com(0x01);             //清显示：清屏幕指令
    delay(5);
    WriteAddress(0x00);          //设置显示位置为第 1 行的第 1 个字
    delay(5);
    i = 0;
    while(string[i] != '\0')  //'\0'是数组结束标志
    {                            //显示字符"I LOVE C51"
      WriteData(string[i]);
      i++;
      delay(100);
    }
    WriteAddress(0x40);        //设置显示位置为第 2 行的第 1 个字
    i = 0;
    while(string1[i] != '\0') //'\0'是数组结束标志
    {                            //显示字符"SZJM WELCOME U!"
      WriteData(string1[i]);
      i++;
      delay(100);
    }
    // while(1);                  //调试时，可以将光标停在此处
delay(1000);

    //字符从右侧移位进来
    Write_com(0x01);             //清显示：清屏幕指令
    delay(5);
    WriteAddress(0x10);          //设置显示位置为第 1 行的第 17 个字
    delay(5);
    i = 0;
    while(string[i] != '\0')  //'\0'是数组结束标志
    {      WriteData(string[i]);
        i++;
    }
    WriteAddress(0x50);          //设置显示位置为第 2 行的第 17 个字
```

```
i = 0;
while(string1[i] != '\0') //'\0'是数组结束标志
{
    WriteData(string1[i]);
    i++;
}
 //while(1);              //调试时释放此句,将光标停在此处
for(j=0;j<16;j++ )       //循环16次
{   Write_com(0x18);     //左移指令
    delay(300);
}
//while(1);
  delay(1000);

Write_com(0x08);         //关闭显示
//while(1);
delay(3000);             //延时,维持显示一段时间

Write_com(0x0c);         //0000 1100 开显示

 //while(1);
 delay(3000);            //延时,维持显示一段时间

Write_com(0x0f);         //开光标,并闪烁
 //while(1);
 delay(1000);            //延时,维持显示一段时间
 //字符向右侧移出
for(j=0;j<16;j++ )
{         Write_com(0x1c);// 0001 1100 右移移出
          for(i=0;i<10;i++)
          delay(30);
}
//while(1);
 delay(1000);

 Write_com(0x40);        //0100 0000 设定 CGRAM 地址
 delay(5);
 for(j=0;j<8;j++ )
  {
     WriteData(User[j]);//写入自定义图形"C"
  }

 WriteAddress(0x05);//设定屏幕上的显示位置
 delay(5);
 WriteData(0x00);     //从 CGRAM 里取出自定义图形显示
```

```
    //while(1);
    delay(2000);
}
}
```

完整程序代码参考 ep2_6.c 文件。

### 3. 仿真调试

将上述程序编译调试，仿真运行效果图如图 2-28 所示。

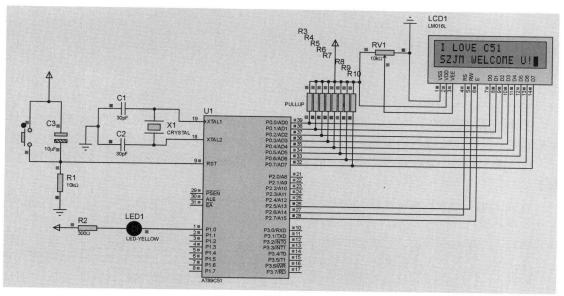

图 2-28　仿真运行效果图

扫描二维码，可以观看教学微视频。

## 2.3.4　能力拓展

液晶显示硬件设计

液晶显示软件设计

### 2.3.4.1　电梯运行智能显示

#### 1. 软件编程

在现实生活中，电梯上行或下行时，电梯间里的点阵屏会由下往上或由上往下滚动显示电梯所到楼层。在掌握了"爱心"图的滚动显示原理后，电梯楼层的滚动显示只需要修改 col 数组中的元素值为楼层数字。举例写出数字 1、2、3 的字型编码对应的 8 行，每行 8 列的值如下。

```
//"1"  {0x00,0x10,0x30,0x10,0x10,0x10,0x38,0x00}
//"2"  {0x00,0x30,0x08,0x38,0x20,0x20,0x38,0x00}
//"3"  {0x00,0x38,0x08,0x38,0x08,0x08,0x38,0x00}
```

定义 col[]数组：

```
unsigned char col[38]=
{0x00,0x00,0x00,0x00,0x00,0x00,0x00,//7行LED灯不亮
```

```
0x00,0x10,0x30,0x10,0x10,0x10,0x38,0x00, //1
0x00,0x30,0x08,0x38,0x20,0x20,0x38,0x00,//2
0x00,0x38,0x08,0x38,0x08,0x08,0x38,0x00,//3
0x00,0x00,0x00,0x00,0x00,0x00,0x00};//最后 7 行的 LED 灯不亮
```

如果电梯楼层有 9 层或更多层，则只要把数字 4~9 或更多数字的字型编码加到数组中。

如果是数字 1、2、3 滚动显示，则一共需要 31 屏，因为外循环 m 的值为 0~31。代码如下。

```
//电梯上行，从下往上滚动
for(m=0;m<31;m++){ //第几屏
    for(k=0;k<8;k++){
        P1=row[k];
        P0=col[k+m];
        delay(2);
    }
}
```

电梯下行，楼层数字从上往下滚动显示的方法和"爱心"图从上往下滚动显示的方法一样，读者可以自己尝试完成代码编写。

利用两个外部中断按键模拟电梯上行和下行，模拟电梯上行和下行显示电路图如图 2-29 所示。

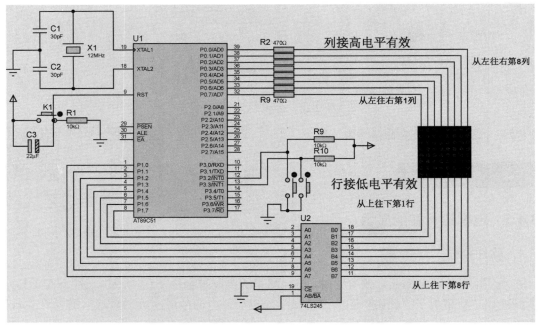

图 2-29　模拟电梯上行和下行显示电路图

完整程序代码参考 ep2_5b.c 文件。

### 2. 故障与维修

调试程序时，如果没有滚动显示电梯上行和下行的效果，那么首先检查点阵屏的行列信号线是否接反了，即把行线接到了列线上，把列线接到了行线上，此时按照电路图正确连线即

可。其次审查代码对行列信号的控制端口是否搞反了，此时改正代码，使用行列信号对应的端口输出信号即可。

扫描右侧二维码，可以观看教学微视频。

### 2.3.4.2 开发板上 LCD 的显示

电梯楼层滚动显示

中断控制电梯上下行显示

#### 1. 开发板验证

使用 USB 线将开发板和计算机连接成功后（使用短接片将 USB 转串口模块上 J39 端子的 P31T 与 URXD 短接，J44 端子的 P30R 与 UTXD 短接，计算机能识别开发板上 CH340 驱动串口），将编写好的程序编译后产生的 hex 文件烧入芯片内，连接好 LCD1602 液晶屏，开发板连接方式和运行效果图如图 2-30 所示。

图 2-30　开发板连接方式和运行效果图

#### 2. 故障与维修

调试时发现 LCD 显示亮度不够，用螺丝刀调整开发板上的亮度调节电位器，调到合适亮度。扫描右侧二维码，可以观看教学微视频。

## 2.3.5　任务小结

液晶开发板显示效果

对于 8×8 共 64 个 LED 灯组成的点阵屏，利用 8×8 点阵，8 列信号连接微处理器的 P0 端口，8 行信号连接 74LS245 驱动芯片后连接微处理器的 P1 端口。P1 端口输出低电平，P0 端口输出高电平，则对应的 LED 灯被点亮。显示图形或字符，其实就是点亮对应的 LED 灯。可以用专门的图形或字符取模软件来生成某个字符、汉字或图形的数组元素值。

对于 LCD 液晶屏，以 LCD1602 液晶屏为例，它能显示 2 行字符信息，每行又能显示 16 个字符。它是一种专门用来显示字母、数字、符号的点阵型液晶模块。它由若干个 5×7 或 5×10 的点阵字符位组成，每个点阵字符位都可以显示一个字符，每位之间有一个点距的间隔，每行之间也有间隔，起到了字符间距和行间距的作用。驱动 LCD1602 液晶屏显示，需要掌握其常用的一些指令，如清屏指令、模式设置指令、显示开关控制指令、功能设定指令等。

## 2.3.6　问题讨论

使用 LCD1602 液晶屏显示时钟。

> **温馨提示**：LCD1602 液晶屏只能以 ASCII 字符显示，所以在显示时钟数值时，需要将时钟数据转换为字符，如数值 1 转换为 ASCII 字符可表示为 1+0X30 或 1+' '。

# 任务 2.4　企业案例——点阵屏上欢迎词的智能显示

## 2.4.1　任务目标

通过 8×8 点阵屏的学习拓展到 16×16 点阵屏，利用开发板上的 16×16 点阵屏滚动显示智慧宿舍的房间号、学生姓名或一些提示、欢迎词等信息。

滚动显示可以是由上往下、由下往上、由左往右及由右往左的方式。

通过几个任务的操作训练和相关知识的学习，让学生熟悉微处理器端口控制的工作原理，熟练掌握对 LED 点阵屏和 LCD 液晶屏的控制方法，巩固 GPIO 的控制与使用方法，进一步熟悉微处理器开发的基本过程。

## 2.4.2　知识准备

74HC595 是一个 8 位串行输入、并行输出的位移缓存器，其中并行输出为三态输出（高电平、低电平和高阻抗）。芯片引脚及功能说明可参考图 2-31 所示的芯片引脚图。

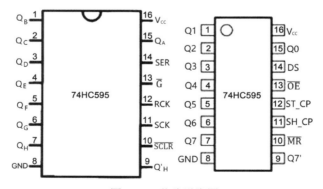

图 2-31　芯片引脚图

图 2-31 中是 74HC595 芯片引脚图，从图 2-31 中可以发现左图芯片的 1 脚是 $Q_B$，而右图芯片的 1 脚是 Q1，左图芯片的 11 脚是 SCK，而右图芯片的 11 脚是 SH_CP，除此以外，还有很多引脚不一样。其实这个都没有什么，不同人在绘制芯片引脚图时的命名可能不一样而已，看一个芯片的重点是看引脚功能。图 2-31 左图中的引脚功能如下。

15 脚和 1～7 脚 $Q_A$～$Q_H$：并行数据输出。

9 脚 $Q'_H$：串行数据输出。

10 脚 $\overline{SCLR}$ （MR）：低电平复位引脚。

11 脚 SCK（SHCP）：移位寄存器时钟输入。

12 脚 RCK（STCP）：存储寄存器时钟输入。

13 脚 $\overline{G}$ （OE）：输出有效。

14 脚 SER（DS）：串行数据输入。

74HC595 具有 8 位移位寄存器和一个存储器，以及三态输出功能。移位寄存器和存储器是不同的时钟。数据在 SCK 的上升沿输入，在 RCK 的上升沿进入存储器中。如果两个时钟连在一起，则移位寄存器总是比存储器早一个脉冲。移位寄存器有一个串行数据输入（DS）、一个串行数据输出（Q7）和一个异步的低电平复位。存储寄存器是一个 8 位并行的，并具有三态的总线输出，当 $\overline{MR}$ 为高电平，$\overline{OE}$ 为低电平时，数据在 SHCP 上升沿进入移位寄存器，在 STCP 上升沿输出到并行端口。

有关 74HC595 芯片的更多详细介绍，可以在网络上进行搜索查找。

## 2.4.3　任务实施

### 1. 硬件电路设计（开发板上硬件连接）

开发板上用的是 16×16 点阵屏，16×16 点阵屏连接图如图 2-32 所示。

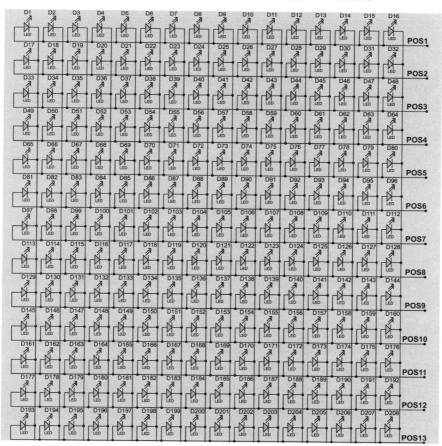

图 2-32　16×16 点阵屏连接图

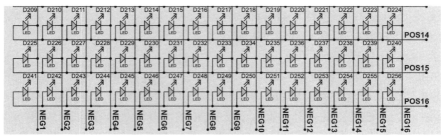

图 2-32 16×16 点阵屏连接图（续）

开发板上用到 74HC595 模块，该驱动模块与 16×16 点阵屏连接图如图 2-33 所示。

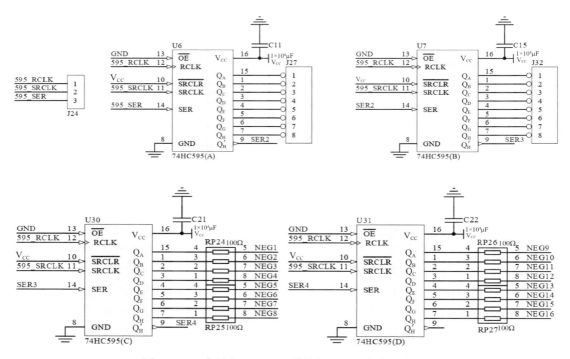

图 2-33 开发板上 74HC595 模块与 16×16 点阵屏连接图

从图 2-33 中可以看出，该电路是独立的，74HC595 模块内使用了 4 块 74HC595 芯片，它们采用了级联方式，即 RCLK 和 SRCLK 引脚并联在一起，并且 74HC595（A）的输出端 $Q'_H$ 连接到 74HC595（B）的串行输入口 SER2，而 74HC595（B）的输出端 $Q'_H$ 又连接到 74HC595（C）的串行输入口 SER3，以此类推。每块芯片的输出端都连接到对应的端子上，74HC595（A）的输出端连接到 J27 端子，74HC595（B）的输出端连接到 J32 端子，74HC595（C）的输出端连接到 LED 点阵前 8 列，74HC595（D）的输出端连接到 LED 点阵后 8 列。图 2-33 中的 NEGx 是网络标号，与 LED 点阵列相连，74HC595 需要用到的控制引脚 RCLK、SRCLK、SER 并未直接连接到 51 单片机的 I/O 端口上，而是连接到开发板的 J24 端子上。

如果想让 51 单片机能够控制 74HC595 输出数据，那么必须将 51 单片机引脚通过导线连接到 J24 端子上。因此需要使用 3 根杜邦线将 51 单片机的引脚与 J24 端子连接。由于 74HC595 模块电路是独立的，所以使用任意单片机引脚都可以，为了与程序配套，这里使用 P3.4～P3.6

引脚来控制 74HC595 的输出数据，将 74HC5959（A）的输出端子 J27 顺序连接在 LED 模块上。开发板上连接图如图 2-34 所示。

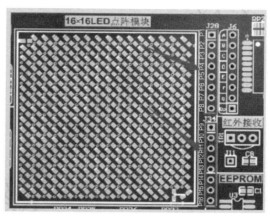

图 2-34　开发板上连接图

注意：要保证 P3.5、P3.6、P3.4 引脚与 J24 端子的 RC、SC、SE 依次连接，J27 端子的 QA1～QA8 与点阵模块 J28 端子的 P1～P8 端口依次连接，J32 端子的 QA1～QA8 与点阵模块 J34 端子的 P9～P16 端口依次连接，不能交叉，否则使用例程就会出错。

### 2. 软件编程

（1）点亮一个 LED 灯的程序设计。

直接调用已编写好的程序 ep2_7.c。

实验现象：下载程序后，LED 点阵左上角第一个 LED 灯被点亮。

接线说明如下。

① 单片机→74HC595 模块。

P3.4→SE；

P3.5→RC；

P3.6→SC。

② 74HC595（A）模块输出→LED 双色点阵模块。

开发板的连接 J27→J28。

③ 74HC595（B）模块输出→LED 双色点阵模块。

开发板的连接 J32→J34

代码如下，完整程序代码参考 ep2_7.c 文件，函数功能都有详细注释。

```
#include "reg51.h"
//此文件中定义了单片机的一些特殊功能寄存器
#include "intrins.h"
typedef unsigned int u16;
//对数据类型进行声明定义
typedef unsigned char u8;
//--定义使用的 I/O 端口--//
sbit SRCLK=P3^6;
```

```c
sbit RCLK=P3^5;
sbit SER=P3^4;
/*****************************************************
* 函 数 名
: Hc595SendByte(u8 dat1,u8 dat2,u8 dat3,u8 dat4)
* 函数功能
: 通过 74HC595 发送 4 字节的数据输入
: dat1: 第 4 个 595 输出数值
* dat2: 第 3 个 595 输出数值
* dat3: 第 2 个 595 输出数值
* dat4: 第 1 个 595 输出数值
* 输出: 无
*****************************************************/
void Hc595SendByte(u8 dat1,u8 dat2,u8 dat3,u8 dat4)
{
u8 a;
SRCLK = 1;
RCLK = 1;
for(a=0;a<8;a++)
//发送 8 位数
{
SER = dat1 >> 7;
//从最高位开始发送
dat1 <<= 1;
SRCLK = 0;
//发送时序
_nop_();
_nop_();
SRCLK = 1;
}
for(a=0;a<8;a++)
//发送 8 位数
{
SER = dat2 >> 7;
//从最高位开始发送
dat2 <<= 1;
SRCLK = 0;
//发送时序
_nop_();
_nop_();
SRCLK = 1;
}
for(a=0;a<8;a++)
//发送 8 位数
{
```

```
SER = dat3 >> 7;
//从最高位开始发送
dat3 <<= 1;
SRCLK = 0;
//发送时序
_nop_();
_nop_();
SRCLK = 1;
}
for(a=0;a<8;a++)
//发送 8 位数
{
SER = dat4 >> 7;
//从最高位开始发送
dat4 <<= 1;
SRCLK = 0;
//发送时序
_nop_();
_nop_();
SRCLK = 1;
}
RCLK = 0;
_nop_();
_nop_();
RCLK = 1;
}
/************************************************
* 函 数 名
: main
* 函数功能
: 主函数输入：无
* 输出：无
************************************************/
void main()
{
while(1)
{
Hc595SendByte(0xff,0xfe,0x00,0x01);
}
}
```

main.c 文件内代码非常少也很简单，首先将 51 单片机的头文件包含进来，然后定义 74HC595 控制端口。

主函数功能非常简单，首先调用 Hc595SendByte(0xff,0xfe,0x00,0x01)函数四次，将点阵的行列控制数据输入 74HC595 中。

第 1 个输出的是 0xff，也就是后 8 列，列是低电平有效，所以这 8 列是无效的，LED 灯点不亮。

第 2 个输出的是 0xfe，也就是前 8 列，列是低电平有效，所以这 8 列有 7 列是无效的，LED 灯点不亮，只有第 1 列是低电平且是有效的，第 1 列上的 LED 灯可以被点亮。

**注意：** 这里是"可以"被点亮，还必须要让行为高电平才一定能被点亮。

第 3 个输出的是 0x00，也就是后 8 行（P9～P16），行是高电平有效，所以这 8 列是无效的，LED 灯点不亮。

第 4 个输出的是 0x01，也就是前 8 行（P1～P8），行是高电平有效，所以这 8 行有 7 行是无效的，LED 灯点不亮，只有第 1 行是高电平且是有效的，第 1 行上的 LED 灯可以被点亮。

**注意：** 这里是"可以"被点亮，还必须要让列为低电平才一定能被点亮。该函数内部先进行了 4 次数据传输，然后进入 while 循环，在循环体内不执行其他功能操作，当然也可以把 Hc595SendByte() 数据发送函数放到 while 循环内。

使用 USB 线将开发板和计算机连接成功后（计算机能识别开发板上的 CH340 驱动串口），把编写好的程序编译后将编译产生的 hex 文件烧入芯片内，按照图 2-34 所示的接线方式可以看到 LED 点阵的左上角第 1 个灯被点亮。

（2）显示汉字的程序设计。

点亮一个 LED 灯很简单，可是如何点亮多个 LED 灯呢？如果需要一次显示多个怎么办？从原理图上可以看到每行都连接着多个 LED 灯，每列也都连接着多个 LED 灯，如果要点亮一个，那么按照上面原理是可以的，但是要同时点亮多个怎么办？就需要用到动态数码管的动态扫描原理。首先如何点亮一行上面多个灯或一列上面多个灯，明显需要某行或某列有效，同时使多列或多行有效。例如，在第 1 行有效的情况下，有效列与这一行交点上的 LED 灯就会被点亮，那么实现一行或一列被点亮会比较容易，如何实现不同行、不同列上的灯被多个点亮呢？是否是行有效、列有效就可以呢？并不是！

要实现行、列不同位置亮灯，就需要使用动态显示的方法，也要结合逐行扫描法。在第 1 行亮灯一段时间以后灭掉，点亮第 2 行一段时间以后灭掉，点亮第 3 行一段时间以后灭掉，如此点亮，直到 16 行全部被点亮一次为止，在第 1 行被点亮到最后 1 行被灭掉的总时间不能超过人肉眼可识别的时间，即 24ms。在每行被点亮的时候，给列一个新的数据，即此时对应列所在该行上要被点亮的灯的数据。这样就像数码管的动态显示一样，只不过数码管的 LED 灯是段值。这里使用 LED 点阵屏显示数字，也是多个 LED 灯同时被点亮。要想在 LED 点阵屏上显示汉字，首先要获取在 LED 点阵屏上显示汉字字符所需的数据，即一个汉字字符在 LED 点阵屏上显示，对应的每行、每列都会有一些灯被点亮或被熄灭，这样就会构成一组数据，也就是汉字字符的显示数据，只要将这些数据通过 74HC595 发送到 LED 点阵屏对应的行或列就能显示汉字字符。

汉字字符数据如何获取呢？这里给大家介绍一个非常好用的工具——液晶字模生成程序。液晶字模生成程序图标如图 2-35 所示。

图 2-35　液晶字模生成程序图标

双击该软件打开，字模生成器初始界面如图 2-36 所示，按照图 2-37 所示的字模生成设置过程图中的顺序设置显示汉字的参数，包括字体、大小、字型、编码、方向等，如生成汉字"苏"的 C 语言的代码，在左侧方框中。

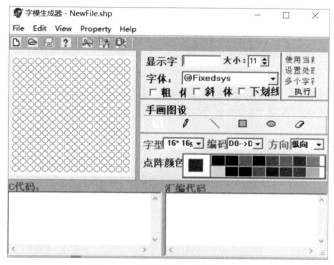

图 2-36　字模生成器初始界面

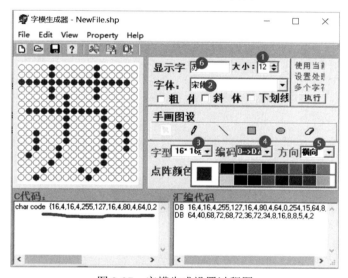

图 2-37　字模生成设置过程图

到这里就将汉字的数据生成了，然后复制所生成的汉字数据到程序定义的数组中，代码如下。

```
/*-- 文字： 苏  --*/
/*-- 宋体 12；  此字体下对应的点阵为宽×高=16×16   --*/
unsigned char code tab1[] = {16,4,16,4,255,127,16,4,80,4,64,0,254,15,64,8,
64,40,68,72,68,72,36,72,34,8,16,8,8,5,4,2};
```

既然是动态扫描，就需要不断地扫描每列，因此可以把 16×16 LED 点阵的列控制也用数组存储起来，为后面循环调用提供方便。如下。

定义 LED 点阵的位选，也就是类似于数码管的位选，因为要对其动态进行扫描操作。

数组前 16 位和后 16 位数据正好是相反的，也就是说先让第 3 个 74HC595 输出低电平，然后让第 4 个 74HC595 输出低电平。

在项目中新建一个 c 文件，其中包括主函数，另一个是头文件，主要定义需要显示的汉字的字符码。

Array.h 文件代码说明如下：tab0 数组控制行，16 行，每行用 2 字节控制，第 1 行为 0x00，第 1 字节 8 位为低电平，第 2 字节高 7 位为低电平，最低位为高电平；当第 1 行为低电平时，只要对应的列为低电平，则 LED 灯被点亮。因此用数组 tab0 控制行依次输出低电平。

tab17[ ]数组里的值为全 0，表示所有 LED 灯都不亮，即黑屏。

tab1[ ]～tab16[ ]分别存放"苏州经贸职业技术学院欢迎您！"最后显示两个笑脸和一个黑屏。

```
//点阵显示数组
unsigned char code tab0[] = {0x00, 0x01, 0x00, 0x02, 0x00, 0x04, 0x00,
0x08, 0x00, 0x10, 0x00, 0x20, 0x00, 0x40, 0x00, 0x80,
0x01, 0x00, 0x02, 0x00, 0x04, 0x00, 0x08, 0x00, 0x10, 0x00, 0x20, 0x00, 0x40,
0x00, 0x80, 0x00};

unsigned char code tab17[ ] =
{0,0,0,0,0,0,0,0,0,0,0,0,0,0,0,0,0,0,0,0,0,0,0,0,0,0,0,0,0,0,0,0};
/*-- 文字：  苏  --*/
/*-- 宋体 12；  此字体下对应的点阵为宽×高=16×16 --*/
unsigned char code tab1[] =
{16,4,16,4,255,127,16,4,80,4,64,0,254,15,64,8,64,40,68,72,68,72,36,72,34,8,
16,8,8,5,4,2};


/*-- 文字：  州  --*/
/*-- 宋体 12；  此字体下对应的点阵为宽×高=16×16 --*/
unsigned char code tab2[] =
{8,32,8,33,8,33,8,33,8,33,42,37,74,41,74,41,9,33,8,33,8,33,8,33,4,33,4,33,2,
32,1,32};


/*-- 文字：  经  --*/
/*-- 宋体 12；  此字体下对应的点阵为宽×高=16×16 --*/
unsigned char code tab3[] =
{8,0,136,63,4,16,36,8,34,12,31,18,8,33,196,64,2,0,191,63,2,4,0,4,56,4,7,4,1
94,127,0,0};


/*-- 文字：  贸  --*/
/*-- 宋体 12；  此字体下对应的点阵为宽×高=16×16 --*/
unsigned char code tab4[] =
{96,0,30,63,2,34,18,34,34,34,90,41,134,16,0,0,248,15,8,8,136,8,136,8,136,8,
64,6,48,24,14,32};


/*-- 文字：  职  --*/
```

```
/*--   宋体 12；  此字体下对应的点阵为宽×高=16×16 --*/
unsigned char code tab5[] =
{0,0,255,0,36,63,36,33,60,33,36,33,36,33,60,33,36,63,36,33,116,0,47,18,34,3
4,32,33,32,65,160,64};


/*--   文字：  业  --*/
/*--   宋体 12；  此字体下对应的点阵为宽×高=16×16 --*/

unsigned char code tab6[] =
{32,2,32,2,32,2,32,2,34,34,36,34,36,18,40,18,40,10,40,6,32,2,32,2,32,2,32,2,
255,127,0,0};


/*--   文字：  技  --*/
/*--   宋体 12；  此字体下对应的点阵为宽×高=16×16 --*/
unsigned char code tab7[] =
{8,4,8,4,8,4,200,127,63,4,8,4,8,4,168,63,24,33,12,17,11,18,8,10,8,4,8,10,13
8,17,100,96};


/*--   文字：  术  --*/
/*--   宋体 12；  此字体下对应的点阵为宽×高=16×16 --*/
unsigned char code tab8[] =
{128,0,128,4,128,8,128,8,254,63,192,1,160,2,160,2,144,4,136,8,132,16,130,32,
129,64,128,0,128,0,128,0};


/*--   文字：  学  --*/
/*--   宋体 12；  此字体下对应的点阵为宽×高=16×16 --*/
unsigned char code tab9[] =
{68,16,136,16,136,8,0,4,254,127,2,64,1,32,248,7,0,2,128,1,255,127,128,0,128,
0,128,0,160,0,64,0};


/*--   文字：  院  --*/
/*--   宋体 12；  此字体下对应的点阵为宽×高=16×16 --*/

unsigned char code tab10[] =
{0,2,30,4,210,127,74,64,42,32,134,31,10,0,18,0,210,127,18,9,22,9,10,9,130,72,
130,72,66,112,34,0};


/*--   文字：  欢  --*/
/*--   宋体 12；  此字体下对应的点阵为宽×高=16×16 --*/
unsigned char code tab11[] =
{0,1,0,1,63,1,32,63,160,32,146,16,84,2,40,2,8,2,20,5,36,5,162,8,129,8,64,16,
32,32,16,64};


/*--   文字：  迎  --*/
```

```
/*--  宋体12；  此字体下对应的点阵为宽×高=16×16 --*/

unsigned char code tab12[] =
{0,0,4,1,200,60,72,36,64,36,64,36,79,36,72,36,72,36,72,45,200,20,72,4,8,4,20
,4,226,127,0,0};

/*--  文字：  您  --*/
/*--  宋体12；  此字体下对应的点阵为宽×高=16×16 --*/
unsigned char code tab13[] =
{144,0,144,0,136,63,76,32,42,18,153,10,136,18,72,34,40,34,136,2,8,1,64,0,138,
32,138,72,9,72,240,15};

/*--  文字：  ！  --*/
/*--  宋体12；  此字体下对应的点阵为宽×高=16×16 --*/

unsigned char code tab14[] =
 { {0,0,8,0,8,0,8,0,8,0,8,0,8,0,8,0,8,0,0,0,0,0,8,0,8,0,0,0,0,0,0};

//笑脸
unsigned char code tab15[] =
{0,0,0,0,60,240,102,156,67,130,0,0,0,0,0,0,0,0,0,0,48,24,96,8,192,7,0,0,0,0,
0,0};
//黑屏
unsigned char code tab16[] =
{0,0,0,0,0,0,0,0,0,0,0,0,0,0,0,0,0,0,0,0,0,0,0,0,0,0,0,0,0,0,0,0};
```

在 Lattice.c 文件中定义 SPI 要使用的 I/O 端口，代码如下。

```
sbit MOSIO = P3^4;
sbit R_CLK = P3^5;
sbit S_CLK = P3^6;

//--全局函数声明--//
void HC595SendData( uchar BT3, uchar BT2,uchar BT1,uchar BT0);
/******************************************************
* 函 数 名：main
* 函数功能：主函数
* 输    入：无
* 输    出：无
******************************************************/
void main(void)
{   int k, j, ms;
    //--定义一个指针数组指向每个汉字--//
    uchar *p[] = {tab17, tab1, tab2, tab3, tab4, tab5, tab6, tab7, tab8,
tab9, tab10, tab11, tab12, tab13, tab14, tab15, tab16};    while(1)
```

```
    {    for(ms = 20; ms > 0; ms--)       //移动定格时间设置
        {
            for(k = 0; k < 16; k++)       //显示一个字
            {
                HC595SendData(~(*(p[0] + 2*(k+j) + 1)),~(*(p[0] + 2*(k+j) )),
tab0[2*k],tab0[2*k + 1]);   //因为字模软件取的数组是高电平有效，所以列要取反
            }
            //--清屏--//
            HC595SendData(0xff,0xff,0,0);           //清屏
        }
        j++;
        if(j == (17*15) )  //由下往上滚动，因此需要显示 17×15 屏后才结束一轮显示
        {    j = 0;          }
    }
}


/****************************************************
* 函 数 名: HC595SendData
* 函数功能: 通过 595 发送 4 字节的数据
* 输    入: BT3: 第四个 595 输出数值
*         * BT2: 第三个 595 输出数值
*         * BT1: 第二个 595 输出数值
*         * BT0: 第一个 595 输出数值
* 输    出: 无
****************************************************/

void HC595SendData( uchar BT3, uchar BT2,uchar BT1,uchar BT0)
{    uchar i;

    //--发送第 1 字节--//
    for(i=0;i<8;i++)
    {  MOSIO = BT3 >> 7 ;   //从高位到低位
       BT3 <<= 1;
       S_CLK = 0;
       S_CLK = 1;
    }
    //--发送第 2 字节--//
    for(i=0;i<8;i++)
    {
       MOSIO = BT2 >>7;       //从高位到低位
       BT2 <<= 1;
       S_CLK = 0;
       S_CLK = 1;
    }
```

```
//--发送第 3 字节--//
for(i=0;i<8;i++)
{
   MOSIO = BT1 >> 7;        //从高位到低位
   BT1 <<= 1;
   S_CLK = 0;
   S_CLK = 1;
}
//--发送第 4 字节--//
for(i=0;i<8;i++)
{  MOSIO = BT0 >> 7;        //从高位到低位
   BT0 <<= 1;
   S_CLK = 0;
   S_CLK = 1;
}
   //--输出--//
R_CLK = 0; //set dataline low
R_CLK = 1; //片选
R_CLK = 0; //set dataline low
}
```

上述程序只要能看懂，理解后会修改显示内容和滚动方式即可。

完整程序代码参考 ep2_8.c 文件和 ep2_8.h 文件。

### 3．开发板验证

使用 USB 线将开发板和计算机连接成功后，把编写好的程序编译后将编译产生的 hex 文件烧入芯片内，观察运行效果，开发板上连线图如图 2-38 所示。

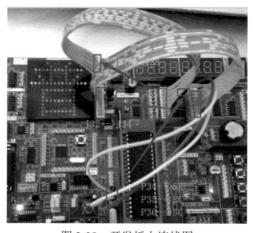

图 2-38　开发板上连线图

### 4．故障与维修

调试时，若发现开发板上不能正确显示汉字或图形，则检查点阵屏的行列信号是否反接，并按图 2-38 正确连线。

## 2.4.4　能力拓展

将该任务中的"苏州经贸职业技术学院欢迎您！"修改成其他欢迎词或校训校风。利用液晶字模生成程序把需要显示的汉字逐个输入，得到对应的数组值，填写到 tabx[ ]={}的{}中，根据汉字的字数改写数组 tabx[ ]中 x 的值。

## 2.4.5　任务小结

要实现行、列不同位置亮灯，就需要使用动态显示的方法，也要结合逐行扫描。在第 1 行亮灯一段时间以后灭掉，点亮第 2 行一段时间以后灭掉，点亮第 3 行一段时间以后灭掉，如此点亮，直到 16 行全部被点亮一次为止，在第 1 行被点亮到最后 1 行灭掉的总时间不能超过人肉眼可识别的时间，即 24ms。在每行被点亮的时候，给列一个新的数据，即此时对应列所在该行上要被点亮的灯的数据。这样就像数码管的动态显示一样，只不过数码管的 LED 灯是段值。这里使用 LED 点阵屏显示数字，也是多个 LED 灯同时被点亮。要想在 LED 点阵屏上显示汉字，首先要获取在 LED 点阵屏上显示汉字字符所需的数据，即一个汉字字符在 LED 点阵屏上显示，对应的每行、每列都会有一些灯被点亮或被熄灭，这样就会构成一组数据，也就是汉字字符的显示数据，只要将这些数据通过 74HC595 发送到 LED 点阵屏对应的行或列就能显示汉字字符。

## 2.4.6　问题讨论

如果每屏显示完毕后不加下面这个清屏语句，那么会产生什么效果呢？

```
HC595SendData(0xff,0xff,0,0);
```

温馨提示：上一屏显示的内容还在，会与后面的显示内容重叠。

# 项目 3

# 智慧工厂环境智能监控

## 知识目标

1. 掌握温度传感器 DS18B20 的基本原理及温度转换命令。
2. 理解采集温度的软件设计流程，学会调用温度采集函数并能修改函数完成温度采集和显示。
3. 掌握光敏传感器的基本原理，并理解 ADC 模式转换的工作原理。
4. 掌握 ADC 转换的代码实现。
5. 理解采集光照度的软件设计流程，学会调用光照度采集函数，并能修改函数完成光照度采集和显示。
6. 掌握人体红外传感器的基本原理。
7. 掌握利用两个人体红外传感器判断教室里是否有人的方法。
8. 理解直流电机和步进电机的工作原理及控制时序。

## 能力目标

1. 能利用光敏传感器采集数据控制 LED 灯，从而实现光照度智能控制功能。
2. 能利用人体红外传感器采集数据控制 LED 灯，从而实现 LED 灯智能控制功能。
3. 能利用人体红外传感器和光敏传感器控制 LED 灯，从而实现智慧工厂环境智能监控功能。
4. 能利用温度传感器采集数据控制风扇运转，从而实现环境温度智能控制。
5. 综合利用上述三种传感器实现能源的智能控制，达到节能减排的效果。

## 知识导图

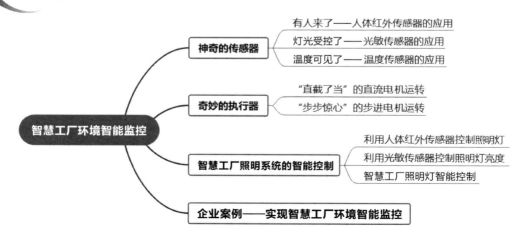

本项目旨在通过实施智慧工厂照明系统的智能控制，深入探究并实现工厂环境的智能监控。为了全面实现此项目的功能，它被细分为三个关键的子任务。

首先，学生将学习并应用多种传感器技术，包括人体红外传感器、光敏传感器及温度传感器，以准确监测车间环境的不同参数。这一阶段的学习关键在于理解各类传感器的工作原理及其在实际工业环境中的应用。

其次，学生将探索和掌握各种电机及继电器等执行器的使用和控制。通过实践操作，学生将了解如何将这些执行器与传感器数据相结合，实现照明系统的智能控制。

最后，学生将所学知识综合运用于智慧工厂照明系统的智能控制，进而拓展至工厂环境的整体智能监控。学生将有机会将理论知识应用于实际的企业案例中，以此来提高他们对智慧工厂环境监控系统设计和实施的能力。

# 任务 3.1　神奇的传感器

## 3.1.1　任务目标

通过本任务的设计和制作，介绍人体红外传感器、光敏传感器和温度传感器的工作原理，要求学生掌握传感器采集数据并进行显示的基本知识，培养学生利用传感器采集数据并进行显示的基本能力。

## 3.1.2　知识准备

### 3.1.2.1　人体红外传感器

人体红外传感器的主要器件为人体热释电红外传感器。人体都有恒定的体温，一般在 36～37℃，所以会发出特定波长的红外线。被动式红外探头就是用来探测人体发射的红外线的。

人体发射的 9.5μm 红外线通过菲涅耳镜片增强并聚集到红外感应源上，红外感应源通常采用热释电元件，这种元件在接收到人体红外辐射温度发生变化时就会失去电荷平衡，向外释放电荷，后续电路经检测处理后就能触发开关动作。若人不离开感应范围，则开关将持续接通；若人离开后或在感应区域内长时间无动作，则开关将自动延时关闭负载。

常用的人体红外传感器有以下几种，如图 3-1 所示。

图 3-1　常用的人体红外传感器

人体红外传感器内部电路图如图 3-2 所示。

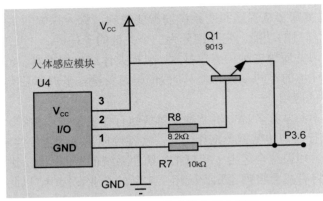

图 3-2　人体红外传感器内部电路图

当有人靠近人体红外传感器时，U4 的 2 引脚输出低电平，Q1 导通，连接微处理器的 P3.6 端为高电平，即当检测到高电平时说明有人经过。当有人离开人体红外传感器的感应区后，U4 的 2 引脚输出高电平，Q1 截止，P3.6 端为低电平。因此，通过检测微处理器的 P3.6 端的电平高低来判断是否有人经过。在 Proteus 仿真软件中可以用开关来仿真模拟人体红外传感器。

### 3.1.2.2　光敏传感器

光敏传感器内装有一个高精度的光电管，光电管内有一块由"针式二极管"组成的小平板，当向光电管两端施加一个反向的固定电压时，任何光对它的冲击都将导致其释放电子，结果是当光照度越高时，光电管的电流就越大，电流通过一个电阻时，电阻两端的电压被转换成可被采集器的 A/D 转换器接收的 0～5V 电压，然后以适当的结果保存下来。简而言之，光敏传感器利用光敏电阻受光照度影响而阻值发生变化的原理发送光照度的模拟信号。

利用 A/D 转换，将电压值转换成数字量发送到微处理器，微处理器对接收到的数据解析后进行显示或点亮 LED 灯等。

A/D 转换原理如下。

在 A/D 转换器中，因为输入的模拟信号在时间上是连续的，而输出的数字信号是离散的，所以 A/D 转换器在进行转换时，必须先在一系列选定的瞬间（时间坐标轴上的一些规定点上）对输入的模拟信号采样，然后把这些采样值转换为数字量。因此，一般的 A/D 转换过程是通过采样、量化和编码这三个步骤完成的，即首先对输入的模拟信号采样，采样结束后进入保持时间，在这段时间内将采样的模拟信号转化为数字信号，并按一定的编码形式给出转换结果，然后开始下一次采样。模拟信号转换成数字信号的过程如图 3-3 所示，其给出了模拟信号到数字信号转换过程的框图。

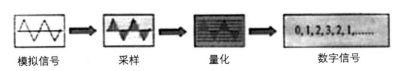

图 3-3　模拟信号转换成数字信号的过程

（1）采样定理。

可以证明，为了正确无误地用图 3-4（a）所示的采样信号 $V_s$ 表示模拟信号 $V_i$，必须满足：

在满足采样定理的条件下，可以用一个低通滤波器将 $V_s$ 还原为 $V_i$，这个低通滤波器的电压传输系数 $|A(f)|$ 在低于 $f_{imax}$ 的范围内应保持不变，而在 $f_s-f_{imax}$ 以前应迅速下降为零。A/D 采样原理如图 3-4 所示。因此，采样定理规定了 A/D 转换的频率下限。

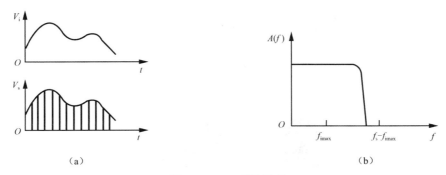

图 3-4　A/D 采样原理

因此，A/D 转换器在工作时的采样频率必须高于所规定的频率。采样频率提高以后，留给 A/D 转换器每次进行转换的时间相应缩短了，这就要求转换电路必须具备更快的工作速度。因此，不能无限制地提高采样频率，通常取 $f_s=(3\sim5)f_{imax}$ 已经能够满足要求了。

因为每次把模拟信号转换为相应的数字信号都需要一定的时间，所以在每次采样以后，必须把模拟信号保持一段时间。可见，进行 A/D 转换时所用的输入电压，实际上是每次采样结束时的 $V_i$ 值。

（2）量化和编码。

数字信号不仅在时间上是离散的，而且在数值上的变化也不是连续的。这就是说，任何一个数字量的大小，都是以某个最小数量单位的整倍数来表示的。因此，在用数字量表示采样电压时，也必须把它转化成这个最小数量单位的整倍数，这个转化过程就被称为量化。所规定的最小数量单位被称为量化单位，用 $\Delta$ 表示。显然，数字信号最低有效位中的 1 表示的数量大小就等于 $\Delta$。把量化的数值用二进制代码表示，称为编码。这个二进制代码就是 A/D 转换的输出信号。因为模拟信号是连续的，所以它不一定能被 $\Delta$ 整除，因而不可避免地会引入误差，我们把这种误差称为量化误差。在把模拟信号划分为不同的量化等级时，用不同的划分方法可以得到不同的量化误差。

A/D 转换方式主要有逐次逼近式 A/D 和双积分式 A/D 两种，具体工作原理可以在网络上进行搜索。

XPT2046 是一款 4 线制电阻式触摸屏控制器，内含 12 位分辨率 125kHz 转换速率逐次逼近式 A/D 转换器。XPT2046 支持 1.5～5.25V 的低电压 I/O 端口。XPT2046 能通过执行两次 A/D 转换查出被按的屏幕位置，除此之外，还可以测量加在触摸屏上的压力。XPT2046 内部自带 2.5V 参考电压，可以用于辅助输入、温度测量和电池监测，电池监测的电压范围为 0～6V。XPT2046 片内集成一个温度传感器。在 2.7V 的典型工作状态下，关闭参考电压，其功耗可小于 0.75mW。

如果想要更详细地了解 XPT2046 的工作原理，则可以查看 "XPT2046 中文.pdf" 或在网络上进行搜索。

### 3.1.2.3 温度传感器

常用的典型温度传感器有 DS18B20。DS18B20 的数字温度计提供 9 位温度读数，指示器件的温度。

信息经过单线接口送入 DS18B20 或送出，因此从中央处理器到 DS18B20 仅需连接一根线（地）。读、写和完成温度变换所需的电源可以由数据线本身提供，而不需要外部电源。

因为每个 DS18B20 都有唯一的系列号，所以多个 DS18B20 可以存在于同一根单线上，这允许在许多不同的地方放置温度灵敏器件。DS18B20 封装及引脚图如图 3-5 所示，引脚说明如表 3-1 所示。

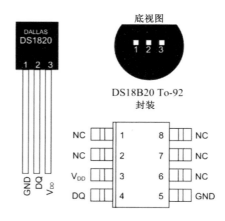

图 3-5　DS18B20 封装及引脚图

表 3-1　引脚说明

| 引脚 8 脚 SOIC | 引脚 PR35 | 符号 | 说明 |
| --- | --- | --- | --- |
| 5 | 1 | GND | 地 |
| 4 | 2 | DQ | 单线运用的数据 I/O 引脚，漏极开路 |
| 3 | 3 | $V_{DD}$ | 可选 $V_{DD}$ 引脚 |

与传统的热敏电阻相比，DS18B20 能够直接读出被测温度，并且可根据实际要求通过简单的编程实现 9～12 位的数字值读数方式。可以分别在 93.75ms 和 750ms 内完成 9 位和 12 位的数字量，并且从 DS18B20 读出的信息或写入 DS18B20 的信息仅需要一根端口线（单线接口）读写，温度变换功率来源于数据总线。数据总线本身也可以向所挂接的 DS18B20 供电，而不需要额外电源。因而使用 DS18B20 可使系统结构更趋于简单，可靠性更高。它在测温精度、转换时间、传输距离、分辨率等方面较 DS1820 有了很大的改进，给用户带来了更方便的使用体验和更令人满意的效果。

DS18B20 的主要特性如下。

（1）适用电压范围为 3.0～5.5V，在寄生电源方式下可由数据线供电。

（2）DS18B20 与微处理器之间仅需要一根 I/O 端口线即可实现双向通信。

（3）支持多点组网功能，多个 DS18B20 可以并联在三根线上，实现组网多点测温。

（4）不需要任何外围元件，全部感应元件及转换电路集成在外形如一只三极管的器件内。

（5）测温范围为 -55～+125℃，在 -10～+85℃时精度为 ±0.5℃。

（6）可编程的分辨率为 9～12 位，对应的可分辨温度分别为 0.5℃、0.25℃、0.125℃和 0.0625℃，可实现高精度测温。

（7）在 9 位分辨率时，最多 93.75ms 便可把温度转换为数字；在 12 位分辨率时，最多 750ms 便可把温度转换为数字。

（8）直接输出数字温度信号，以一根总线串行传送给 CPU，同时可传送 CRC 校验码，具有极强的抗干扰纠错能力。

（9）电源极性接反时，芯片不会因发热而烧毁，但不能正常工作。

DS18B20 遵循单总线协议，每次测温时必须有初始化、传送 ROM 命令、传送 RAM 命令、数据交换 4 个过程。

由于 DS18B20 单线通信功能是分时完成的，并且有严格的时隙概念，因此读写时序很重要。系统对 DS18B20 的各种操作必须按协议进行。操作协议为初始化 DS18B20（发复位脉冲）→发 ROM 功能命令→发存储器操作命令→处理数据。

更多关于 DS18B20 的工作原理介绍，可以查阅相关手册或在网络上进行搜索。

## 3.1.3　任务实施

### 3.1.3.1　有人来了——人体红外传感器的应用

利用按下和松开按键模拟人体红外传感器检测有人和没有人经过。若有人经过，则 LED 灯亮，否则 LED 灯不亮。

#### 1．硬件电路设计

硬件电路图如图 3-6 所示，人体红外传感器应用电路元件清单如表 3-2 所示。按键和电阻串联连接电源和地，LED 灯和限流电阻串联后连接电源和微处理器的 P3.3 端。利用按键模拟人体红外传感器，按下按键模拟有人经过，P3.6 端输入低电平，P3.3 端输出低电平，LED 灯亮；松开按键模拟人离开，P3.6 端输入高电平，P3.3 端输出高电平，LED 灯不亮。

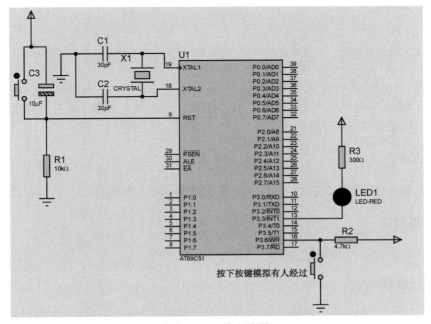

图 3-6　硬件电路图

表 3-2　人体红外传感器应用电路元件清单

| 元件名称 | 型号 | 数量 |
|---|---|---|
| 单片机 | AT89C51 | 1 |
| 晶振 | CRYSTAL-12MHz | 1 |
| 电容 | CAP-30pF | 2 |
| 电解电容 | A700D107M006ATE018-10μF | 1 |
| 按键 | BUTTON | 2 |
| 电阻 | RES-10kΩ | 1 |
| 电阻 | RES-300Ω | 1 |
| 电阻 | RES-4.7kΩ | 1 |
| LED 灯 | LED-RED | 1 |

### 2．软件编程

当按下按键，即模拟有人经过时，P3.6 端为低电平，定义位变量表示与人体红外传感器连接的端口，即 sbit hw=P3^6。位变量 led 表示连接 LED 灯的端口。在主函数的 while 循环中判断位变量 hw 的值，若 hw 的值为低电平则点亮 LED 灯，即 led=0。

```
sbit hw=P3^6;
sbit led=P3^3;
void main(void)
{  while(1)
   {   if(hw==0){  //检测到有人经过
        led=0;  //点亮 LED 灯
   }
   else {
      led=1;
   }
  }
}
```

更简单地，while 循环中只要有一条语句即可，即 led=hw；从 hw 的值与输出端 led 的值的关系可以看出，led 的值和 hw 的值一致，因此，可以随时读取 hw 的值并更新 led 的值。完整程序代码参考 ep3_1.c 文件。

### 3．仿真调试

编译后仿真，按下按键，LED 灯亮，仿真电路图如图 3-7 所示。

### 4．开发板验证

此任务和简单的输入/输出很接近，可参考 1.3.3.1 节。

### 5．故障与维修

调试时，如果人体红外传感器没有响应，首先排除人体红外传感器在硬件连接上是否出错。其次是代码审查，可能对人体红外传感器的位定义出错，则修改位定义，使得人体红外传感器和微处理器的输入端口一一对应。

扫描右侧二维码，可以观看教学微视频。

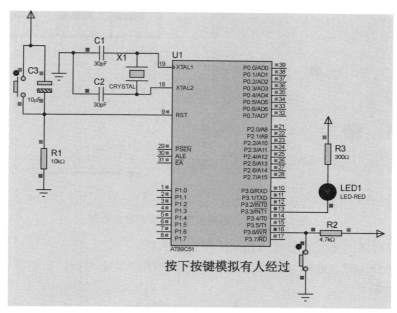

人体红外传感器
电路图及解析

人体红外传感器
检测到有人经过
开灯编程

图 3-7　仿真电路图

### 3.1.3.2　灯光受控了——光敏传感器的应用

利用光敏传感器检测光照度，并将光信号转换成电压信号，通过 ADC0832 芯片将电压值转换成对应的数字量，数码管显示光照度值。

#### 1．硬件电路设计

光敏传感器一端接电源，另一端和 10kΩ 电阻串联后接地。在电阻两端接电压表，可以显示电阻两端的电压值。同时，将电压值输入 ADC0832 的 CH1 通道，ADC0832 的 CS、CLK、DI、DO 分别与微处理器的 P3.5、P3.6、P3.4、P3.7 端连接。共阳极数码管连接在 P0 端口，数码管的共阳极电源分别连接到 3 个三极管的集电极。三极管的基极分别连接到 74HC138 的位选输出信号，由 74HC138 的 A、B、C 控制输出位选信号。光敏传感器采集光照度电路原理图如图 3-8 所示。

#### 2．软件编程

本任务要实现的功能：通过 A/D 转换电路采集电位器电压值，将采集转换后的 A/D 值通过数码管显示。

新建工程文件夹，新建 0832.c 文件。定义 ADC0832 进行 A/D 转换的 4 个端口如下：

```
sbit ADC_CS =P3^5;
sbit ADC_CLK=P3^6;
sbit ADC_DO =P3^7;
sbit ADC_DI =P3^4;
```

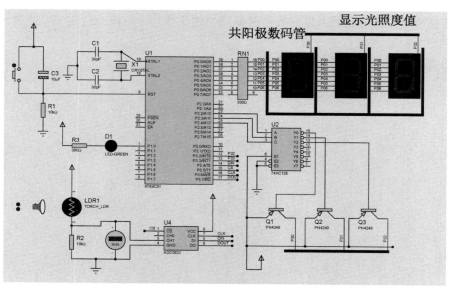

图 3-8　光敏传感器采集光照度电路原理图

定义控制灯亮灭的光照度阈值为 lightH 和 lightL。

对于利用 ADC0832 进行 A/D 转换的子函数，不需要完全掌握，只要能看懂、会调用即可。子函数代码如下。

```
unsigned char ADC0832(void) //把模拟电压值转换成 8 位二进制数，并返回
{
  unsigned char i,data_c;
  data_c=0;
  ADC_CS=0;
  ADC_DO=0;//片选，DO 为高阻态
  for(i=0;i<10;i++)
  {;}
  ADC_CLK=0;
  Delay(2);
  ADC_DI=1;
  ADC_CLK=1;
  Delay(2);  //第一个脉冲，起始位
  ADC_CLK=0;
  Delay(2);
  ADC_DI=1;
  ADC_CLK=1;
  Delay(2);  //第二个脉冲，DI=1 表示双通道单极性输入
  ADC_CLK=0;
  Delay(2);
  ADC_DI=1;
  ADC_CLK=1;
  Delay(2);  //第三个脉冲，DI=1 表示选择通道 1(CH1)
  ADC_DI=0;
  ADC_DO=1;//DI 转为高阻态，DO 脱离高阻态为输出数据做准备
```

```
        ADC_CLK=1;
        Delay(2);
        ADC_CLK=0;
        Delay(2);//经实验，这里加一个脉冲ADC便能正确读出数据
        //不加的话，读出的数据少一位(最低位D0读不出)
        for (i=0; i<8; i++){
          ADC_CLK=1;
          Delay(2);
          ADC_CLK=0;
          Delay(2);
          data_c=(data_c<<1)|ADC_DO;//在每个脉冲的下降沿DO输出一位数据
                                    //最终data_c为八位二进制数
        }
        ADC_CS=1;//取消片选，一个转换周期结束
        return(data_c);//将转换结果返回
}
```

将三位光照度值进行处理，获得百位数、十位数和个位数，将其存入 disp[] 数组中。第一个数码管显示光照度值的百位数，第二个数码管显示光照度值的十位数，第三个数码管显示光照度值的个位数。数码管被点亮的片选信号由 74HC138 的 A、B、C 端来决定。

数码管显示光照度值的子函数如下。

```
void display_gm()
{  //disp[0]=smgduan[data_temp/1000];//千位
   disp[1]=smgduan[data_temp%1000/100];//百位
   disp[2]=smgduan[data_temp%1000%100/10];//十位
   disp[3]=smgduan[data_temp%1000%100%10];//个位

   c=0;b=0;a=0;
   P0=disp[1];
   Delay(100);

   c=0;b=0;a=1;
   P0=disp[2];
   Delay(100);

   c=0;b=1;a=0;
   P0=disp[3];
   Delay(100);

}
```

当光照度值低于 lightL 的值时开灯；当光照度值超过 lightH 的值时关灯。控制灯的开关用一个子函数 gm_control_led() 实现。代码如下。

```
void gm_control_led(){
    //当光照度值低于某个值时开灯
    if(data_temp<lightL){
```

```
        led=0;
    }
    //太亮了，不开灯
    else if(data_temp>lightH){
        led=1;
    }
}
```

主函数中对光照度初始值和开关灯的阈值进行设置，代码如下。

```
data_temp=0; //光照度初始值
lightH=200; //关灯阈值
lightL=100;//开灯阈值
```

主函数中不断循环三件事：采集光照度、数码管显示光照度值、根据光照度控制 LED 灯开或关。代码如下。

```
while(1){
    data_temp=ADC0832(); //A/D 转换获取光照度
    display_gm(); //数码管（第 1 个～第 3 个数码管）显示光照度值
    gm_control_led();//根据光照度控制 LED 灯的状态
}
```

完整程序代码参考 ep3_2a.c 文件。

### 3．仿真调试

把编写好的程序编译后，将产生的 hex 文件下载到仿真电路图中，单击"运行"按钮，观察运行结果，光敏传感器仿真运行效果图如图 3-9 所示，光照度值为 0～247。

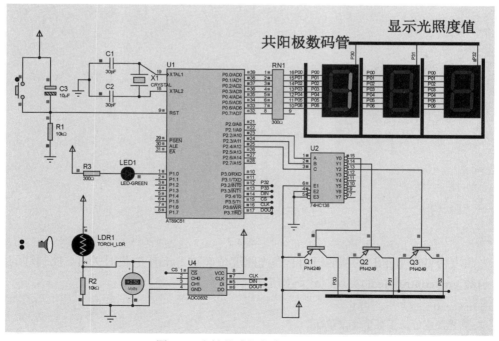

图 3-9　光敏传感器仿真运行效果图

### 4．故障与维修

调试过程中，如果光照度值显示不变，则首先移动光敏传感器的位置，改变光照度值后观察数码管显示光照度值是否改变，如果仍然没有变化，则审查代码，检查 ADC0832 和单片机连接的 4 个引脚的位定义是否和硬件连线一致。

扫描右侧二维码，可以观看教学微视频。

班光敏工作原理及电路图设计　光敏显示亮度软件编程 v2　光敏控制 led 灯亮度 v2

## 3.1.3.3 温度可见了——温度传感器的应用

本任务利用 DS18B20 检测温度，数码管显示温度值。

### 1．硬件电路设计

利用 DS18B20 作为本任务的温度传感器，第一个数码管显示正、负符号，第 2～4 个数码管分别显示温度值的百位、十位和个位数字，右侧一个数码管显示"℃"，利用共阴极数码管，倒置显示。当温度值超过设定值时，点亮 LED 灯，硬件电路图如图 3-10 所示，温度传感器应用电路元件清单如表 3-3 所示。

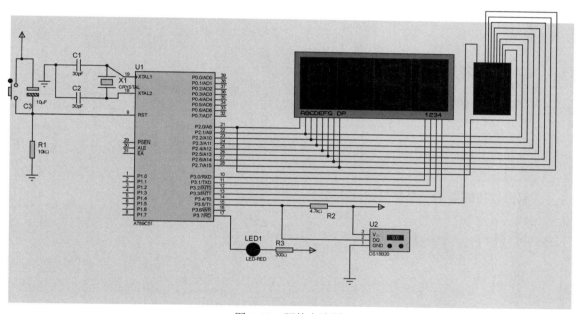

图 3-10　硬件电路图

表 3-3　温度传感器应用电路元件清单

| 元件名称 | 型号 | 数量 |
| --- | --- | --- |
| 单片机 | AT89C51 | 1 |
| 晶振 | CRYSTAL-12MHz | 1 |
| 电容 | CAP-30pF | 2 |
| 电解电容 | A700D107M006ATE018-10μF | 1 |
| 按键 | BUTTON | 1 |
| 电阻 | RES-10kΩ | 1 |

| 元件名称 | 型号 | 数量 |
|---|---|---|
| 电阻 | RES-300Ω | 1 |
| 电阻 | RES-4.7kΩ | 1 |
| LED 灯 | LED-RED | 1 |
| 数码管 | 7SEG-COM-AM-GRN | 1 |
| 数码管 | 7SEG-MPX4-CA | 1 |
| 温度传感器 | DS18B20 | 1 |

### 2. 软件编程

对温度传感器进行操作，首先对温度传感器进行初始化，代码如下。

```
//初始化 DS18B20
uchar Init_DS18B20()
{   uchar status;
    DQ = 1;
    Delay(8);
    DQ = 0;
    Delay(90);
    DQ = 1;
    Delay(8);
    status = DQ;
    Delay(100);
    DQ = 1;
    return status;
}
```

读取温度传感器的一个字节，代码如下。

```
//读取一个字节
uchar ReadOneByte()    //1101 1011
{   uchar i,dat = 0,bi;
    DQ = 1;
    for (i = 0; i < 8; i++)
    {
        DQ=0;
        DQ=1;
        bi=DQ; //0
        dat=(dat>>1)|(bi<<7);  //11011011
        Delay(30);            //1
        DQ=1;
    }
    return dat;
}
```

向温度传感器写一个字节，代码如下。

```
//写一个字节
void WriteOneByte(uchar dat) //0011 0011
{    uchar i;               //0000 0001
     for (i = 0; i < 8; i++)
     {
       DQ = 0;
       DQ = dat & 0x01;
       Delay(5);
       DQ = 1;
       dat>>=1;  //0110 0110
     }
}
```

温度传感器接收命令后进行温度转换，并读取温度高、低两个字节的二进制数值，代码如下。

```
//温度转换，并读取温度高、低两个字节的二进制数值
void Read_Temperature()
{
  if( Init_DS18B20() == 1)          //DS18B20 出现故障
     DS18B20_IS_OK = 0;
  else   {
     WriteOneByte(0xCC);            //跳过序列号
     WriteOneByte(0x44);            //启动温度转换
     Init_DS18B20();                //初始化温度传感器
     WriteOneByte(0xCC);            //跳过序列号
     WriteOneByte(0xBE);            //读取存放温度值的寄存器
     Temp_Value[0] = ReadOneByte(); //温度低 8 位
     Temp_Value[1] = ReadOneByte(); //温度高 8 位
  }
}
```

Temp_Value[0]和 Temp_Value[1]分别存放了温度的低字节和高字节。

将读取的温度值进行处理后用数码管显示。变量 ng 表示符号，取值为 0 表示正数，取值为 1 表示负数。负数在系统中用补码形式存放。温度值只需要用 13 位表示，因此高字节的高 5 位表示符号。当温度为负时，Temp_Value[1] & 0xF8 运算后值为 0xF8。num1 为带有符号的温度值。

```
//温度处理函数，获取温度具体数值
void Display_Temperature()   //**************
{
  char ng = 0;     //正数
  //负号标识及负号显示位置
  //如果为负数则取反加 1，并设置负号标识及负号显示位置
  if ( (Temp_Value[1] & 0xF8) == 0xF8 ) //11111000  11111111
    {                        //+          1
                             //= 10000 0000
       Temp_Value[1] = ~Temp_Value[1];
```

```
        Temp_Value[0] = ~Temp_Value[0] + 1;
        if (Temp_Value[0] == 0x00)  {
        //1111 1111+1=1 0000 0000
        //求得补码溢出情况并处理
           Temp_Value[1]++;
        }
          ng = 1;  //负数
        }
       Temp_Value[0] = ((Temp_Value[0] &0xF0)>>4) |((Temp_Value[1] & 0x07)<<4);
                    // 00001111
                    //01110000
      ng=ng? -Temp_Value[0] : Temp_Value[0];
      num1=ng;
      display(num1);
}
```

将处理后的温度值用数码管显示出来，包括正、负符号，代码如下。

```
//数码管显示温度值
void display(int num)
{
   uchar bai,shi,ge;
   if(num>30 || num<-5)//若温度不在设定的上、下限之间，则点亮 LED 灯
   {   LED=0;
       SEG3=1;
       P2=0xbf;
       Delay(500);      //1011 1111
       SEG3=0;
       SEG4=1;
       P2=0xbf;
       Delay(500);
       SEG4=0;;
       SEG5=0;P2=0x40;Delay(500);SEG5=1; //0100 0000
    }
   else   //在正常温度范围内
   {   LED=1;
       if(num>=0)    //正温度
       {  SEG1=0;
          P2=0xff;
       }
       else        //负温度
       { SEG1=1;
         P2=0xbf; //"-"
         Delay(500);
         SEG1=0;
         num=-num;
```

```
        }
        bai=num/100;
        shi=(num%100)/10;
        ge=num%10;

        SEG2=1;
        P2=table[bai];
        Delay(500);
        SEG2=0;

        SEG3=1;
        P2=table[shi];
        Delay(500);
        SEG3=0;

        SEG4=1;
        P2=table[ge];
        Delay(500);
        SEG4=0;

        SEG5=0;
        P2=0x8f;  //1000 1111
        Delay(500);
        SEG5=1;
    }
}
```

主函数中先调用读取温度函数，具体操作：对温度传感器进行初始化，跳过序列号，启动温度转换，读取温度传感器的值。延时一段时间后，进入 while 死循环，反复以下操作：读取温度传感器的值，将读取的温度高、低字节转换成具体温度值，并显示在数码管上。

```
void main(void)
{
    Read_Temperature();//采集温度
    Delay(50000);
    Delay(50000);
    while(1)
    {
     display(num1);   //显示温度值,此句不写的话,温度值为负值时显示会闪烁
     Read_Temperature();//读取温度传感器的值
     Display_Temperature(); //将读取的温度高、低字节转换成具体温度值,并显示在数码管上
    }
}
```

完整程序代码参考 ep3_3.c 文件。

### 3．仿真调试

将上述程序编译调试后下载到微处理器中运行。调节传感器的温度到 27℃，可以看到数码管显示"027℃"，仿真调试现象如图 3-11 所示。调节温度到 31℃，设置正常温度区间为 −5～30℃，超过 30℃后 LED 灯被点亮，数码管显示"---"，仿真调试现象如图 3-12 所示。调节温度到零下 5℃，则数码管显示"−5℃"，仿真调试现象如图 3-13 所示。

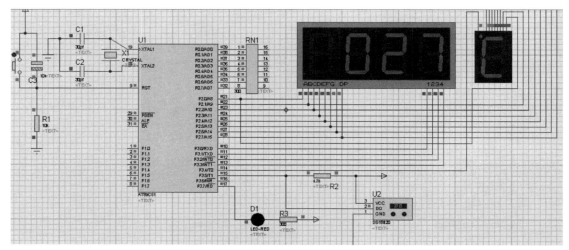

图 3-11　仿真调试现象 1

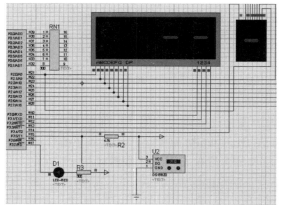

图 3-12　仿真调试现象 2

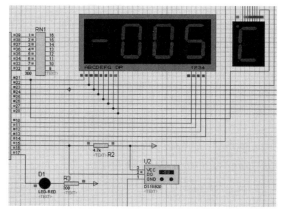

图 3-13　仿真调试现象 3

### 4．故障与维修

调试过程中，如果出现温度显示值不变，则首先改变传感器温度后观察数码管显示数值是否有变化，如果仍然没有变化，则审查代码，检查传感器引脚的位定义是否和硬件连接单片机的引脚一致。

扫描右侧二维码，可以观看教学微视频。

## 3.1.4　能力拓展

温度传感器（硬件电路设计）　温度传感器（代码分析）

本任务利用光敏传感器采集光照度控制 LED 灯的开和关。在仿真图中调试运行成功后，进行能力拓展，实现开发板上的光敏传感器检测光照度、数码管显示光照度值的功能。

### 1. 硬件电路设计

开发板上的光敏传感器连接在 GR1 上，光敏信号为 AIN2，A/D 转换芯片为 ET2046，AIN2 连接到 A/D 转换芯片的输入端，通过此芯片将光照模拟量转换成数字量，从 XPT_DO 端输出到 J33 的 4 引脚，此引脚连接微处理器的任何一个 I/O 端口，如 P3.7，此芯片的 DIN、CS、DCLK 三个引脚连接到 J33 上，并分别连接到微处理器的 P3.4、P3.5、P3.6 端上，用于控制 A/D 转换时序。开发板上 A/D 转换模块原理图如图 3-14 所示。

从图 3-14 中可以看出，该电路是独立的，XPT2046 芯片的控制引脚接至 J33 端子上，XPT2046 芯片的 A/D 输入转换通道分别接入了 AD1 电位器、NTC1 热敏传感器、GR1 光敏传感器，还有一个外接通道 AIN3 接在 D/A 转换（PWM）模块的 J52 端子上供外部模拟信号检测。

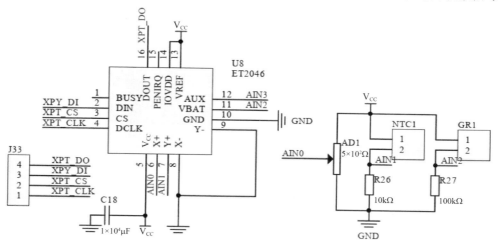

图 3-14　开发板上 A/D 转换模块原理图

由于 A/D 转换模块电路是独立的，所以 XPT2046 芯片的控制引脚可以使用任意单片机引脚连接 J33 端子，为了与例程配套，这里使用单片机的 P3.4 端与 XPT2046 芯片的 DIN 引脚连接，使用单片机的 P3.5 端与 XPT2046 芯片的 CS 引脚连接，使用单片机的 P3.6 端与 XPT2046 芯片的 DCLK 引脚连接，使用单片机的 P3.7 端与 XPT2046 芯片的 DOUT 引脚连接。开发板引脚图如图 3-15 所示。

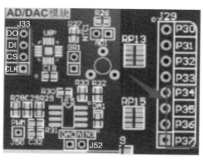 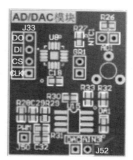

图 3-15　开发板引脚图

说明：J33 端子上的 DO 丝印即 DOUT 引脚，DI 丝印即 DIN 引脚。供外部模拟信号接入的通道（AIN3）在 D/A 转换（PWM）模块内的 J52 端子上。

> **特别注意**：输入的模拟信号电压范围为 0～5V，不能高于 5V，否则将烧坏芯片。

### 2．软件编程

本任务要实现的功能：通过 A/D 转换电路采集电位器电压值，将采集转换后的 A/D 值通过数码管显示。

打开工程文件夹，发现里面有两个 c 文件：main.c 和 XPT2046.c 源文件，还多了一个 XPT2046.h 头文件，该文件保存的是 XPT2046 芯片的驱动程序。

XPT2046.c 源文件代码如下。

```
#include"XPT2046.h"
/****************************************************
*函数名：TSPI_Start
*输  入：无
*输  出：无
*功  能：初始化触摸 SPI
****************************************************/
void SPI_Start(void)
{
    CLK = 0;
    CS  = 1;
    DIN = 1;
    CLK = 1;
    CS  = 0;
}
/****************************************************
*函数名：SPI_Write
*输  入：dat：写入数据
*输  出：无
*功  能：使用 SPI 写入数据
****************************************************/
void SPI_Write(uchar dat)
{
    uchar i;
    CLK = 0;
    for(i=0; i<8; i++)
    {
        DIN = dat >> 7;        //放置最高位
        dat <<= 1;
        CLK = 0;               //上升沿放置数据
        CLK = 1;
    }
}
/****************************************************
```

```
*函数名: SPI_Read
*输  入: 无
*输  出: dat: 读取的数据
*功  能: 使用 SPI 读取数据
**************************************************/
uint SPI_Read(void)
{
    uint i, dat=0;
    CLK = 0;
    for(i=0; i<12; i++)          //接收 12 位数据
    {
        dat <<= 1;
        CLK = 1;
        CLK = 0;

        dat |= DOUT;
    }
    return dat;
}
/**************************************************
*函数名: Read_AD_Data
*输  入: cmd: 读取的 X 或 Y
*输  出: endValue: 最终信号处理后返回的值
*功  能: 读取触摸数据
**************************************************/
uint Read_AD_Data(uchar cmd)
{
    uchar i;
    uint AD_Value;
    CLK = 0;
    CS  = 0;
    SPI_Write(cmd);
    for(i=6; i>0; i--);  //延时等待转换结果
    CLK = 1;                     //发送一个时钟周期, 清除 BUSY
    _nop_();
    _nop_();
    CLK = 0;
    _nop_();
    _nop_();
    AD_Value=SPI_Read();
    CS = 1;
    return AD_Value;
}
```

与 A/D 转换芯片进行 A/D 转换的每个函数都有详细说明。

main.c 代码如下。

```
/*********************************************
*光敏电阻 A/D 实验
实现现象：具体接线操作请参考视频。
下载程序后数码管前 4 位显示光敏电阻检测的 A/D 值。
*********************************************/
#include "reg52.h"              //此文件中定义了单片机的一些特殊功能寄存器
#include"XPT2046.h"

typedef unsigned int u16;       //对数据类型进行声明定义
typedef unsigned char u8;

sbit LSA=P2^2;
sbit LSB=P2^3;
sbit LSC=P2^4;

u8 disp[4];
u8 code
smgduan[10]={0x3f,0x06,0x5b,0x4f,0x66,0x6d,0x7d,0x07,0x7f,0x6f};

/*********************************************
* 函 数 名: delay
函数功能延时函数，i=1 时，大约延时 10μs
*********************************************/
void delay(u16 i)
{   while(i--);  }

/*********************************************
* 函 数 名:datapros()
* 函数功能:数据处理函数
* 输    入: 无
* 输    出: 无
*********************************************/
void datapros()
{
    u16 temp;
    static u8 i;
    if(i==50)
    {
        i=0;
        temp = Read_AD_Data(0xA4); //AIN2 光敏电阻
    }
    i++;
    disp[0]=smgduan[temp/1000];//千位
```

```
    disp[1]=smgduan[temp%1000/100];//百位
    disp[2]=smgduan[temp%1000%100/10];//十位
    disp[3]=smgduan[temp%1000%100%10];//个位
}
/****************************************************
* 函 数 名:DigDisplay()
* 函数功能:数码管显示函数
* 输    入: 无
* 输    出: 无
****************************************************/
void DigDisplay()
{
    u8 i;
    for(i=0;i<4;i++)
    {
        switch(i)        //位选,选择点亮的数码管
        {
        case(0):
            LSA=0;LSB=0;LSC=0; break;//显示第 0 位
        case(1):
            LSA=1;LSB=0;LSC=0; break;//显示第 1 位
        case(2):
            LSA=0;LSB=1;LSC=0; break;//显示第 2 位
        case(3):
            LSA=1;LSB=1;LSC=0; break;//显示第 3 位
        }
        P0=disp[i];//发送数据
        delay(100);//间隔一段时间扫描
        P0=0x00;//数码管消隐,不显示
    }
}
/****************************************************
* 函 数 名: main
* 函数功能: 主函数
* 输    入: 无
* 输    出: 无
****************************************************/
void main()
{
    while(1)
    {   datapros();    //数据处理函数
        DigDisplay();//数码管显示函数
    }
}
```

main.c 文件中代码比较简单,首先将 51 单片机的头文件和 XPT2046.h 的头文件包含进来,然后定义动态数码管、74HC138 译码器的控制引脚。主函数功能非常简单,在 while 循环中调用 datapros()数据处理函数,该函数内部又调用 Read_AD_Data(0x94)函数来读取电位器对应通道(AIN0)的 A/D 值,0x94 即 AIN0 通道的控制命令值,至于 AIN1、AIN2、AIN3 通道的 A/D 值可根据前面介绍的控制命令寄存器计算(AIN1 对应的控制命令值是 0xA4,AIN2 对应的控制命令值是 0xD4,AIN3 对应的控制命令值是 0xE4),具体调用哪个通道上的 A/D 值,需要与硬件连线对应。取出各位对应的数码管段码数据并保存到数组 disp[]中。最后调用 DigDisplay()动态数码管显示函数,将处理好的数据进行显示。

完整程序代码参考 ep3_2_main.c 文件和 ep3_2_XPT2046.c 文件。

### 3．开发板验证

把编写好的程序编译后,将产生的 hex 文件烧入芯片内,开发板连线图如图 3-16 所示。数码管上显示采集到的电位器的 A/D 值,范围为 0～4095。注意:由于供电电压不同,所以 A/D 转换电路参考电压也不同,对应计算的 A/D 值就会有误差,可能不能达到最大值 4095。

图 3-16　开发板连线图

### 4．故障与维修

调试时,开发板上数码管显示不随光照度的改变而改变,审查代码中对光敏传感器光照度进行 A/D 转换的芯片与单片机连接的 4 个引脚的位定义和图 3-16 中的连线是否一致。

扫描右侧二维码,可以观看教学微视频。

利用开发板采集光亮度并控制照明灯

## 3.1.5　任务小结

不同的传感器采集信号的方式也不同,人体红外传感器采集到的是数字信号。当有人经过时,人体红外传感器输出低电平,当人离开后,人体红外传感器输出高电平。温度传感器和光敏传感器采集的是模拟信号,即首先将不同的温度或光照度转换成对应的电压值,然后通过 A/D 转换信号,将模拟量转换成 8～12 位,甚至位数更多的二进制数,交由微处理器处理。

## 3.1.6　问题讨论

利用 DS18B20 设计一个智能温度控制系统，设定温度上、下限值，当温度高于上限值时点亮红色 LED 灯表示告警；当温度低于下限值时点亮绿色 LED 灯表示安全。

# 任务 3.2　奇妙的执行器

## 3.2.1　任务目标

通过本任务的设计和制作，介绍继电器、直流电机和步进电机等执行器和微处理器之间的接口和编程应用。培养学生利用微处理器的 I/O 端口功能控制执行器工作，从而控制一些大电流的执行器设备。

## 3.2.2　知识准备

### 3.2.2.1　直流电机

关于"直流电机"与其驱动芯片的工作原理在"任务 1.5 智慧校园门禁智能控制项目实施"中有详细分析。下面讲解 PWM 调节电机速度的工作原理。

脉冲宽度调制（Pulse Width Modulation，PWM）是一种对模拟信号电平进行数字编码的方法。通过使用高分辨率计数器，方波的占空比被调制用来对一个具体模拟信号的电平进行编码。PWM 信号仍然是数字的，因为在给定的任何时刻，满幅值的直流电源要么完全有（ON），要么完全没有（OFF）。电压源或电流源是以一种通（ON）或断（OFF）的重复脉冲序列被加到模拟负载上的。通的时候即直流电源被加到负载上的时候，断的时候即直流电源被断开的时候。只要带宽足够，任何模拟值都可以使用 PWM 进行编码。

利用 PWM 控制电机的原理：通过调制器给电机提供一个具有一定频率的脉冲宽度可调的脉冲电。脉冲宽度越大，即占空比越大，提供给电机的平均电压越大，电机转速就越高。反之，脉冲宽度越小，即占空比越小，提供给电机的平均电压越小，电机转速就越低。无论 PWM 是高电平还是低电平，电机都是转动的，电机的转速取决于平均电压。

### 3.2.2.2　步进电机

步进电机是将脉冲信号转变为角位移或线位移的开环控制元件。在非超载情况下，电机的转速、停止的位置只取决于脉冲信号的频率和脉冲数，而不受负载变化的影响，即给电机加一个脉冲信号，电机则转过一个步距角。这一线性关系的存在，加上步进电机只有周期性的误差而无累积误差等特点，使得步进电机在速度、位置等控制领域的控制操作非常简单。

### 1. 步进电机工作原理

步进电机有三线式、四线式、五线式和六线式 4 种，但其控制方式均相同，都以脉冲信号电流来驱动。假设每旋转一圈需要 200 个脉冲信号来励磁，则可以计算出每个励磁信号能使步进电机旋转 1.8°，其旋转角度与脉冲的个数成正比。步进电机的正、反转由励磁脉冲产生的顺序来控制。六线式四相步进电机是比较常见的，步进电机等效电路图如图 3-17 所示。

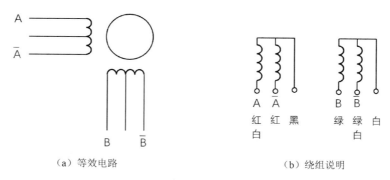

图 3-17　步进电机等效电路图

步进电机有 4 条励磁信号引线 $\overline{A}$ /A、$\overline{B}$ /B，通过控制这 4 条引线上励磁脉冲产生的时刻，即可控制步进电机的转动。每出现一个脉冲信号，步进电机只旋转某个角度。因此，只要根据顺序不断送出脉冲信号，步进电机就能实现连续转动。

### 2. 励磁方式

步进电机的励磁方式分为全步励磁和半步励磁两种。其中，全步励磁分为一相励磁和二相励磁，半步励磁又被称为一二相励磁。一相励磁简要介绍如下。

在每一瞬间步进电机只有一个线圈导通，每送一个励磁信号，步进电机旋转 1.8°，这是励磁方式中最简单的一种。其精确度高、消耗电力小，但输出转矩最小，振动较大。如果以该方式控制步进电机正转，则对应的励磁顺序如表 3-4 所示。

表 3-4　励磁顺序

| 步数 | $A$ | $B$ | $\overline{A}$ | $\overline{B}$ |
| --- | --- | --- | --- | --- |
| 1 | 1 | 0 | 0 | 0 |
| 2 | 0 | 1 | 0 | 0 |
| 3 | 0 | 0 | 1 | 0 |
| 4 | 0 | 0 | 0 | 1 |

若励磁信号反向传送，则步进电机反转。表 3-4 中的 1 和 0 表示传送给步进电机的高电平和低电平。

### 3. TC1508S 芯片介绍

单片机主要用来控制而非驱动，如果直接使用单片机芯片的 GPIO 引脚驱动大功率器件，则要么将芯片烧坏，要么驱动不起来。所以要驱动大功率器件，如电机，就必须搭建外部驱动电路，开发板上集成了两种直流电机驱动电路，一种使用的驱动芯片是 TC1508S，该芯片是一款双通道直流马达驱动器，不仅可以用来驱动直流电机，还可以用来驱动开发板配置的四线双极性步进电机。另一种使用的驱动芯片是 ULN2003，该芯片是一个单片高电压、高电流的达林顿晶体管阵列集成电路，不仅可以用来驱动直流电机，还可以用来驱动五线四相步进电机，如 28BYJ-48 步进电机。下面具体介绍 TC1508S 芯片的使用。

（1）特点。

① 双通道内置功率 MOS 全桥驱动。

② 驱动前进、后退、停止及刹车功能。

③ 超低的待机电流和工作电流。

④ 低导通电阻（1.0Ω）。

⑤ 最大连续输出电流可达 1.8A/每通道，峰值为 2.5A。

⑥ 宽电压工作范围。

⑦ 采用 SOP-16 封装形式。

（2）TC1508S 芯片引脚说明。

TC1508S 芯片引脚说明如表 3-5 所示。

表 3-5　TC1508S 芯片引脚说明

| 引脚图 | 序号 | 符号 | 功能说明 |
|---|---|---|---|
| | 1 | NC | 悬空 |
| | 2 | INA | 结合 INB 决定状态 |
| | 3 | INB | 结合 INA 决定状态 |
| | 4 | VDD | 电源正极 |
| | 5 | NC | 悬空 |
| | 6 | INC | 结合 IND 决定状态 |
| | 7 | IND | 结合 INC 决定状态 |
| | 8 | VDD | 电源正极 |
| | 9 | OUTD | 全桥输出 D 端 |
| | 10 | AGND | 地 |
| | 11 | PGND | 地 |
| | 12 | OUTC | 全桥输出 C 端 |
| | 13 | OUTB | 全桥输出 B 端 |
| | 14 | AGND | 地 |
| | 15 | PGND | 地 |
| | 16 | OUTA | 全桥输出 A 端 |

（3）输入/输出逻辑。

输入/输出逻辑如表 3-5 所示。

表 3-6　输入/输出逻辑

| 输入 | | | | 输出 | | | | 方式 |
|---|---|---|---|---|---|---|---|---|
| INA | INB | INC | IND | OUTA | OUTB | OUTC | OUTD | |
| L | L | — | — | Hi-Z | Hi-Z | — | — | 待命状态 |
| H | L | — | — | H | L | — | — | 前进 |

续表

| 输入 | | | | 输出 | | | | 方式 |
|------|------|------|------|------|------|------|------|------|
| INA | INB | INC | IND | OUTA | OUTB | OUTC | OUTD | |
| L | H | — | — | L | H | — | — | 后退 |
| H | H | — | — | L | L | — | — | 刹车 |
| — | — | L | L | — | — | Hi-Z | Hi-Z | 待命状态 |
| — | — | H | L | — | — | H | L | 前进 |
| — | — | L | H | — | — | L | H | 后退 |
| — | — | H | H | — | — | L | L | 刹车 |

使用该芯片驱动直流电机、步进电机，可实现正/反转、停止控制。

### 3.2.2.3　继电器

关于"继电器"的工作原理与控制方法在"任务 1.6 企业案例——储物柜门锁智能控制"中有详细分析。

继电器是一种电子控制器件，它具有控制系统（输入回路）和被控制系统（输出回路），通常应用于自动控制电路中。实际上，继电器是一种用较小的电流去控制较大电流的"自动开关"，故在电路中起着自动调节、安全保护、转换电路等作用。继电器示意图如图 3-18 所示，5、6 引脚连接电源，3、4 引脚为常闭触点，1、2 引脚为常开触点。

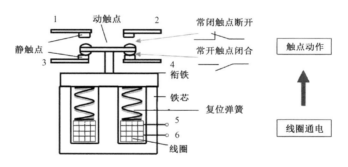

图 3-18　继电器示意图

当线圈 5、6 引脚连接上电源后，因电磁感应，使得复位弹簧往上拉伸，动触点向上接触 1、2 引脚，如果 1 引脚连接了电源，则 2 引脚被接通后也连接了电源。2 引脚连接外部设备电源，当继电器线圈通电后，与 2 引脚连接的外部设备通电。

## 3.2.3　任务实施

### 3.2.3.1　"直截了当"的直流电机运转

本任务利用三个按键结合外部中断技术、PWM 技术控制直流电机的启/停和速度，并在仿真电路中控制电机运转方向。

#### 1. 硬件电路设计

硬件电路图如图 3-19 所示，三个按键 K1、K2、K3 分别控制直流电机的启/停、运转方向和速度。按键 K1、K2 分别连接微处理器的外部中断 0 和外部中断 1 的 P3.2、P3.3 端。直流电机控制电路元件清单如表 3-6 所示。

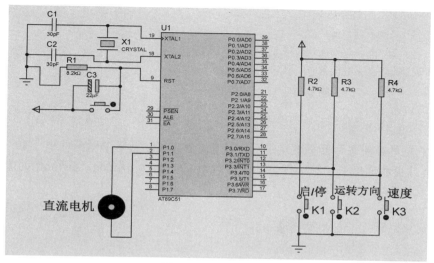

图 3-19　硬件电路图

表 3-5　直流电机控制电路元件清单

| 元件名称 | 型号 | 数量 |
| --- | --- | --- |
| 单片机 | AT89C51 | 1 |
| 晶振 | CRYSTAL-12MHz | 1 |
| 电容 | CAP-30pF | 2 |
| 电解电容 | A700D107M006ATE018-22μF | 1 |
| 按键 | BUTTON | 4 |
| 电阻 | RES-8.2kΩ | 1 |
| 电阻 | RES-4.7kΩ | 3 |
| 直流电机 | MOTOR | 1 |

在图 3-19 中，直流电机直接连接 P1.0 和 P1.1 端。在开发板上，直流电机和微处理器之间需要加一个驱动芯片 ULN2003，因为微处理器输出电流不足以驱动直流电机转动，所以需要利用驱动芯片放大电流后驱动直流电机。

### 2. 软件编程

定义按键 K3 与直流电机、单片机连接的引脚。按键 K1、K2 连接在单片机的两个外部中断端口上，因此，不需要定义这两个开关。

```
sbit dc1=P1^0 ;  sbit dc2=P1^1;   sbit k3=P3^4;
```

PWM 的高电平用 pwmon 表示，低电平用 pwmoff 表示，定义如下：

```
unsigned char pwmon,pwmoff;
```

定义位变量 dir 表示运转方向，dir 为 1，表示正转；dir 为 0，表示反转。

定义位变量 start_en 表示是否允许直流电机启动，start_en 为 1，表示直流电机启动；start_en 为 0，表示直流电机停止。

定义位变量 label_k3 表示按键 K3 刚才的状态，记忆按键 K3 的状态。

```
//外部中断 0 控制直流电机启动和停止
void myint0() interrupt 0{
    start_en=!start_en;
}
//外部中断 1 控制直流电机方向取反
void myint1() interrupt 2{
    dir=!dir;
}
```

主函数中先对中断寄存器和变量进行初始化。在 while 循环中做两件事，第一件事是读取按钮 K3 状态并更新速度值，第二件事是根据 start_en、dir、pwmon、pwmoff 的值控制直流电机按要求运转。

```
void main(){
    EA=1;             //开放所有中断
    EX0=1;            //允许外部中断 0
    EX1=1;            //允许外部中断 0
    IT0=1;            //外部中断 0 触发方式为电平跳变触发
    IT1=1;            //外部中断 1 触发方式为电平跳变触发
    dir=0;            //运转方向
    start_en=0;       //直流电机停止
    pwmon=50;         //直流电机中等速度
    pwmoff=50;
    label_k3=1;       //按键 K3 初始状态为松开状态

    while(1){
        //读取按键 K3，更新速度值
        if(!k3&&label_k3){
        label_k3=0;
        pwmon+=25;//速度分为 0、25、50、75、100 五挡，第 1 挡为停止，第 5 挡为全速
      pwmoff-=25;
      if(pwmon>100){//速度超过 100，回到 0，从低挡开始
          pwmon=0;
          pwmoff=100;
          }
        }
        label_k3=k3;//记住按键 K3 的状态

      //根据启/停、运转方向和速度控制直流电机运转
      if(start_en){ //允许运转
          if(dir){  //正向转动
              dc1=1; dc2=0;
              delay(pwmon); //按照 pwmon 的速度运转
```

```
            dc1=0;
            delay(pwmoff);
        }
        else{ //反向转动
            dc1=0; dc2=1;
            delay(pwmon); //按照 pwmon 的速度运转
            dc2=0;
            delay(pwmoff);
        }
    }
    else{        //停止
        dc1=0;
        dc2=0;
    }
  }
}
```

完整程序代码参考 ep3_4.c 文件。

### 3. 仿真调试

编译调试后，下载 hex 文件到 51 单片机中，单击"运行"按钮，按下按键 K1、K2 或 K3，观察直流电机的运转状态。

### 4. 开发板验证

按图 3-20 所示的开发板连线图连接直流电机和开发板。P1.0 端连接 J46 的 IN1，直流电机的两个引脚分别连接 J47 的+5V 和 O1，按键 K1、K2、K3 分别连接 P3.2、P3.3、P3.4 端。按键 K2 在仿真电路中用来控制直流电机运转方向，而在开发板中，受开发板上硬件设计限制，直流电机的运转方向只能通过交换连接直流电机的两根导线来实现。因此，图 3-20 中连接按键 K2 的导线可以去掉。

将程序下载到 51 单片机中，按下按键 K1、K3，观察直流电机的运转状态。

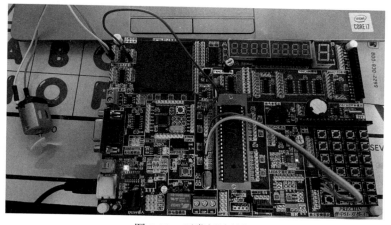

图 3-20 开发板连线图

### 5．故障与维修

调试时，如果在仿真电路中和开发板上都出现电机不受控的现象，则首先查看代码中直流电机与单片机连接的两个引脚的位定义和硬件连接是否一致，其次查看代码中对按键的位定义和按键的硬件连线是否一致。

扫描右侧二维码，可以观看教学微视频。

中断控制直流电机
硬件设计

中断控制直流电机
软件设计

## 3.2.3.2 "步步惊心"的步进电机运转

本任务利用三个按键结合外部中断技术、PWM 技术控制步进电机的启/停和速度，并在仿真电路中控制电机运转方向。

### 1．硬件电路设计

硬件电路图如图 3-21 所示，三个按键 K1、K2、K3 分别控制步进电机的启/停、运转方向和速度。按键 K1、K2 分别连接微处理器的外部中断 0 和外部中断 1 的 P3.2、P3.3 端，按键 K3 连接 P3.4 端。步进电机控制电路元件清单如表 3-8 所示。图 3-21 中，步进电机直接连接 P1.0～P1.3 端。在开发板上，步进电机和微处理器之间需要加一个驱动芯片 TC1508S，因为微处理器输出电流不足以驱动步进电机转动，需要利用驱动芯片放大电流后驱动步进电机。开发板上步进电机驱动电路图如图 3-22 所示。

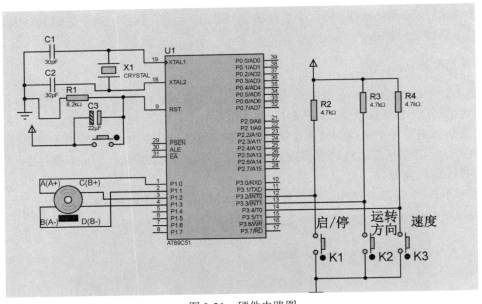

图 3-21　硬件电路图

表 3-8　步进电机控制电路元件清单

| 元件名称 | 型号 | 数量 |
|---|---|---|
| 单片机 | AT89C51 | 1 |
| 晶振 | CRYSTAL-12MHz | 1 |
| 电容 | CAP-30pF | 2 |
| 电解电容 | A700D107M006ATE018-22μF | 1 |

| 元件名称 | 型号 | 数量 |
|---|---|---|
| 按键 | BUTTON | 4 |
| 电阻 | RES-8.2kΩ | 1 |
| 电阻 | RES-4.7kΩ | 3 |
| 步进电机 | MOTOR | 1 |

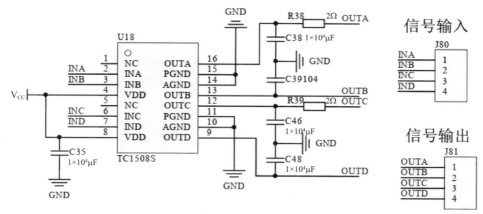

图 3-22　开发板上步进电机驱动电路图

开发板上步进电机引脚图如图 3-23 所示。

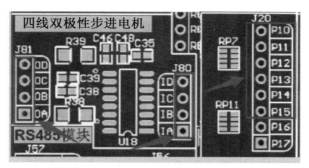

图 3-23　开发板上步进电机引脚图

## 2. 软件编程

定义连接步进电机的 4 个引脚，代码如下。

```
sbit MOTOA=P1^0;
sbit MOTOB=P1^1;
sbit MOTOC=P1^2;
sbit MOTOD=P1^3;
```

定义外部中断 0 控制步进电机的启/停，外部中断 1 控制步进电机的运转方向，按键 K3 控制步进电机的速度，速度通过延时时间参数 speed 来控制。定义 speed 初始值为 2000，定义步进电机启/停位变量 run_en 和运转方向位变量 dir。

```
int speed=2000;
bit run_en,dir,k3_label;
```

两个外部中断函数分别改变步进电机的启/停和运转方向，代码如下。

```
//改变步进电机的启/停
void myint0() interrupt 0{
    run_en=!run_en;
}
//改变步进电机的运转方向
void myint1() interrupt 2{
    dir=!dir;
}
```

主函数代码如下，其中首先对一些寄存器、变量进行初始化。在 while 循环中首先读取按键 K3 的状态，修改 speed 的值，调节步进电机的速度，然后根据步进电机是否启动、运转方向和速度控制步进电机运转。

```
void main(){
  EA=1;
  EX0=1;
  EX1=1;
  IT0=1;
  IT1=1;
  run_en=0;
  dir=0;
  k3_label=1;//按键 K3 初始状态为松开

  while(1){
  //读取按键 K3 的状态，修改 speed 的值
  if(k3==0&&k3_label==1){
      speed+=1000;
    if(speed>=5000){
        speed=1000;
    }
  }
  k3_label=k3;

  //根据步进电机的启/停和运转方向，speed 的值控制步进电机运转
   if(run_en){ //步进电机运转
    if(dir){ //正转
        MOTOA = 1;
        MOTOB = 0;
        MOTOC = 1;
        MOTOD = 1;
        delay(speed);//按 speed 的速度延时
        MOTOA = 1;
        MOTOB = 1;
        MOTOC = 1;
```

```
    MOTOD = 0;
    delay(speed);
    MOTOA = 0;
    MOTOB = 1;
    MOTOC = 1;
    MOTOD = 1;
    delay(speed);
    MOTOA = 1;
    MOTOB = 1;
    MOTOC = 0;
    MOTOD = 1;
    delay(speed);
    //上述 4 种状态控制步进电机运转
   }
   else{ //反转，步序为正转的步序倒序
    MOTOA = 1;
    MOTOB = 1;
    MOTOC = 0;
    MOTOD = 1;
    delay(speed);
    MOTOA = 0;
    MOTOB = 1;
    MOTOC = 1;
    MOTOD = 1;
    delay(speed);
    MOTOA = 1;
    MOTOB = 1;
    MOTOC = 1;
    MOTOD = 0;
    delay(speed);
    MOTOA = 1;
    MOTOB = 0;
    MOTOC = 1;
    MOTOD = 1;
    delay(speed);
   }
}
//停止运转
else {
    MOTOA = 1;
    MOTOB = 1;
    MOTOC = 1;
    MOTOD = 1;
```

```
        }
      }
    }
```

完整程序代码参考 ep3_5.c 文件。

### 3．仿真调试

将编译后生成的 hex 文件下载到 51 单片机中，按下"运行"按钮，单击按键 K1 下方红色小点，模拟按下了 K1 按键，步进电机按照初始设定方向运转，单击按键 K2 下方红色小点，模拟按下了 K2 按键，步进电机反转，单击按键 K3 下方红色小点，模拟按下了 K3 按键，改变延时速度，即改变电机运转速度。再次单击按键 K1、K2、K3 下方红色小点，可以松开这三个按键。仿真运行效果图如图 3-24 所示。

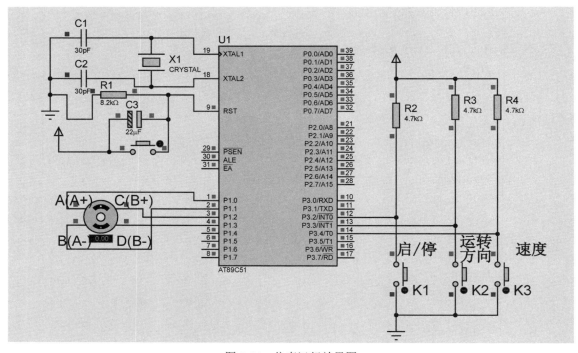

图 3-24　仿真运行效果图

### 4．开发板验证

步进电机和开发板连线图如图 3-25 所示。按下启/停按键、运转方向按键和速度按键，观察步进电机是否受控。

### 5．故障与维修

调试过程中，如果发现步进电机不受按键控制，则首先检测硬件连线是否有错，其次审查代码，检查对步进电机 4 个引脚的位定义和电路图中与单片机的连接端口是否一致，最后检查代码中对三个按键的位定义和电路图中与单片机的连接端口是否一致。

扫描右侧二维码，可以观看教学微视频。

中断控制步进电机

图 3-25 步进电机和开发板连线图

## 3.2.4 能力拓展

按下按键 K1，使单片机的某个 I/O 端口控制继电器导通，使外部设备直接连接 5V 电源，通过继电器直接给外部设备通电。

### 1. 硬件电路设计

硬件电路图如图 3-26 所示。继电器控制电路元件清单如表 3-9 所示。

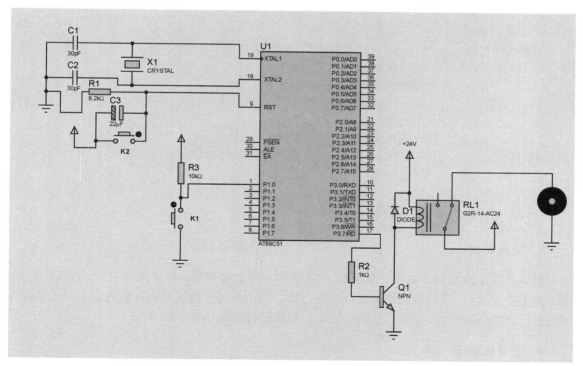

图 3-26 硬件电路图

表 3-9　继电器控制电路元件清单

| 元件名称 | 型号 | 数量 |
|---|---|---|
| 单片机 | AT89C51 | 1 |
| 晶振 | CRYSTAL-12MHz | 1 |
| 电容 | CAP-30pF | 2 |
| 电解电容 | A700D107M006ATE018-22μF | 1 |
| 按键 | BUTTON | 2 |
| 电阻 | RES-8.2kΩ | 1 |
| 电阻 | RES-10kΩ | 1 |
| 电阻 | RES-1kΩ | 1 |
| 直流电机 | MOTOR | 1 |
| 三极管 | NPN | 1 |
| 二极管 | DIODE | 1 |
| 继电器 | G2R-14-AC24 | 1 |

### 2．软件编程

定义位变量"k1"接在 P1.0 端，定义位变量 jdq 接在 P3.7 端，作为继电器的控制端。当 P3.7 端输出低电平时，三极管 Q1 导通，继电器的线圈两端接上 24V 电源。继电器开关初始状态引脚 1 和引脚 2 连通，当线圈通电后，继电器开关打到引脚 3，即引脚 1 和引脚 3 连通。直流电机接上电源后运转。

```
sbit k1=P1^0;
sbit jdq=P3^7;
void main(){
    while(1){
        if(!k1){        //按下按键 K1
            jdq=0;      //继电器导通，直流电机运转
        }
        else{           //松开按键 K1
            jdq=1;      //继电器不导通，直流电机停止
        }
    }//while
}
```

完整程序代码参考 ep3_6.c 文件。

### 3．仿真调试

将编译后生成的 hex 文件下载到 51 单片机中，仿真运行后，单击按键 K1 上方红色小点，模拟按下按键 K1，继电器通电，直流电机运转。再次单击按键 K1 上方红色小点，模拟松开按键 K1，继电器断电，直流电机停止运转。仿真运行效果如图 3-27 所示。

### 4．开发板验证

按图 3-27 所示连接导线，按下按键 K1 后，继电器线圈导电，继电器常开端和公共端连

通，公共端的电源加到直流电机上，此处直流电机用开发板上的 LED 灯模拟，红色 LED 灯亮，开发板模拟按下按键 K1 时的运行效果如图 3-28（a）所示。松开按键 K1 后，继电器线圈失电，继电器的常开端和公共端断开连接，连接常开端的直流电机失电，红色 LED 灯灭。开发板模拟松开按键 K1 时的运行效果如图 3-28（b）所示。

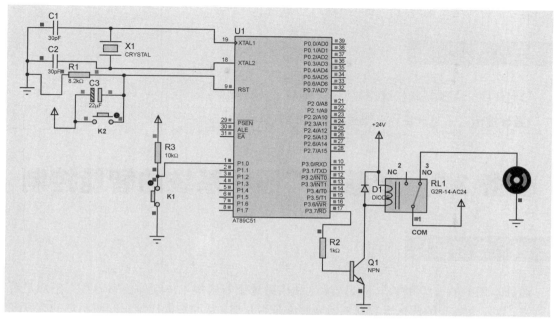

图 3-27　仿真运行效果图

（a）开发板模拟按下按键 K1 时的运行效果　　　　（b）开发板模拟松开按键 K1 时的运行效果

图 3-28　开发板运行效果图

### 5．故障与维修

调试过程中，如果出现开发板上继电器不工作的现象，则首先检查继电器与单片机的硬件连接是否正确，按图连线，其次审查代码中对继电器控制端的位定义是否和电路图中与单片机的连接端口一致。

扫描右侧二维码，可以观看教学微视频。

## 3.2.5　任务小结

继电器控制直流电机

若直流电机的两个引脚一端接高电平，另一端接低电平，则直流电机正向转动；若两个引脚高、低电平反接，则直流电机反向转动。仿真电路中可以由单片机的两个端口直接连接直流电机。在开发板上，单片机和直流电机之间需要增加一个驱动芯片，放大电流以使直流电机运转起来。

步进电机的转速和停止的位置只取决于脉冲信号的频率和脉冲数，即给直流电机加一个脉冲信号，直流电机则转过一个步距角。

### 3.2.6 问题讨论

如何使用一个独立式按键控制步进电机的正/反转？

温馨提示：通过改变控制步进电机的时序即可。

# 任务 3.3 智慧工厂照明系统的智能控制

### 3.3.1 任务目标

通过本任务的设计和制作，要求学生利用微处理器采集人体红外传感器数据感知是否有人到来，以及采集光敏传感器数据判断光照度是否足够，从而智能控制车间照明灯的亮度及开关状态，培养学生利用人体红外传感器和光敏传感器实现对环境亮度的智能控制。

### 3.3.2 知识准备

光敏传感器、人体红外传感器、直流电机、步进电机、继电器等的工作原理，详细分析见任务 3.1 和任务 3.2。

### 3.3.3 任务实施

#### 3.3.3.1 利用人体红外传感器控制照明灯

当有人经过时点亮 LED 灯一段时间，在人离开一段时间后熄灭 LED 灯。

#### 1. 硬件电路设计

当有人经过时 LED 灯亮，在人离开一段时间后 LED 灯灭，正如家里的小夜灯，晚上起床时感应到有人走动，灯亮一段时间后自动熄灭，更符合生活中的实际应用。

硬件电路图如图 3-29 所示。利用按键模拟人体红外传感器，按键和电阻串联连接电源和地。LED 灯和限流电阻串联后连接电源与微处理器的 P3.3 端。人体红外传感器应用电路元件清单如表 3-10 所示。

按下按键，模拟有人经过，P3.6 端输入低电平，P3.3 端输出低电平，点亮 LED 灯，延时一段时间；松开按键，模拟人离开，P3.6 端输入高电平，P3.3 端输出高电平后一段时间，LED 灯熄灭。

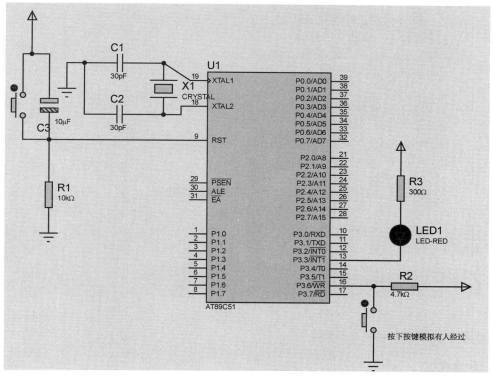

图 3-29　硬件电路图

表 3-10　人体红外传感器应用电路元件清单

| 元件名称 | 型号 | 数量 |
| --- | --- | --- |
| 单片机 | AT89C51 | 1 |
| 晶振 | CRYSTAL-12MHz | 1 |
| 电容 | CAP-30pF | 2 |
| 电解电容 | A700D107M006ATE018-10μF | 1 |
| 按键 | BUTTON | 2 |
| 电阻 | RES-10kΩ | 1 |
| 电阻 | RES-300Ω | 1 |
| 电阻 | RES-4.7kΩ | 1 |
| LED 灯 | LED-RED | 1 |

### 2. 软件编程

程序相当简单，当按下按键，即模拟有人经过时，P3.6 端为低电平，定义位变量表示与人体红外传感器连接的端口，即 sbit hw=P3^6。位变量 led 表示连接 LED 灯的端口。在主函数的 while 循环中判断位变量 hw 的值，若 hw 的值为 0，则点亮 LED 灯，即 led=0，并延时一段时间后 led=1，LED 灯熄灭；若 hw 值为 1，则需要延时一段时间继续读取 hw 的值，若还是为 1，则 led=1，LED 灯熄灭，若期间有人经过，则 LED 灯亮一段时间后再熄灭。

主函数代码如下。

```
void main(void)
{ while(1)
  { if(hw==0){ //检测到有人经过
       led=0;  //点亮 LED 灯
       delay(100);//LED 灯亮一段时间
       led=1;//LED 灯熄灭
   }
   else {  //检测到没有人经过
     delay(10);//延时一段时间
     if(hw==1){  //延时后依然没有人
         led=1;  //LED 灯熄灭
     }
     else{//延时后如果有人，则 LED 灯亮一段时间后熄灭
       led=0;
       delay(100);
       led=1;
     }
   }
  }
}
```

完整程序代码参考 ep3_7.c 文件。

### 3. 仿真调试

编译调试，将 hex 文件下载到 51 单片机中。按下按键 K1 模拟有人经过，可以看到，LED 灯亮一段时间后熄灭。松开按键 K1，模拟人离开，LED 灯熄灭。仿真运行效果如图 3-30 所示，模拟人经过后离开，即按下按键 K1 后松开，LED 灯亮一段时间后熄灭。

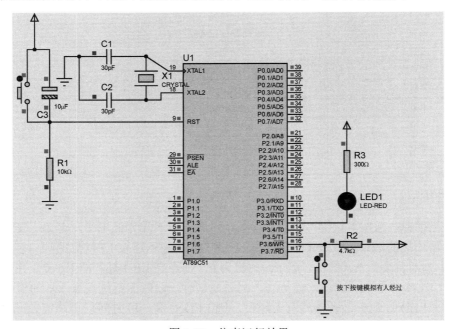

图 3-30  仿真运行效果

#### 4．开发板验证

按下按键 K1 后松开，LED 灯亮一段时间后熄灭。开发板模拟有人经过时的运行效果如图 3-31（a）所示。

松开按键 K1 后，模拟人体红外传感器没有检测到人，LED 灯不会被点亮。开发板模拟没有人经过时的运行效果如图 3-31（b）所示。

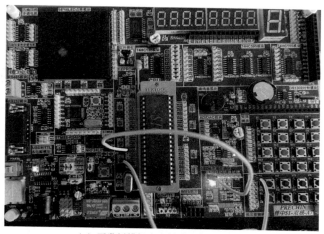

（a）开发板模拟有人经过时的运行效果

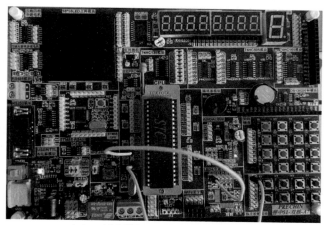

（b）开发板模拟没有人经过时的运行效果

图 3-31　开发板运行效果图

#### 5．故障与维修

调试过程中，如果照明灯不受人体红外传感器控制，则检查人体红外传感器和单片机的连接端口是否和代码中对人体红外传感器的位定义端口一致。

扫描右侧二维码，可以观看教学微视频。

人体红外传感器控制
灯（小夜灯）

#### 6．功能拓展

为了节约电能，在校园的教室里不开无人灯，我们可以用两个人体红外传感器，一个放在门外，另一个放在门内，当人从门外进入门内时，人体红外传感器可以判断教室里有人，自动开灯；当人从门内走出门外时，表示人走出了教室，当人数为 0 时，表示已经没有人了，则自动关灯。

将两个人体红外传感器连接到单片机的两个外部中断接口上，用两个按键模拟两个人体红外传感器的效果。硬件电路图如图 3-32 所示。

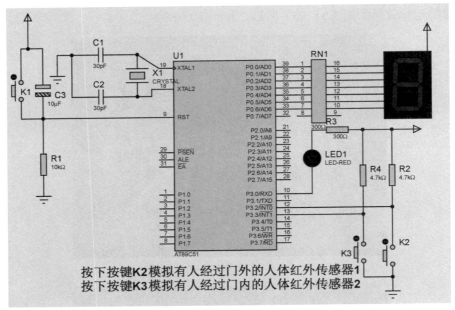

图 3-32　硬件电路图

软件编程思路如下。

当有人经过门外的人体红外传感器 1 时，即相当于按下了按键 K2，触发外部中断 0；当有人经过门内的人体红外传感器 2 时，即相当于按下了按键 K3，触发外部中断 1。外部中断 0 连接门外的人体红外传感器 1，人从门外进入门内，人数加 1，从门内走出门外，人数减 1。n1 表示经过门外人体红外传感器 1 的次数，n2 表示经过门内人体红外传感器 2 的次数。从门外经过，在外部中断 0 服务函数中，n1 加 1，如果不停地进人，则 n1<n2；若有人出来，则先经过外部中断 1，即 n2 先加 1，再经过外部中断 0，如果 n1<n2，则表示有人从教室里出来。数码管可以显示教室里的人数。代码如下。

```
//外部中断 0 连接门外的人体红外传感器 1
void myint0() interrupt 0{
    if(n1<n2){  //表示有人出来
        count--;
        if(count<0){
            count=0;
        }
    }
    n1++;
}
//外部中断 1 连接门内的人体红外传感器 2
void myint1() interrupt 2{
```

```
        n2++;
    if(n1==n2){  //表示有人进去
      count++;      //教室里最多有100人
      if(count>100){
          count=100;//可采取措施不让人进入
          n2=0;
          n1=0;
      }
    }
}
```

count 表示人数，当人数为 0 时，关灯，否则开灯。

用共阳极数码管显示教室里的人数。数码管和单片机的 P0 端口连接。

```
P0=table[count];
```

完整程序代码参考 ep3_8.c 文件。

（1）仿真调试。

编译调试，将 hex 文件下载到 51 单片机中。按下按键 K2 模拟门外有人经过，按下按键 K3 模拟门内有人经过。先按下按键 K2，再按下按键 K3，模拟进人，表示教室里有人，数码管显示人数，LED 灯被点亮；先按下按键 K3，再按下按键 K2，模拟出去一个人，教室里进来一个人后又出去了一个人，那么教室里就没人了，LED 灯不亮。读者可以自己调试进多个人后再出去几个人，直到教室里没人为止，观察 LED 灯的状态变化。仿真运行效果图如图 3-33 所示。

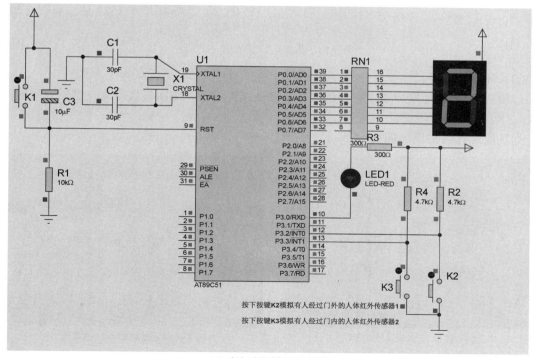

（a）有人时仿真运行效果图

图 3-33　仿真运行效果图

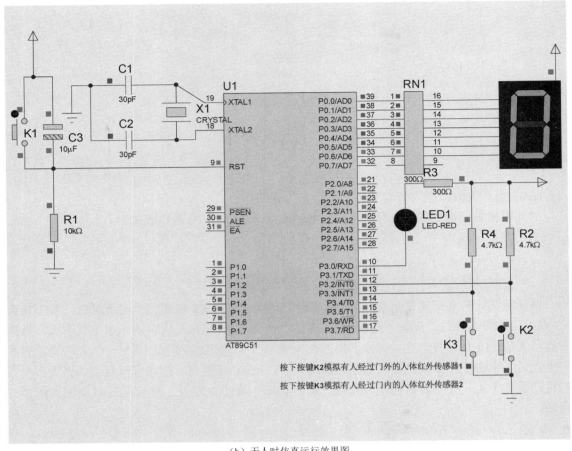

（b）无人时仿真运行效果图

图 3-33　仿真运行效果图（续）

（2）开发板验证。

按图 3-33 所示连接导线，首先依次按下按键 K2、K3，LED 灯被点亮，然后依次按下按键 K3、K2，LED 灯熄灭。

开发板运行效果图如图 3-34 所示。

（a）有人时开发板运行效果图

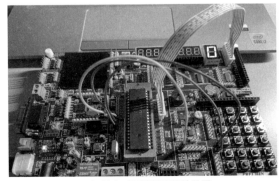

（b）无人时开发板运行效果图

图 3-34　开发板运行效果图

扫描右侧二维码，可以观看教学微视频。

人体红外计算教室里
的人数

### 3.3.3.2 利用光敏传感器控制照明灯亮度

利用光敏传感器检测光照度，根据光照度决定点亮几个 LED 灯。光照度越低，被点亮的 LED 灯的数量越多，当光照度足够高时，所有 LED 灯都熄灭，即根据光照度来调节照明灯的亮度。

#### 1．硬件电路设计

3.1.3.2 节是将采集到的光照度值进行显示，本节根据光照度值调整点亮 LED 灯的数量，即控制照明灯的亮度。电路图中增加两个 LED 灯，调光电路图如图 3-35 所示。

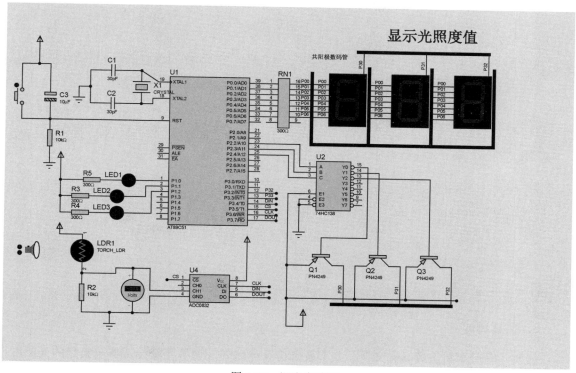

图 3-35　调光电路图

#### 2．软件编程

将 3.1.3.2 节的代码复制过来进行修改。

设定光照度值 lightL 和 lightH，当光照度值低于 lightL 时，点亮三个 LED 灯；当光照度值低于 lightL+50 时，点亮两个 LED 灯；当光照度值低于 lightL+100 时，点亮一个 LED 灯。如果光照度值高于 lightH，则所有灯都熄灭。lightL 和 lightH 的值根据实际环境和需求进行调整。

```
#define lightL 100
#define lightH 200
定义 LED1 灯为 P1.0: sbit led=P1^0;
```

定义 LED2 灯为 P1.1: sbit led=P1^1;
定义 LED3 灯为 P1.2: sbit led=P1^2;

修改光敏传感器控制 LED 灯亮度的子函数 gm_control_led()，代码如下。

```
void gm_control_led(){
   if(data_temp<lightL){
      led1=0;
      led2=0;
      led3=0;
   }
   //稍亮，开 2 个灯
   else if(data_temp<lightL+50) {
      led1=0;
      led2=0;
      led3=1;
   }
   //很亮，开 1 个灯
   else if(data_temp<lightH) {
      led1=0;
      led2=1;
      led3=1;
   }
   //太亮了，不开灯
   else{
      led1=1;
      led2=1;
      led3=1;
   }
}
```

### 3. 仿真调试

修改代码后重新生成 hex 文件，并下载到仿真电路中，调节光敏传感器采集到的光照度，可以看到数码管上显示对应的光照度值，当光照度值低于 100 时，三个 LED 灯被点亮，当光照度值低于 150 时，两个 LED 灯被点亮；当光照度值低于 200 时，一个 LED 灯被点亮，否则，三个 LED 灯都熄灭。仿真调光效果图如图 3-36 所示。

完整程序代码参考 ep3_9a.c 文件。

### 4. 故障与维修

调试过程中，如果发现照明灯亮度不受光照度控制，那么首先，确认光敏传感器与 A/D 转换芯片的连接端口是端口 1 还是端口 2，检查采集光照度的代码中利用的是 CH1 还是 CH2 端口。其次，检查 A/D 转换芯片和单片机连接的 4 个端口和代码中对于 A/D 转换的 4 个位定义是否一致。

扫描右侧二维码，可以观看教学微视频。

光敏控制 led 灯亮度

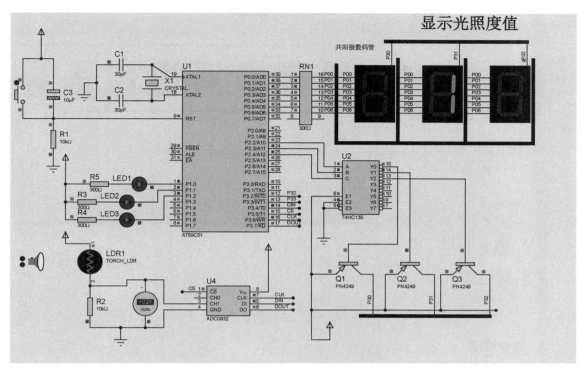

图 3-36　仿真调光效果图

### 3.3.3.3　智慧工厂照明灯智能控制

当车间里没有人的时候，照明灯需要熄灭；当车间里有人且当前光照度不够时，需要打开照明灯，如果有人但光照度够就不需要打开照明灯，并且根据光照度来调节照明灯的亮度。

本节用按键 K1 模拟安装在门外的人体红外传感器 1，用按键 K2 模拟安装在门内的人体红外传感器 2。两个人体红外传感器一前一后安装。按下按键 K1 或 K2 模拟有人经过，松开按键 K1 或 K2 模拟人已离开。用光敏传感器采集当前的光照度。当人先经过门外的人体红外传感器 1 再经过门内的人体红外传感器 2 时，表示有人进入车间，只要有人在车间里，就根据光照度决定是否开灯。如果有人先经过门内的人体红外传感器 2 再经过门外的人体红外传感器 1，则表示有人走出了车间。用 count 变量表示在车间里面的人数，当人数为 0 时，表示车间里没人。只有车间里有人，才根据当前的光照度决定灯的开关。

#### 1.　硬件电路设计

用两个连接外部中断的按键模拟两个人体红外传感器。第 1 个～第 3 个数码管显示光照度值，第 7 个和第 8 个数码管显示室内人数。光敏传感器先连接 ADC0832 芯片再连接单片机。三个 LED 灯模拟车间里的照明灯。

电路总图如图 3-37 所示。

为清晰地展现每部分的电路设计，下面将电路总图进行拆分。

光敏传感器和人体红外传感器电路图如图 3-38（a）所示，数码管局部显示电路图如图 3-38（b）所示。

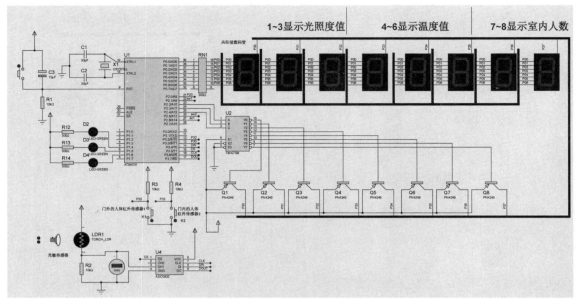

图 3-37　电路总图

## 2. 软件编程

在主函数中，需要对与中断相关的寄存器进行设置，利用两个外部中断模拟有人经过了人体红外传感器，代码如下。

```
EA=1;
EX0=1;
EX1=1;
IT0=1;
IT1=1;
```

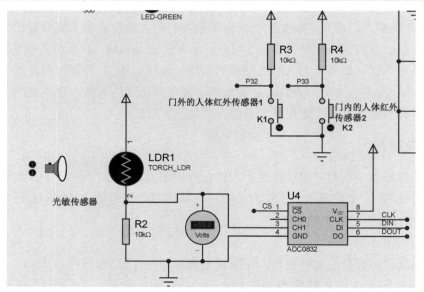

（a）光敏传感器和人体红外传感器电路图

图 3-38　电路图拆分

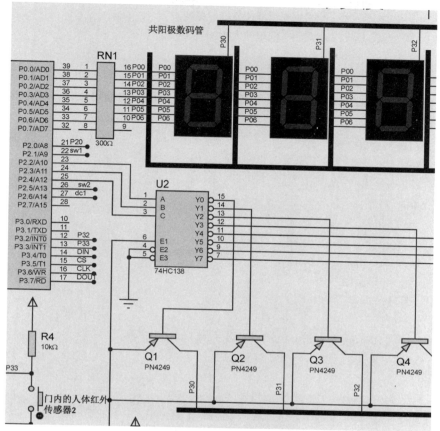

（b）数码管局部显示电路图

图 3-38　电路图拆分（续）

对光照度初始值和开关灯的阈值进行设置，代码如下。

```
data_temp=0; //光照度初始值
lightH=200; //关灯阈值
lightL=100;//开灯阈值
```

对外部中断 0 和外部中断 1 的中断次数 n0 和 n1、车间里的人数、人数的十位数和个位数进行初始化，代码如下。

```
n0=0;    //外部中断 0 的中断次数
n1=0;    //外部中断 1 的中断次数
count_renshu=0; //车间里的人数
renshu_shi=0;    //人数的十位数
renshu_ge=0;     //人数的个位数
```

在主函数的 while 循环中，反复采集光照度，显示光照度值，根据光照度调节车间里灯的亮度，显示车间里的人数，代码如下。

```
while(1){
    data_temp=ADC0832(); //A/D 转换获取光照度
    display_gm(); //数码管显示光照度值（第 1 个~第 3 个数码管）
```

```
    gm_control_led();//根据光照度调节灯的亮度
    display_renshu();//显示车间里的人数
}
```

上述代码在之前的任务中都已进行了分析，这里再次重复解释如下。

利用人体红外传感器判断车间里的人数，人体红外传感器的输出用外部中断来模拟，两个外部中断函数分别如下。

```
//门外人体红外传感器检测到有人经过
void myint0() interrupt 0{
    n0++;
    if(n0==n1){
      count_renshu--;
      if(count_renshu<=0){
          count_renshu=0;
          n0=0;
          n1=0;
      }
      else if(count_renshu<=99){//人不满100，不报警
          alarm=1;
      }
    }
}


//门内人体红外传感器检测到有人经过
void myint1() interrupt 2{
    n1++;
    if(n0==n1){
      count_renshu++;
      if(count_renshu>99){
          alarm=0;    //应该报警
      }
    }
}
```

显示人数的子函数如下。

```
//显示人数
void display_renshu(){
    renshu_shi=count_renshu/10;
    renshu_ge=count_renshu%10;
    c=1;b=1;a=0;//第 7 个数码管显示人数的十位数
    P0=smgduan[renshu_shi];
    Delay(100);
    c=1;b=1;a=1;  //第 8 个数码管显示人数的个位数
```

```
    P0=smgduan[renshu_ge];
    Delay(100);
}
```

采集光照度子函数如下。

```
unsigned char ADC0832(void)  //把模拟电压值转换成8位二进制数，并返回
{ unsigned char i,data_c;
    data_c=0;
    ADC_CS=0;
    ADC_DO=0;//片选，DO为高阻态
    for(i=0;i<10;i++)
    {;}
    ADC_CLK=0;
    Delay(2);
    ADC_DI=1;
    ADC_CLK=1;
    Delay(2);  //第一个脉冲，起始位
    ADC_CLK=0;
    Delay(2);
    ADC_DI=1;
    ADC_CLK=1;
    Delay(2);  //第二个脉冲，DI=1表示双通道单极性输入
    ADC_CLK=0;
    Delay(2);
    ADC_DI=1;
    ADC_CLK=1;
    Delay(2);  //第三个脉冲，DI=1表示选择通道1(CH1)
    ADC_DI=0;
    ADC_DO=1;//DI转为高阻态，DO脱离高阻态为输出数据做准备
    ADC_CLK=1;
    Delay(2);
    ADC_CLK=0;
 Delay(2);//经实验，这里加一个脉冲A/D便能正确读出数据
//不加的话，读出的数据少一位（最低位D0读不出）
 for (i=0; i<8; i++){
    ADC_CLK=1;
    Delay(2);
    ADC_CLK=0;
    Delay(2);
    data_c=(data_c<<1)|ADC_DO;//在每个脉冲的下降沿DO输出一位数据，最终data_c为8
位二进制数
    }
 ADC_CS=1;//取消片选，一个转换周期结束
```

```
    return(data_c);//把转换结果返回
}
```

显示光照度值子函数如下。

```
/****************************************************
* 函 数 名:display_gm()
* 函数功能:显示光照度值
* 输    入: 无
* 输    出: 无
****************************************************/
void display_gm()
{   //disp[0]=smgduan[data_temp/1000];//千位
    disp[1]=smgduan[data_temp%1000/100];//百位
    disp[2]=smgduan[data_temp%1000%100/10];//十位
    disp[3]=smgduan[data_temp%1000%100%10];//个位

    c=0;b=0;a=0;
    P0=disp[1];
    Delay(100);

    c=0;b=0;a=1;
    P0=disp[2];
    Delay(100);

    c=0;b=1;a=0;
    P0=disp[3];
    Delay(100);
}
```

由光照度控制 LED 灯的亮度的子函数如下。

```
void gm_control_led(){
//光照度低，开三个灯
 if(count_renshu>0){
   if(data_temp<lightL){
       led1=0;
       led2=0;
       led3=0;
   }
   //光照度稍高，开两个灯
   else if(data_temp<lightL+50) {
       led1=0;
       led2=0;
       led3=1;
   }
```

```
//光照度很高，开一个灯
else if(data_temp<lightH) {
    led1=0;
    led2=1;
    led3=1;
}
//光照度太高了，不开灯
else{
    led1=1;
    led2=1;
    led3=1;
}
}
else{//没人关灯
    led1=1;
    led2=1;
    led3=1;
}
}
```

完整程序代码参考 ep3_9b.c 文件。

### 3．仿真调试

将上述程序编译成功后生成 hex 文件，下载到仿真电路图中。仿真效果在教学微视频中展现。

### 4．故障与维修

调试过程中，如果发现照明灯不受人体红外传感器或光敏传感器的控制，则首先检查硬件上连线是否正确，其次检查代码中对于人体红外传感器和单片机连接端口、采集光亮度的 A/D 转换芯片和单片机的连接端口与代码中的对应端口的位定义是否一致。

扫描右侧二维码，可以观看教学微视频。

有人光敏控制 led 灯亮
度没人关灯

## 3.3.4　能力拓展

### 1．程序完善

将 3.3.2 节的任务利用仿真电路实现根据光照度控制 LED 灯的亮度，并对其进行修改，在开发板上实现根据光照度开关灯的效果。

开发板光敏传感器采集光照度，进行 A/D 转换的芯片和代码与仿真电路中的代码有所区别。

开发板上光敏电阻连接在 A/D 转换芯片的 AIN2 端，采集光照度函数为 Read_AD_Data(0xA4)，读者能理解并会直接调用即可。temp = Read_AD_Data(0xA4)，temp 的值就是光照度的值，这是一个四位数，通过运算得到千位数、百位数、十位数和个位数，将其存入 disp[]数组中。light1_value 为点亮 LED 灯的光照度值，light2_value 为熄灭 LED 灯的光照度值。参考 3.1.4 节中数据处理函数，代码如下。

```
/*****************************************************
 * 函 数 名:datapros()
 * 函数功能:数据处理函数
 * 输    入: 无
 * 输    出: 无
 *****************************************************/
void datapros()
{   u16 temp;
    static u8 i;
    if(i==50)
    {   i=0;
        temp = Read_AD_Data(0xA4);   //AIN2 光敏电阻
    }
    i++;
    disp[0]=smgduan[temp/1000];//千位
    disp[1]=smgduan[temp%1000/100];//百位
    disp[2]=smgduan[temp%1000%100/10];//十位
    disp[3]=smgduan[temp%1000%100%10];//个位
    //添加控制 LED 灯的代码
    //当光照度值低于 light1_value 时, 点亮 LED 灯
    if(temp<light1_value){
        led=0;
    }
    //当光照度值高于 light2_value 时, 熄灭 LED 灯
    if(temp>light2_value){
        led=1;
    }
}
```

完整程序代码参考 ep3_9_main.c 文件和 ep3_9_XPT2046.c 文件。

### 2. 开发板验证

开发板的接线说明如下。

（1）单片机和 AD/DAC 模块的连接。

    P34→DI；

    P35→CS；

    P36→CL；

    P37→DO。

（2）单片机和动态数码管模块的连接。

    J22→J6；

    P22→J9(A)；

P23→J9(B)；

P24→J9(C)。

（3）单片机 P1 和静态数码管的连接。

把编写好的程序编译后，将产生的 hex 文件烧入芯片内，从上面的接线说明和图 3-39 所示开发板运行效果 1 的接线方式可以看到：数码管上显示采集到的当前光照度值为 14 左右。当光照度值为 10～20 时，LED 灯会有两种状态，即亮或不亮，如图 3-39 白框中的 LED 灯所示。

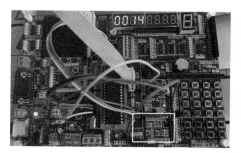 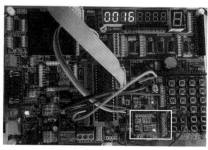

图 3-39　开发板运行效果 1

用手指遮住光敏传感器，当光照度值低于 10 的时候，LED 灯被点亮，开发板运行效果 2 如图 3-40 所示，白框中的 LED 灯被点亮。松开手指，数码管显示当前光照度值 14，打开手电照亮光敏传感器，直到光照度值超过 20 为止，LED 灯熄灭，开发板运行效果 3 如图 3-41 所示，白框中 LED 灯不亮。

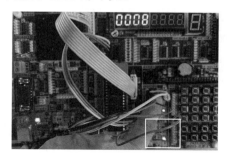 

图 3-40　开发板运行效果 2　　　　　　　图 3-41　开发板运行效果 3

### 3. 硬件电路完善设计

在 3.3.3.3 节的基础上，增加人数判断功能，当车间里有人时，根据光照度调节照明灯亮度，直接在开发板上连接导线并调试。图 3-42 所示为照明灯智能控制电路图。将 P3.2 端连接按键 K1，P3.3 端连接按键 K2，P2.5～P2.7 端分别连接 LED1～LED3，P1 连接 J8 静态数码管显示车间里的人数，动态数码管显示光照度值。与开发板对应的电路图如图 3-42（a）所示，开发板连线图如图 3-42（b）所示。

### 4. 软件编程

在 3.3.3.3 节的基础上，重点修改判断车间里人数的代码。这部分代码放到主函数的 while 循环中进行。

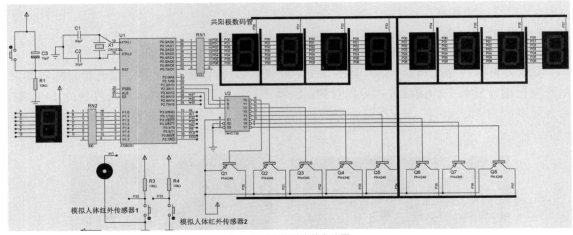

（a）与开发板对应的电路图

（b）开发板连线图

图 3-42 照明灯智能控制电路图

同样定义三个光照度值，即 light1_value、light2_value 和 light3_value。当光照度值低于 light1_value 且 count!=0，车间里有人时，点亮三个 LED 灯；当光照度值高于 light3_value 或车间里没人，即 count=0 时，熄灭所有 LED 灯。light1_value 和 light3_value 的值根据实际环境和需求进行调整。根据光照度的不同，点亮不同数量的 LED 灯，即调节照明亮度。

当光照度值低于 light3_value 时，点亮一个 LED 灯；当光照度值低于 light2_value 时，点亮两个 LED 灯；当光照度值低于 light1_value 时，点亮三个 LED 灯；当光照度值高于 light3_value 时，熄灭所有 LED 灯。

```
//设定光照度值，light1_value~light3_value
//当光照度值低于 light3_value 时，点亮一个 LED 灯
//当光照度值低于 light2_value 时，点亮两个 LED 灯
//当光照度值低于 light1_value 时，点亮三个 LED 灯
//当光照度值高于 light3_value 时，熄灭所有 LED 灯
#define light1_value 10
#define light2_value 30
#define light3_value 50
```

```
//定义 LED 灯为 P2.5~P2.7
sbit led1=P2^5;
sbit led2=P2^6;
sbit led3=P2^7;

sbit LSA=P2^2;
sbit LSB=P2^3;
sbit LSC=P2^4;
sbit dc1=P3^1;
int count=0;  //count 表示在教室里的人数
int n1=0;n2=0;  //统计中断次数
```

修改下面这个子函数。

```
/***********************************************
* 函 数 名:datapros()
* 函数功能:数据处理函数
* 输　　入: 无
* 输　　出: 无
***********************************************/
void dataprosAD()
{
    u16 temp;
    static u8 i;
    if(i==50)
    {
        i=0;
        temp = Read_AD_Data(0xA4);   //AIN2 光敏电阻
    }
    i++;

    DisplayData[0]=smgduan[temp/1000];//千位
    DisplayData[1]=smgduan[temp%1000/100];//百位
    DisplayData[2]=smgduan[temp%1000%100/10];//十位
    DisplayData[3]=smgduan[temp%1000%100%10];//个位
    //添加控制 LED 灯的代码
    //当光照度值低于 light1_value 时, 点亮 LED 灯
    if(count>0){  //有人
if(temp<=light1_value){  //开三个灯
    led1=0;led2=0;led3=0;
    }
if(temp>light1_value&&temp<=light2_value){  //开两个灯
```

```
        led1=1;led2=0;led3=0;
    }
if(temp>light2_value&&temp<=light3_value){  //开一个灯
        led1=1;led2=1;led3=0;
    }
//当光照度值高于light2_value时，熄灭所有LED灯
if(temp>light3_value){
        led1=1;led2=1;led3=1;
    }
    }
else{   //没人
        led1=1;led2=1;led3=1;
    }
}
```

count 的值表示车间里的人数，由两个人体红外传感器来判断。结合 3.3.3.1 节中的代码，得到实现本任务拓展功能的代码。

在主函数的 while 循环中，添加显示车间里人数的子函数 P1=~smgduan[count]，用于调试。

```
void main()
{   while(1)
    {
        datapros();    //光照数据处理函数
        DigDisplay();  //数码管显示光照度函数
        P1=~smgduan[count];  //显示车间里的人数，调试用
    }
}
```

外部中断 0 连接安装在门外的人体红外传感器 1，外部中断 1 连接安装在门内的人体红外传感器 2。当有人从门外进入门内时，人数加 1；当有人从门内走出门外时，人数减 1。从门外经过，n1 加 1，n1 表示外部中断 0 被触发的次数，即经过门外的人体红外传感器 1 的人数，n2 表示外部中断 1 被触发的次数，即经过门内的人体红外传感器 2 的人数，如果不停地有人进入，则 n1<n2。若有人出来，则先经过外部中断 1，即 n2 先加 1，再经过外部中断 0，判断 n1<n2，表示有人从车间里出来。两个外部中断代码如下。

```
void myint0() interrupt 0{
    if(n1<n2){ //表示有人从车间里出来
      count--;
      if(count<0){
        count=0;
      }
    }
    n1++;
}
//外部中断1连接门内的人体红外传感器2
void myint1() interrupt 2{
```

```
    n2++;
    if(n1==n2){ //表示有人进入
        count++;    //车间里最多有 100 人
        if(count>100){
            count=100;//可采取措施不让人进入
            n2=0;
            n1=0;
        }
    }
}
```

完整程序代码参考 ep3_10.c 文件。

### 5．开发板验证

按图 3-43（a）所示连接开发板：按下按键 K1、K2 模拟有人经过两个人体红外传感器从门外进入门内，或者从门内走出门外，静态数码管显示人数，动态数码管显示光照度值。

首先依次按下按键 K1、K2，可以看到静态数码管上显示人数 1，再依次按下按键 K1、K2，可以看到静态数码管上显示人数 2，表示车间里有 2 人，此时用手遮住光敏传感器，使光照度值在 10～40 变化，观察 LED 灯亮的数量和照明灯的亮度。

车间里有 2 人，数码管上显示采集到的当前光照度值为 15。当光照度值在 10～20 时，有两个 LED 灯亮，开发板运行效果——车间里有人，光照度不够，则灯亮，如图 3-43（a）所示。

用光敏传感器采集到的环境光照度值为 65 时，即使车间里有人，LED 灯也不被点亮，如图 3-43（b）所示。

依次按下按键 K2、K1，表示有人出去，当人数显示为 0 时，不管光照度为多少，LED 灯都不被点亮，如图 3-43（c）所示。

（a）车间里有人，光照度不够，则灯亮

（b）车间里有人，光照度够，灯不亮

（c）车间里没人，灯灭

图 3-43　开发板运行效果

### 6．故障与维修

在开发板上验证调试时，如果发现光照度值显示不随光照度变化而改变，则首先检查硬件连线是否正确，其次检查代码中相关引脚的端口位定义是否和硬件上与单片机的端口一致。如果发现室内人数不随按键次数改变，则检查两个分别代表门内和门外的人体红外传感器的按键定义是否相反了，重新正确连线。

利用开发板模拟智能灯控（有人，调光）v

扫描右侧二维码，可以观看教学微视频。

## 3.3.5 任务小结

利用光敏传感器采集光照，需要进行 A/D 转换，将模拟量转换成数字信息后传输给单片机处理。利用人体红外传感器采集是否有人经过的信号，会反馈一个 0 和 1 的数字量给单片机，单片机处理这种数字量比较简单。将人体红外传感器和光敏传感器结合起来，就能实现智能光控。

## 3.3.6 问题讨论

生活中，除了人体红外传感器和光敏传感器，还有哪些比较常用的传感器？

# 任务 3.4　企业案例——实现智慧工厂环境智能监控

## 3.4.1 任务目标

通过本任务的设计与制作，要求学生利用微处理器采集多种传感器数据，通过数据分析后驱动继电器等执行器完成相应动作，培养学生节能减排意识并实现对智慧工厂能源管控，以达到节能减排的目的。

## 3.4.2 知识准备

光敏传感器、人体红外传感器、直流电机、步进电机、继电器等工作原理，详细分析见本项目任务 3.1 和任务 3.2。

### 3.4.3　任务实施

利用温度传感器、光敏传感器和人体红外传感器，在仿真电路实现智慧工厂中能源的智能控制。当车间、宿舍研发中心、办公楼里有人的时候，检测当前的光照度和温度。根据光照度调节室内照明亮度，根据环境温度调节风扇转速（模拟空调温度）。当室内没有人时，照明灯和风扇（空调）都关闭。以此实现能源智能控制，达到节能减排的目的。

#### 1. 硬件电路设计

将温度传感器、光敏传感器和两个外部中断按键（模拟门外和门内的人体红外传感器）分别与微处理器连接，利用三个 LED 灯模拟室内的照明灯，用直流电机模拟风扇（代替空调的作用）。八个数码管通过 74HC138 和微处理器连接，第 1 个～第 3 个数码管显示光照度值，第 4 个～第 6 个数码管显示环境温度值，第 7 个～第 8 个数码管显示室内人数。电路总图如图 3-44 所示。

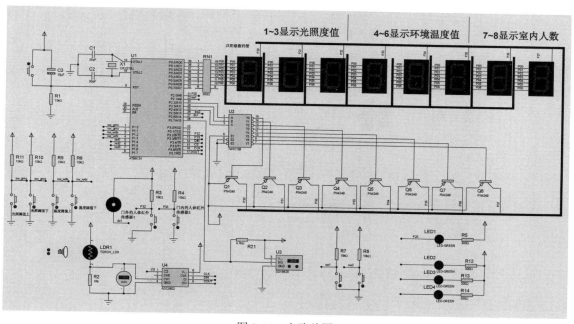

图 3-44　电路总图

为了清晰地展现每个模块的细节，将电路总图进行拆分。微处理器各个引脚网标图如图 3-45 所示。光敏传感器和微处理器连接的电路图可参考图 3-46 所示的光敏传感器部分电路图。利用两个外部中断按键模拟人体红外传感器及电机模拟风扇的电路图可参考图 3-47 所示的人体红外传感器部分电路图。温度传感器采集温度的部分电路图如图 3-48 所示，温度传感器的 2 引脚 DQ 连接微处理器的 P2.7 端。

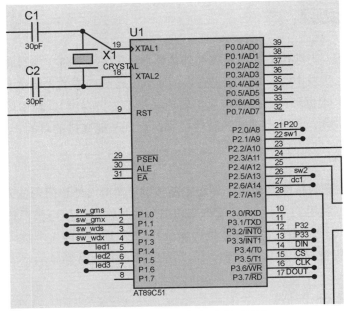

图 3-45　微处理器各个引脚网标图

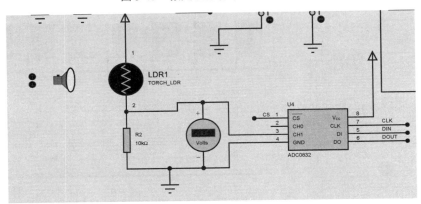

图 3-46　光敏传感器部分电路图

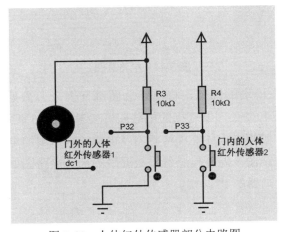

图 3-47　人体红外传感器部分电路图

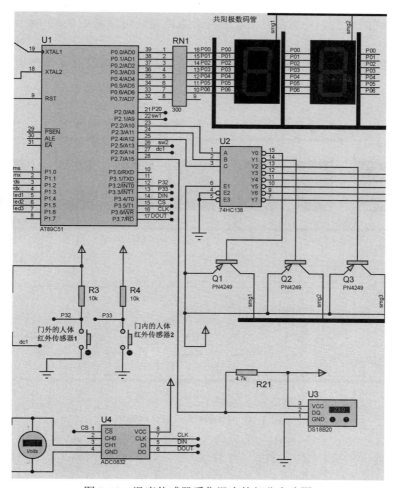

图 3-48 温度传感器采集温度的部分电路图

模拟室内照明灯及报警提示的 LED 灯电路图可参考图 3-49 所示的室内照明灯及报警灯电路图。

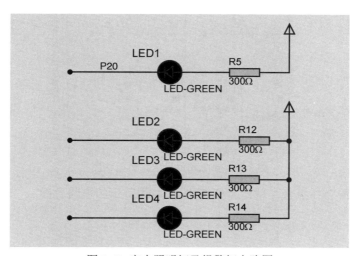

图 3-49 室内照明灯及报警灯电路图

数码管显示光照度值、环境温度值及室内人数的电路可参考图 3-50 所示的数码管显示部分电路图。

设置开关灯的光照度上下限阈值、启停风扇的温度上下限阈值的 4 个按键电路，如图 3-51 所示。

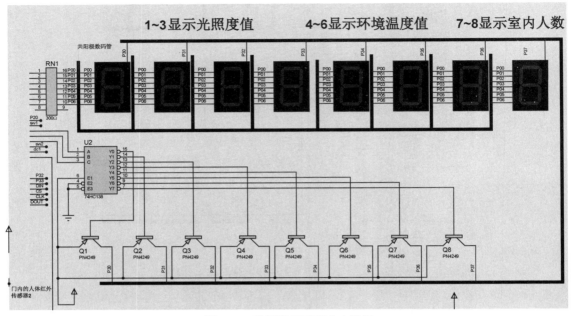

图 3-50　数码管显示部分电路图

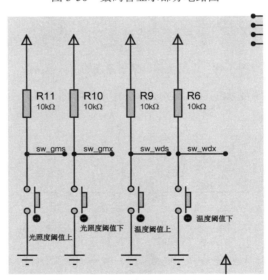

图 3-51　4 个阈值设定按钮电路图

将上述这些电路合并组合，就是本任务中图 3-44 所示的电路总图。

## 2. 软件编程

主函数中需要进行外部中断相关寄存器的初始化设置，代码如下。

```
EA=1; //开放所有中断
EX0=1; //允许外部中断 0 产生中断
EX1=1; //允许外部中断 1 产生中断
IT0=1; //外部中断 0 的触发方式为电平跳变触发
IT1=1; //外部中断 1 的触发方式为电平跳变触发
```

光照度变量 data_temp 初始化，代码如下。

```
data_temp=0; //光照度初始值
```

初始化关灯和开灯的光照度阈值，代码如下。

```
lightH=200; //关灯光照度阈值
lightL=100; //开灯光照度阈值
```

初始化光敏上下限设置按键的默认状态为松开状态，代码如下。

```
sw_gms_last=1; //设置光敏阈值上限开关默认状态为松开
sw_gmx_last=1; //设置光敏阈值下限开关默认状态为松开
```
初始化电机默认状态为停止状态：dc1=1; //电机不转

初始化外部中断 0 和 1 的中断次数、教室里的人数，以及人数的十位数和个位数都为 0，代码如下。

```
n0=0;     //外部中断 0 中断次数
n1=0;     //外部中断 1 中断次数
count_renshu=0; //教室里的人数
renshu_shi=0;  //人数的十位数
renshu_ge=0;   //人数的个位数
```

报警灯初始状态不亮，代码如下。

```
alarm=1; //不报警
```

风扇电机启动和停止的温度阈值初始值设定为 26℃和 24℃，代码如下。

```
tempH=26; //电机启动的温度阈值
tempL=24; //电机停止的温度阈值
```

电机启动使能标志初始化为禁能，代码如下。

```
start_en=0; //电机启动使能标志初始化为禁能
```

采集一次温度，并延时，代码如下。

```
Read_Temperature(); //采集温度
Delay(50000); //延时
Delay(50000);
```

以上是初始化设置的内容。

在 main 函数的 while 循环中，反复执行以下几个任务。

（1）读取设置开关照明灯上下限阈值的按键状态。

```
read_key_gmset(); //读取上下限阈值的按键是否被按下
```

（2）利用 ADC0832 芯片进行 A/D 转换获取光照度值。

```
data_temp=ADC0832(); //A/D 转换获取光照度值
```

（3）数码管显示光照度值。

```
display_gm(); //数码管显示光照度值（第1个~第3个数码管）
```

（4）根据光照度值控制照明灯亮度。

```
gm_control_led();//根据光照度值控制照明灯的亮度
```

（5）显示教室里的人数。

```
display_renshu();//显示教室里的人数（第7个~第8个数码管）
```

（6）读取温度传感器采集到的温度。

```
Read_Temperature();//读取温度传感器的值
```

（7）解析读取的温度高低字节，转换成具体温度值，并显示温度。

```
Dispose_Temperature(); //处理读取的温度高低字节，转换成具体温度值，并显示温度
```

（8）显示温度。

```
display_wd(num1);//显示温度（第4个~第6个数码管）
```

（9）根据当前温度控制风扇启停。

```
control_fan(); //根据温度控制风扇启停
```

以上 9 个子函数循环往复被执行。下面对每个子函数进行功能分析。

（1）读取设置开关照明灯上下限阈值的按键状态。

如果阈值上限按键被按下且刚才是松开的，那么阈值上限变量 lightH 加 10，当超过 240 时，使其恢复到初始值 200。同时，更新表示按键刚才状态的位变量 sw_gms_last 为按键的状态，即 sw_gms_last=sw_gms。对于阈值下限按键被按下后的处理方法与上面相似，读者可以自行分析。子函数代码如下。

```
//设置照明灯开与关的上下限阈值
void read_key_gmset(){
    if(!sw_gms&&sw_gms_last){//阈值上限按键被按下且刚才是松开的
        lightH+=10;
        if(lightH>=240){
            lightH=200;
        }
    }
    sw_gms_last=sw_gms; //更新表示按键刚才状态的位变量为按键状态
    if(!sw_gmx&&sw_gmx_last){
        lightL-=10;
        if(lightL<=50){
            lightH=100;
        }
    }
    sw_gmx_last=sw_gmx;
}
```

（2）利用 ADC0832 芯片进行 A/D 转换获取光照度值。

这个子函数和 3.3.2 节中的函数是一样的，读者可以直接调用。有能力的读者可以尝试去理解进行 A/D 转换的时序控制。data_c 的值代表的是光敏传感器采集的光照度值所对应的数

字。调用此子函数，最后一行将光照度值返回给调用的变量 data_temp。

```c
//获取光照度值
unsigned char ADC0832(void) //把模拟电压值转换成 8 位二进制数并返回
{
 unsigned char i,data_c;
 data_c=0;
 ADC_CS=0;
 ADC_DO=0;//片选，DO 为高阻态
 for(i=0;i<10;i++)
 {;}
 ADC_CLK=0;
 Delay(2);
 ADC_DI=1;
 ADC_CLK=1;
 Delay(2);  //第一个脉冲，起始位
 ADC_CLK=0;
 Delay(2);
 ADC_DI=1;
 ADC_CLK=1;
 Delay(2);  //第二个脉冲，DI=1 表示双通道单极性输入
 ADC_CLK=0;
 Delay(2);
 ADC_DI=1;
 ADC_CLK=1;
 Delay(2);  //第三个脉冲，DI=1 表示选择通道 1(CH2)
 ADC_DI=0;
 ADC_DO=1;//DI 转为高阻态，DO 脱离高阻态为输出数据做准备
 ADC_CLK=1;
 Delay(2);
 ADC_CLK=0;
 Delay(2);//经实验，这里加一个脉冲 A/D 便能正确读出数据
//不加的话，读出的数据少一位（最低位 D0 读不出）
 for (i=0; i<8; i++){
  ADC_CLK=1;
  Delay(2);
  ADC_CLK=0;
  Delay(2);
  data_c=(data_c<<1)|ADC_DO;//在每个脉冲的下降沿 DO 输出一位数据
                            //最终 data_c 为 8 位二进制数
 }

 ADC_CS=1;//取消片选，一个转换周期结束
 return(data_c);//把转换结果返回
}
```

（3）数码管显示光照度值子函数 display_gm()。

将获得的光照度值解析成百位数、十位数和个位数，分别存入 disp[]数组中，片选数码管，分别显示光照度值的百位数、十位数和个位数。子函数代码如下。

```
/***************************************************
 * 函 数 名:display_gm()
 * 函数功能:显示光照度值
 * 输    入:无
 * 输    出:无
 ***************************************************/
void display_gm()
{   //disp[0]=smgduan[data_temp/1000];//千位
    disp[1]=smgduan[data_temp%1000/100];//百位
    disp[2]=smgduan[data_temp%1000%100/10];//十位
    disp[3]=smgduan[data_temp%1000%100%10];//个位

    c=0;b=0;a=0;  //第一个共阳极数码管接上电源，允许显示数字
    P0=disp[1];    //显示光照度值百位数
    //Delay(100);
    delay1(500);//延时

    c=0;b=0;a=1;//第二个共阳极数码管显示光照度值十位数
    P0=disp[2];
    //Delay(100);
    delay1(500);

    c=0;b=1;a=0;//第三个共阳极数码管显示光照度值个位数
    P0=disp[3];
    //Delay(100);
    delay1(500);
}
```

（4）根据光照度值控制照明灯亮度。

当室内人数不为 0 时，即室内有人时，如果光照度值低于阈值下限 lightL，则开启三个 LED 灯，如果光照度值低于 lightL+50，则开启两个 LED 灯。当光照度值小于阈值上限 lightH 时，开启一个 LED 灯，否则，即光照度值足够，关闭所有的 LED 灯。如果室内没有人，则不需要开启照明灯。

子函数代码如下。

```
//根据光照度值控制照明灯亮度
void gm_control_led(){
//光照度低，开三个灯
 if(count_renshu>0){
   if(data_temp<lightL){
       led1=0;
       led2=0;
```

```
            led3=0;
        }
        //光照度稍高，开两个灯
        else if(data_temp<lightL+50) {
            led1=0;
            led2=0;
            led3=1;
        }
        //光照度很高，开一个灯
        else if(data_temp<lightH) {
            led1=0;
            led2=1;
            led3=1;
        }
        //光照度太高了，不开灯
        else{
            led1=1;
            led2=1;
            led3=1;
        }
    }
    else{//没人，关灯
        led1=1;
        led2=1;
        led3=1;
    }
}
```

（5）显示室内人数子函数 display_renshu()。

利用两个外部中断函数获得室内人数后，通过计算得到人数的十位数和个位数。选择第 7 个数码管显示人数的十位数，选择第 8 个数码管显示人数的个位数。子函数代码如下。

```
//显示人数
void display_renshu(){
    renshu_shi=count_renshu/10; //人数的十位数
    renshu_ge=count_renshu%10;   //人数的个位数
    c=1;b=1;a=0;//第 7 个数码管显示
    P0=smgduan[renshu_shi];// 显示人数的十位数
    delay1(500);
    c=1;b=1;a=1;//第 8 个数码管显示
    P0=smgduan[renshu_ge];// 显示人数的个位数
    delay1(500);
}
```

统计室内人数的外部中断函数已经在 3.3.3.1 节进行了解析，中断服务函数如下。

//门外的人体红外传感器检测到有人经过

```
void myint0() interrupt 0{
    n0++;
    if(n0==n1){
      count_renshu--;
      if(count_renshu<=0){
          count_renshu=0;
          n0=0;
          n1=0;
      }
      else if(count_renshu<=99){//人不满100，不报警
          alarm=1;
      }
    }
}


//门内的人体红外传感器检测到有人经过
void myint1() interrupt 2{
    n1++;
    if(n0==n1){
      count_renshu++;
      if(count_renshu>5){//超过99人，报警，人满为患，此处为调试用数据
          alarm=0;    //应该报警
      }
    }
}
```

（6）读取温度传感器采集到的温度子函数 Read_Temperature()。

Read_Temperature()子函数直接调用即可，读者不必纠结其中每个子函数的具体函数，只需要了解数组元素 Temp_Value[0]存放的是温度的低八位；Temp_Value[1]存放的是温度的高八位。这两个字节拼装成一个 16 位的二进制数就是温度值。子函数代码如下。

```
//温度转换并读取温度高低两个字节的二进制值
void Read_Temperature()
{
  if( Init_DS18B20() == 1)         //DS18B20 故障
    DS18B20_IS_OK = 0;
  else  {
    WriteOneByte(0xCC);            //跳过序列号
    WriteOneByte(0x44);            //启动温度转换
    Init_DS18B20();
    WriteOneByte(0xCC);            //跳过序列号
    WriteOneByte(0xBE);            //读取温度寄存器
    Temp_Value[0] = ReadOneByte();//温度低八位
    Temp_Value[1] = ReadOneByte();//温度高八位
  }
}
```

其中，调用的子函数在 3.1.3.3 节有详细解析，读者直接调用即可，不需要了解其中细节。

（7）解析读取的温度高低字节，转换成具体温度值并显示。

将读取的温度值进行处理后用数码管显示。变量 ng 表示符号，取值 0 表示正数，取值 1 表示负数。负数在系统中用补码形式存放。温度值只需要用 13 位表示，因此高字节的高 5 位表示符号。当温度为负时，Temp_Value[1] & 0xF8 的值为 0xF8。num1 为带有符号的温度值。

```c
//温度处理函数，获取温度具体数值
void Display_Temperature()
{   char ng = 0;    //正数
    //负号标识及负号显示位置
    //如果为负数，则取反加 1，并设置负号标识及负号显示位置
  if ( (Temp_Value[1] & 0xF8) == 0xF8 )  //1111 1000  1111 1111
    {                           //                +     1
                                //              = 1 0000  0000
      Temp_Value[1] = ~Temp_Value[1];
      Temp_Value[0] = ~Temp_Value[0] + 1;
      if (Temp_Value[0] == 0x00)  {
      //1111 1111+1=1 0000 0000
      //求得补码溢出情况处理
        Temp_Value[1]++;
      }
       ng = 1;  //负数
    }
    Temp_Value[0] = ((Temp_Value[0] & 0xF0)>>4)|((Temp_Value[1] & 0x07)<<4);
                //00001111
                //01110000
     ng=ng? -Temp_Value[0] : Temp_Value[0];
     num1=ng;
     display(num1);
}
```

将处理后的温度值用数码管显示出来，包括正、负号。

（8）数码管显示温度值子函数 display_wd(int num)。

如果温度不在-5～30℃，则数码管显示"---"，如果温度在正常范围内，再判断是零下温度，则第 4 个数码管显示符号"-"，否则，第 4 个数码管不显示。因为温度为两位数，所以获得十位数和个位数后，在第 5 个数码管显示温度值的十位数，第 6 个数码管显示温度值的个位数。子函数代码如下。

```c
void display_wd(int num)
{
uchar wd_shi,wd_ge;
if(num>30 || num<-5)//温度不在正常范围内，数码管显示"---"
    {  c=0;b=1;a=1;//第 4 个数码管打开
      P0=0xbf;//显示'-'
      delay1(500);
      c=1;b=0;a=0;//第 5 个数码管打开
```

```
        P0=0xbf;
        delay1(500);
        c=1;b=0;a=1;//第 6 个数码管打开
        P0=0xbf;
        delay1(500);
    }
    else
    {   if(num>=0)
        {     c=0;b=1;a=1;//第 4 个数码管打开
              P0=0xff;
        }
        else
        { c=0;b=1;a=1;//第 4 个数码管打开
          P0=0xbf;  //"-"
          delay1(500);
          num=-num;
        }
        wd_shi=(num%100)/10;
        wd_ge=num%10;
        c=1;b=0;a=0;//第 5 个数码管打开
        P0=smgduan[wd_shi];
        delay1(500);
        c=1;b=0;a=1;//第 6 个数码管打开
        P0=smgduan[wd_ge];
        delay1(500);
    }
}
```

（9）根据当前温度控制风扇启停子函数 control_fan()。

当室内有人时，温度超过设定的风扇启动阈值，风扇启动使能标志位为 1，表示允许风扇运转；当温度低于温度上限阈值 tempH 时，风扇低速运转；当温度等于 tempH+1 时，风扇中速运转；当温度等于 tempH+2 时，风扇高速运转；当温度超过 tempH+3 时，风扇全速运转。子函数代码如下。

```
void control_fan(){      //温度控制风扇速度
  if(count_renshu>0){ //有人，根据温度高低控制风扇的速度
    if(num1>=tempH){   //26
      start_en=1;
    }
    if(num1<tempL){ //24
      start_en=0;
    }
    if(start_en){
      if(num1<=tempH){  //26
        dc1=0;
```

```
            delay1(250);  //低速运转
            dc1=1;
            delay1(750);
        }
        if(num1==tempH+1){  //27
            dc1=0;
            delay1(500);  //中速运转
            dc1=1;
            delay1(500);
        }
        if(num1==tempH+2){  //28
            dc1=0;
            delay1(750);   //高速运转
            dc1=1;
            delay1(250);
        }
        if(num1>=tempH+3){  //29
            dc1=0;            //全速运转
        }
    }// start_en==1
    else{ // start_en==0
        dc1=1;
    }
}//if(count>0)
else{  //室内没人，关风扇
    dc1=1;
}
}
```

### 3．仿真调试

将上述程序编译成功后生成 hex 文件，下载到仿真电路图。仿真效果在教学微视频中展现。

### 4．故障与维修

调试过程中，如果发现风扇不受温度高低的控制，则首先检查温度传感器和单片机的硬件连接是否正确，其次检查代码中对温度传感器采集温度的引脚位定义是否和硬件连接一致。

扫描右侧二维码，可以观看教学微视频。

完整程序代码参考 ep3_12a.c 文件。

## 3.4.4　能力拓展

能耗智能管控系统设计

利用温度传感器，当室内有人且温度超过 29℃时，打开风扇或空调，当温度低于 26℃时关闭风扇或空调；当有人在教室，光照度不够时，自动开灯；若光照度够，则不开灯；当室内没人时，不开灯也不开空调。将上面这个任务修改代码后移植到开发板上运行。

### 1．硬件电路设计

将仿真中运行的效果稍作修改后在开发板上展现出来。用直流电机模拟风扇或空调，将单片机的 P3.0 端连接继电器控制端，即开发板的 J15 端。在此要特别注意一点：下载程序到开发板时先断开 P3.0 端和继电器的连接，因为下载时计算机和单片机之间有串口通信，或者可以换一个端口连接继电器，如用 P2.1 端。当 P2.1 端输出低电平时，继电器工作，使得继电器的常开端 NO 和公共端 COM 导通，常闭端 NC 和公共端 COM 断开。继电器的常开、常闭和公共端引出到开发板的 P1 端口。将 COM 端连接开发板上 5V 的 GND。直流电机一端连接开发板+5V 电源，另一端连接继电器的常开端 NO 端。开发板连线图如图 3-52 所示。

图 3-52　开发板连线图

为避免下载程序发生故障，图 3-52 中的 P3.0 端可以换成 P2.1 端。

LED 灯用开发板上的 LED1 灯模拟表示，由单片机的 P2.7 端控制。

人体红外传感器 1 和人体红外传感器 2 分别用按键 K1 和 K2 表示，分别与单片机的 P3.2 端（外部中断 0）、P3.3 端（外部中断 1）连接。当有人经过门外的人体红外传感器 1，即触发外部中断 0 时，进入外部中断 0 的中断函数。当有人经过门内的人体红外传感器 2，即触发外部中断 1 时，进入外部中断 1 的中断函数。

温度传感器的数据采集端 J14 与单片机的 P2.0 端连接。

光敏传感器的 4 个 A/D 转换的控制端 J33 的 DO 连接单片机的 P3.7 端，J33 的 DI 连接单片机的 P3.4 端，J33 的 CS 连接单片机的 P3.5 端，J33 的 CL 连接单片机的 P3.6 端。光敏传感器连线图如图 3-53 所示。

图 3-53　光敏传感器连线图

静态数码管显示部分 J8 和 J20 连接，J20 即 P1 端口，P1.0 连接 J8 的 A 段，P1.7 连接 J8 的 DP 段。

动态数码管的 A 段到 DP 段连接 J6，J6 连接 J22，即 P0 端口，P0.0 端连接 J6 的 A 段。动态数码管的片选信号 J9 的 A、B、C 分别连接 J25 的 P2.2、P2.3、P2.4 端。数码管连线图如图 3-54 所示。

图 3-54　数码管连线图

整体连线图如图 3-55 所示。

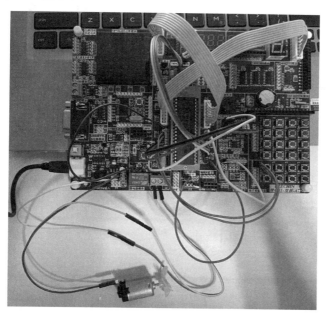

图 3-55　整体连线图

为了方便开发板连接，我们将连线图设计成了电路原理图，电路原理总图如图 3-56 所示（光敏传感器的连接方式参考开发板上的连接）。

为了能看清每个模块的连接方式，下面将图 3-56 拆分成几张局部的模块图。模拟人体红外传感器和继电器电路图如图 3-57 所示。

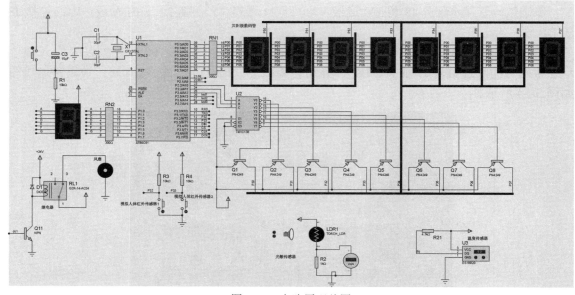

图 3-56　电路原理总图

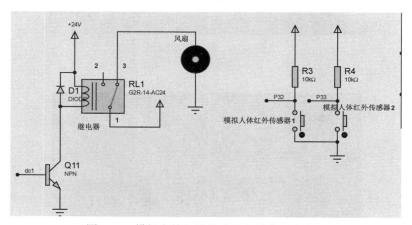

图 3-57　模拟人体红外传感器和继电器电路图

光敏传感器和驱动芯片的连接方式如图 3-58 所示。

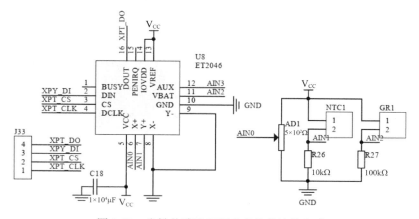

图 3-58　光敏传感器和驱动芯片的连接方式

温度传感器电路图如图 3-59 所示。

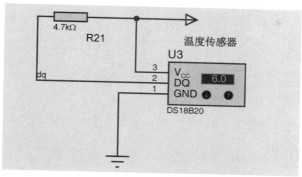

图 3-59 温度传感器电路图

数码管显示部分电路图如图 3-60 所示，图中展现了 2 个数码管显示的电路图，其他 6 个数码管连接方式与此类似。

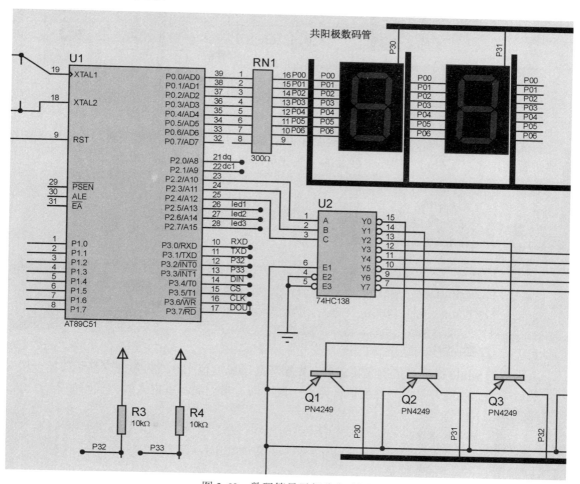

图 3-60 数码管显示部分电路图

单片机与静态数码管的连接方式如图 3-61 所示。

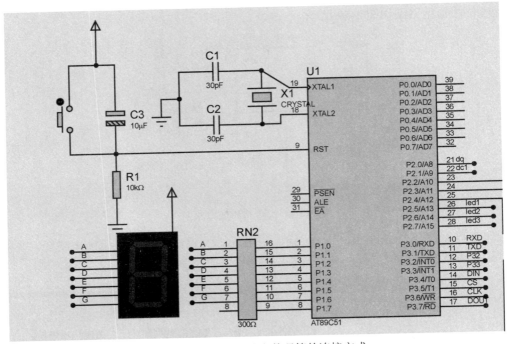

图 3-61　单片机与静态数码管的连接方式

## 2．软件编程

首先编写主程序，因为本项目涉及外部中断的编程，所以主函数中需要对与中断相关的寄存器进行初始化，另外对本程序中涉及的一些变量同时初始化。初始化代码如下。

```
count=0;//室内人数初始为 0
EA=1;    //开放所有中断
EX0=1;  //允许外部中断 0 产生中断
EX1=1;  //允许外部中断 1 产生中断
IT0=1;  //外部中断 0 的触发方式为电平跳变触发
IT1=1;  //外部中断 1 的触发方式为电平跳变触发
n1=0;    //外部中断 0 的中断次数，即经过门外的人体红外传感器 1 的次数
n2=0;    //外部中断 1 的中断次数，即经过门内的人体红外传感器 2 的次数
add_en=1;//人数作加法
m=0;     //控制循环显示的次数
```

主函数的 while 循环中依次采集温度，先循环显示温度值 100 次，使温度显示停留一段时间，然后采集光照度并显示光照度值，停留一段时间，最后显示室内人数。代码如下。

```
while(1)
   {    //温度采集及显示
        datapros(Ds18b20ReadTemp());  //温度数据处理函数
        for(m=0;m<100;m++){
            DigDisplay();  //数码管显示温度值函数
        }
        //光照度采集及显示
        dataprosGM();        //光照度数据处理函数
```

```
        for(m=0;m<100;m++){
            DigDisplayGM();    //数码管显示光照度值函数
        }
        P1=~smgduan[count];    //显示室内人数
    }
```

读取温度函数 Ds18b20ReadTemp()代码如下。

```
int Ds18b20ReadTemp()
{
    int temp = 0;
    uchar tmh, tml;
    Ds18b20ChangTemp();    //先写入转换命令
    Ds18b20ReadTempCom();  //然后等待转换完后发送读取温度命令
    tml = Ds18b20ReadByte();   //读取温度值共16位，先读低字节
    tmh = Ds18b20ReadByte();   //再读高字节
    temp = tmh;
    temp <<= 8;
    temp |= tml;    //将两个字节拼接成一个16位的数据
    return temp;
}
```

这个函数有现成的代码可以直接使用，看懂即可。temp 变量即温度值，本函数完成后即能得到温度传感器的温度值。

本函数中首先调用 Ds18b20ChangTemp()转换命令；然后调用 Ds18b20ReadTempCom()等待转换完成后发送读取温度命令，调用 Ds18b20ReadByte()命令，读取温度的低 8 位，赋值给 tml 变量；最后调用 Ds18b20ReadByte()命令，读取温度的高 8 位，赋值给 tmh 变量。利用移位操作，将读取的温度低 8 位和高 8 位拼接成一个 16 位的变量 temp，即温度值。

datapros(int temp)是温度处理函数，将读取的温度传递到此函数的形参。数组 DisplayData[0]存放温度符号，高于零度，不显示，低于零度，显示"-"。当获得温度是负数时，将温度值转换成补码形式，如果是高于零度的温度，则直接用公式得到温度的十进制数。temp/10000 是温度的百位数，将百位数的数码管显示码值放到数组 DisplayData[1]，即 DisplayData[1] = smgduan[temp / 10000]。smgduan[]数组存放的是 0~9 的显示码值。同理，将温度的十位数、个位数、小数点后的一位数、二位数分别存到 DisplayData[2]~DisplayData[5]中，显示个位的数码管要显示小数点，因此需要与 0x80 进行或运算。

同时，将温度的二进制数转换成十进制数后，对温度进行判断，若超过 29℃，并且室内有人，则开空调。为避免空调频繁开关，设置当温度低于 28℃，或者室内没人时关闭。此处未考虑冬天开制暖功能的情况，读者可以自行补充。

具体代码如下。

```
void datapros(int temp)
{   float tp;
    if(temp< 0)                //当温度值为负数时
    {   DisplayData[0] = 0x40;    //  -
        //因为读的温度是实际温度的补码，所以减1，再取反求出原码
```

```
            temp=temp-1;
            temp=~temp;
            tp=temp;
            temp=tp*0.0625*100+0.5;//留两个小数点就"*100","+0.5"是四舍五入
                              //因为C语言浮点数转换为整型的时候把小数点后面的数自动
                              //去掉,不管是否大于0.5,加上0.5后大于0.5的就是进1
                              //了,小于0.5的就算加上0.5还是在小数点后面
        }
        else
        {   DisplayData[0] = 0x00;
            tp=temp; //因为数据处理有小数点,所以将温度赋给一个浮点型变量
                      //如果温度是正的,那么正数的原码就是补码本身
            temp=tp*0.0625*100+0.5; //如果保留两位小数,则将tp*0.0625的值*100,"+0.5"
                              //用于四舍五入计算,因为C语言浮点数转换为整型的时候
                              //把小数点后面的数自动去掉,不管是否大于0.5,小数部分
                              //都大于0.5,加上0.5后,整数部分就加了1,小于0.5
                              //的加上0.5后,整数部分还是原来的值
        }
        DisplayData[1] = smgduan[temp / 10000];
        DisplayData[2] = smgduan[temp % 10000 / 1000];
        DisplayData[3] = smgduan[temp % 1000 / 100] | 0x80;
        DisplayData[4] = smgduan[temp % 100 / 10];
        DisplayData[5] = smgduan[temp % 10];

        //根据温度控制电机
        if((temp>=2900)&&(count!=0)){//室内有人并且温度超过29℃,开空调
            dc1=0; //继电器导通
        }
        else if((temp<2800)||(count==0)){ //室内没人或温度低于28℃,关空调
            dc1=1;
        }
    }
```

dc1 在仿真电路中直接连接单片机的 I/O 端口,这里连接了控制继电器的三极管的基极。当基极为低电平时,三极管导通,继电器线圈两端有电,电机两端有电且运转。

调用 DigDisplay()函数显示温度值。依次选择被点亮的数码管,让此数码管显示相应的值。LSA=0; LSB=0; LSC=0; 表示显示第 0 位。LSA=1; LSB=0; LSC=0; 表示显示第 1 位,以此类推,利用 switch 语句完成。P0=DisplayData[ii]; 表示显示第 ii 位数据。延长一段时间后,消隐。这个显示过程循环 100 次,使温度显示能维持一段时间,避免和亮度轮流显示闪烁现象。程序代码如下。

```
void DigDisplay()
{   u8 ii;
    for(ii=0;ii<6;ii++)
    {   switch(ii)    //位选,选择被点亮的数码管
```

```
{ case(0):
    LSA=0;LSB=0;LSC=0; break;//显示第 0 位
  case(1):
    LSA=1;LSB=0;LSC=0; break;//显示第 1 位
  case(2):
    LSA=0;LSB=1;LSC=0; break;//显示第 2 位
  case(3):
    LSA=1;LSB=1;LSC=0; break;//显示第 3 位
  case(4):
    LSA=0;LSB=0;LSC=1; break;//显示第 4 位
  case(5):
    LSA=1;LSB=0;LSC=1; break;//显示第 5 位
  }
  P0=DisplayData[ii];//发送数据
  delay(100); //间隔一段时间进行扫描
  P0=0x00;//消隐
  }
}
```

　　光照度采集函数为 dataprosGM()，调用 Read_AD_Data(0xA4)直接读取 AIN2 通道上的光照度模拟值，赋给变量 temp。将此变量解析成千位数、百位数和个位数。利用 smgduan[]数组将光照度值的每一位赋值给数组 disp[]。显示完成后，当光照度值小于设定值 light1_value，并且室内有人时，即 count 不为 0，开灯；当光照度值高于设定值 light2_value，或者室内没有人时，熄灭 LED 灯。具体代码如下。

```
void dataprosGM()
{  u16 temp;
   temp = Read_AD_Data(0xA4);   // AIN2 光敏电阻
   disp[0]=smgduan[temp/1000];//千位
   disp[1]=smgduan[temp%1000/100];//百位
   disp[2]=smgduan[temp%1000%100/10];//十位
   disp[3]=smgduan[temp%1000%100%10];//个位
   //添加控制 LED 灯的代码
   //当光照度值低于设定值 light1_value，并且室内有人时，点亮 LED 灯
   if((temp<light1_value)&&(count!=0)){
     led=0;
   }
   //当光照度值高于设定值 light2_value，或者室内没有人时，熄灭 LED 灯
  if((temp>light2_value)||(count==0)){
     led=1;
   }
}
```

　　光照度值的显示代码基本与温度值的显示代码一致，只是 P0=disp[i]，disp[]数组里存放的是光照度值。

　　静态数码管显示室内人数。用外部中断 0 和外部中断 1 分别表示门外和门内的人体红外

传感器的值，因为人体红外传感器反馈的只是 0 和 1 的数字，0 表示有人经过，1 表示有人离开，所以此处利用开发板上的按键 K1 和 K2 模拟门外的人体红外传感器 1 和门内的人体红外传感器 2。

外部中断 0 函数处理经过门外的人体红外传感器 1 的次数。

从门外进入门内，人数加 1，从门内走出门外，人数减 1；从门外的人体红外传感器 1 经过，n1 加 1，如果不停地进人，则 n1<n2，若有人出来，则先经过外部中断 1，即 n2 先加 1，再经过外部中断 0，判断 n1<n2，表示有人出来。人数极限值为 100，超过 100 人可以报警提示，这部分代码读者可以自行添加。外部中断 0 和外部中断 1 的代码如下。

```
void myint0() interrupt 0{
    if(n1<n2){ //表示有人出来
      count--;
      if(count<0){
        count=0;
      }
    }
    n1++;
}
//外部中断 1 连接门内的人体红外传感器 2
void myint1() interrupt 2{
    n2++;
    if(n1==n2){ //表示有人进去
      count++;    //室内最多有 100 人
      if(count>100){
         count=100;//可采取措施不让人进入
         n2=0;
         n1=0;
      }
    }

}
```

利用 P1 端口显示人数。

```
P1=~smgduan[count];
```

smgduan[]数组中存放的是共阴极数码管显示数字的码值。静态数码管是共阳极数码管，因此码值取反即可显示。

完整程序代码参考 ep3_12.c 文件。

### 3．开发板验证

开发板的连接如硬件电路设计中所示。按下按键 K1、K2，静态数码管显示 1，动态数码管轮流显示温度值和光照度值，用手按住光敏传感器，光照度值低于设置值，LED1 灯被点亮，模拟室内有人，光照度不够时自动开灯；用手电照亮光敏传感器，LED1 灯自动熄灭，模拟室内有人，但当光照度足够时，LED 灯自动熄灭；当 LED 灯亮时，依次按下按键 K2、K1，LED

灯自动熄灭，模拟室内没人时自动关灯。用同样的方法模拟室内是否有人，当有人时，用手捏住温度传感器，当温度超过设定值 1 时，继电器动作，风扇启动，模拟自动打开空调；当温度低于设定值 2 时，继电器松开，风扇停止，模拟关闭空调；当室内没人时，即使温度再高，也不会启动空调。

经过上述分析，完成了智慧工厂环境智能监控，实现了节能减排。

**4．故障与维修**

调试过程中若出现上面几个任务中的类似问题，则可以参考相应的解决方法进行维修。扫描右侧二维码，可以观看教学微视频。

## 3.4.5 任务小结

能耗管控系统解析（开发板+继电器）

综合应用人体红外传感器、光敏传感器、温度传感器采集光照度和温度，并统计室内人数。室内有人的情况下，根据光照度和温度来决定 LED 灯和风扇（或空调）的启动与停止。室内没人时，关闭所有用电设备，从而达到节能减排的效果。

## 3.4.6 问题讨论

通过学习，仿真电路与开发板上的代码和电路连接有区别吗？

**温馨提示：**光敏传感器的采集方式在开发板与仿真电路中使用的芯片不一样，对应的代码也不一样，其他部分没区别。

# 项目 4

# 智慧校园一卡通应用及维护

## 知识目标

1. 理解微处理器的串行通信原理。
2. 掌握串行通信寄存器设置。
3. 掌握串行通信中断服务程序编写。

## 能力目标

1. 能灵活设计串行口电路实现通信。
2. 能灵活针对硬件通信电路编写串行通信应用程序。
3. 能对双机通信电路进行正确连线。
4. 能灵活应用 MAX232 进行单片机与计算机之间的串行通信。
5. 能灵活应用通信的标准接口实现通信。
6. 能使用编译器下载程序到单片机中。

## 知识导图

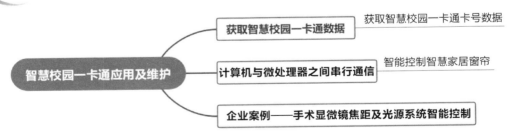

在本项目中,学生将学习使用串行通信技术来获取和处理一卡通数据,这是电子数据交换和信息管理的重要实践应用。通过掌握串行通信的基础知识和技术,学生能够实现计算机与单片机之间的有效数据传输,从而对一卡通系统中的数据进行应用及维护。

进一步地,本项目将指导学生将这些技能应用于实际工业环境中的具体案例,如在医疗设备领域。特别地,学生将运用串行通信技术对一种医疗设备——手术显微镜的焦距和光源系统进行智能控制。这不仅包括了基础的串行通信编程技能,还涉及对具体医疗设备的操作需求和技术规格的理解。

通过这种由基础到实际应用的教学方法，学生不仅能够掌握串行通信的核心技术，还能深入了解其在专业领域内的实际应用，为未来的职业生涯打下坚实的基础。

# 任务 4.1　获取智慧校园一卡通数据

## 4.1.1　任务目标

通过本任务的设计和制作，要求学生利用微处理器之间的串行通信，实现智慧校园一卡通数据的获取，并根据卡里余额控制学生是否具备用水用电条件。培养学生利用串行通信解决实际问题的能力，从而能更好地应用与维护一卡通数据。

## 4.1.2　知识准备

### 4.1.2.1　串行通信基础

实际应用中，不但计算机与外部设备之间需要进行信息交换，在计算机之间也需要交换信息，这些信息交换被称为"通信"。

#### 1. 串行通信与并行通信

通信的基本方式分为并行通信和串行通信两种，并行通信和串行通信示意图如图 4-1 所示。

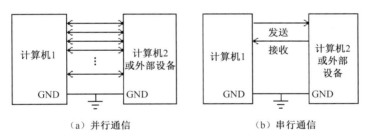

（a）并行通信　　　　　　　　（b）串行通信

图 4-1　并行通信和串行通信示意图

并行通信，即数据的各位同时被传送。其特点是传输速率快，但当距离较远、位数又多时，通信线路复杂且成本高。

串行通信，即数据一位一位地按顺序传送。其特点是通信线路简单，只要一对传输线就可实现通信，大大降低了系统成本，尤其适合远距离通信，不过其传输速率慢。

#### 2. 单工通信与双工通信

按照数据的传送方向，串行通信可分为单工通信、半双工通信和全双工通信三种，单工通信、半双工通信、全双工通信三种通信制式如图 4-2 所示。

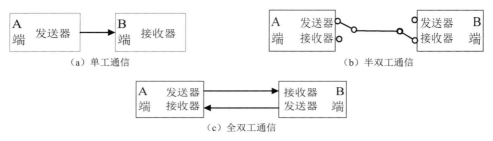

图 4-2　单工通信、半双工通信、全双工通信三种通信制式

在单工通信制式下，通信一方只具备发送器，另一方只具备接收器，数据只能按照一个固定的方向传送，如图 4-2（a）所示。

在半双工通信制式下，通信双方都具备发送器和接收器，但同一时刻只能有一方发送，另一方接收；两个方向上的数据传送不能同时进行，其收发开关一般是由软件控制的电子开关，如图 4-2（b）所示。

在全双工通信制式下，通信双方都具备发送器和接收器，可以同时发送和接收，即数据传送可以在两个方向上同时进行，如图 4-2（c）所示。

在实际应用中，尽管多数串行通信电路接口具有全双工功能，但一般情况下，只工作于半双工通信制式下，这种用法简单、实用。

### 3．异步通信和同步通信

按照串行数据的始终控制方式，串行通信可以分为异步通信和同步通信两类。

在异步通信（Asynchronous Communication）中，数据通常以字符为单位组成字符帧进行传送。字符帧由发送端一帧一帧地发送，每一帧数据低位在前、高位在后，通过传输线由接收端一帧一帧地接收。发送端和接收端分别使用各自独立的时钟来控制数据的发送和接收，这两个时钟彼此独立，互不同步。

异步通信设备简单、便宜，但由于需要传输其字符帧中的开始位和停止位，因此异步通信的数据开销比例较大，传输速率较慢。

异步通信有两个比较重要的指标：字符帧和波特率。

（1）字符帧。

字符帧也称为数据帧，由起始位、数据位、奇偶校验位和停止位四部分组成，串行通信字符帧格式如图 4-3 所示。

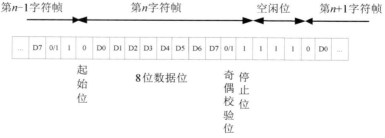

图 4-3　串行通信字符帧格式

① 起始位：位于字符帧开头，只占一位，为逻辑低电平，用于向接收设备表示发送端开始发送一帧信息。

② 数据位：紧跟在起始位之后，根据情况可以取 5 位、6 位、7 位或 8 位，低位在前，高位在后。

③ 奇偶校验位：位于数据位之后，仅占一位，用来表示串行通信中采用奇校验还是偶校验，由用户编程决定。

④ 停止位：位于字符帧最后，为逻辑高电平。通常可取 1 位、1.5 位或 2 位，用于向接收端表示一帧字符信息已经发送完，也为发送下一帧做准备。

停止位之后紧接着可以是下一个字符帧的起始位，也可以是空闲位（逻辑 1 高电平），意味着线路处于等待状态。

（2）波特率。

波特率（Baud Rate）为每秒钟传送二进制数码的位数，单位为 bit/s（位/秒）。波特率用于表示数据传输的速度，波特率越高，数据传输的速度越快。通常异步通信的波特率为 50～19200bit/s。

同步通信（Synchronous Communication）以数据块方式传输数据。通常在面向字符的同步传输中，其帧的格式由三部分组成，即由若干个字符组成的数据块，在数据块前加上 1～2 个同步字符（SYN），在数据块的后面根据需要加入若干个校验字符（CRC），同步通信数据格式如图 4-4 所示。

图 4-4　同步通信数据格式

同步通信方式的同步由每个数据块前面的同步字符实现。同步字符的格式和数量可以根据需要约定。接收端在检测到同步字符之后，便确认开始接收有效数据字符。

与异步通信不同的是，同步通信需要提供单独的时钟信号，且要求接收器时钟和发送器时钟严格保持同步。

#### 4．串行口的连接方法

根据通信距离的不同，串行口的电路连接方法有三种。如果距离很近，则只要两根信号线（TXD，RXD）和一根地线（GND）就可以实现互联；为了提高通信距离，并且距离在 15m 以内可以采用 RS232 接口实现；如果是远距离通信，则可以通过调制解调器进行通信互联。

### 4.1.2.2　串行口

51 系列单片机内部集成了 1～2 个可编程通用异步串行通信接口（Universal Asynchronous Receiver/Transmitter，UART），简称串行口。其采用全双工通信制式，可以同时进行数据的接收和发送，也可以作为同步移位寄存器。该串行通信接口有四种工作方式，可以通过软件编程设置为 8 位、10 位、11 位的数据帧格式，并能设置各种波特率。

#### 1．串行口结构

51 系列单片机的串行口主要由两个独立的串行口数据缓冲寄存器（SBUF，一个发送缓冲寄存器，另一个接收缓冲寄存器）、串行口控制寄存器（SCON）、输入移位寄存器（PCON）及若干控制门电路组成。串行口内部结构图如图 4-5 所示。

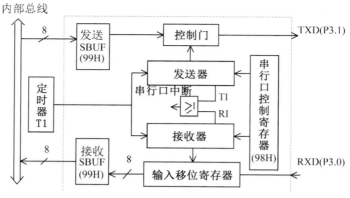

图 4-5　串行口内部结构图

## 2．特殊功能寄存器

（1）串行口数据缓冲寄存器。

串行口数据缓冲寄存器（SBUF）用于存放发送/接收的数据。

（2）串行口控制寄存器。

串行口控制寄存器（SCON）用于控制串行口的工作方式和工作状态，可进行位寻址。在复位时，SCON 各位均清 0。波特率发生器由定时器 T1 构成，波特率与单片机晶振频率、定时器 T1 初值、串行口工作方式和波特率选择位（SMOD）有关。表 4-1 所示为串行口控制寄存器的格式，表 4-2 所示为串行口控制寄存器各位的含义。

表 4-1　串行口控制寄存器的格式

| 位序号 | D7 | D6 | D5 | D4 | D3 | D2 | D1 | D0 |
|---|---|---|---|---|---|---|---|---|
| 位符号 | SM0 | SM1 | SM2 | REN | TB8 | RB8 | TI | RI |

表 4-2　串行口控制寄存器各位的含义

| 控制位 | | 说　明 | | | | |
|---|---|---|---|---|---|---|
| | | SM0 | SM1 | 工作方式 | 功能 | 波特率 |
| SM0<br>SM1 | 工作方式选择位 | 0 | 0 | 方式 0 | 8 位同步移位寄存器 | $f_{osc}/12$ |
| | | 0 | 1 | 方式 1 | 10 位 UART | 可变 |
| | | 1 | 0 | 方式 2 | 11 位 UART | $f_{osc}/64$ 或 $f_{osc}/32$ |
| | | 1 | 1 | 方式 3 | 11 位 UART | 可变 |
| SM2 | 多机通信控制位 | 在方式 0 中，SM2 应为 0。在方式 1 处于接收时，若 SM2=1，则只有当接收到有效的停止位后，RI 才置 1。在方式 2、方式 3 处于接收时，若 SM2=1，且接收到的第 9 位数据 RB8 为 0 时，则不激活 RI；若 SM2=1 且 RB8=1 时，则置 RI=1。在方式 2、方式 3 处于发送方式时，若 SM2=0，则无论接收到的第 9 位 RB8 为 0 还是 1，TI、RI 都以正常方式被激活 | | | | |
| REN | 允许串行接收位 | 由软件置位或清零。REN=1，允许接收；REN=0，禁止接收 | | | | |
| TB8 | 发送数据的第 9 位 | 在方式 2、方式 3 中由软件置位或清零。一般可作为奇偶校验位。在多机通信中，可作为区别地址帧或数据帧的标志位，一般约定地址帧时 TB8 为 1，约定数据帧时 TB8 为 0 | | | | |

续表

| 控制位 | | 说 明 |
|---|---|---|
| RB8 | 接收数据的第9位 | 功能同 TB8 |
| TI | 发送中断标志位 | 在方式0中，发送完8位数据后，由硬件置位；在其他方式中，在发送停止位之初由硬件置1。因此，TI=1 是发送完一帧数据的标志，其状态既可供软件查询使用，也可请求中断。TI 位必须由软件清零 |
| RI | 接收中断标志位 | 在方式0中，接收完8位数据后，由硬件置位；在其他方式中，当接收到停止位时该位由硬件置1。因此，RI=1 是接收完一帧数据的标志，其状态既可供软件查询使用，也可请求中断。RI 位必须由软件清零 |

（3）输入移位寄存器。

输入移位寄存器（PCON）是一个特殊的功能寄存器，它主要用于电源控制方面。另外，PCON 中的最高位 SMOD 被称为波特率加倍位，用于对串行口的波特率控制。输入移位寄存器的格式如表 4-3 所示。

表 4-3 输入移位寄存器的格式

| 位序号 | D7 | D6 | D5 | D4 | D3 | D2 | D1 | D0 |
|---|---|---|---|---|---|---|---|---|
| 位符号 | SMOD | — | — | — | GF1 | GF0 | PD | IDL |

其中，最高位 SMOD 为串行口波特率选择位。当 SMOD=1 时，串行口工作方式1、方式2、方式3 的波特率加倍。

### 3．串行口工作方式

（1）方式0。

在方式0下，串行口作为同步移位寄存器使用，其波特率固定为 $f_{osc}/12$。串行数据从 RXD（P3.0）端输入或输出，同步移位脉冲由 TXD（P3.1）送出。这种方式用于扩展 I/O 端口。

（2）方式1。

在方式1下，串行口为波特率可调的 10 位通用异步接口 UART，发送或接受的一帧信息包括 1 位起始位、8 位数据位和 1 位停止位。方式1下的 10 位帧格式如图 4-6 所示。

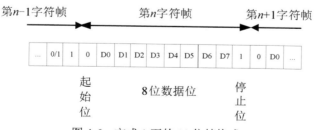

图 4-6 方式1下的 10 位帧格式

发送时，当数据写入发送缓冲寄存器后，启动发送器发送，数据从 TXD 输出。当发送完一帧数据后，置中断标志 TI 为 1。方式1的波特率取决于定时器 T1 的溢出率和 PCON 中的 SMOD 位。

接收时，REN 置1，允许接收，串行口采样 RXD，当采样由 1 到 0 跳变时，确认是起始位"0"，开始接收一帧数据。当 RI=0 且停止位为 1 或 SM2=0 时，停止位进入 RB8 位，同时置中断标志 RI；否则，信息将丢失。所以，采用方式 1 接收时，应先用软件清除 RI 或 SM2 标志。

（3）方式 2。

在方式 2 下，串行口为 11 位 UART，传送波特率与 SMOD 有关。发送或接收的一帧数据包括 1 位起始位、8 位数据位、1 位奇偶校验位和 1 位停止位。方式 2 下的 11 位帧格式如图 4-7 所示。

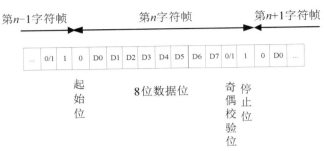

图 4-7　方式 2 下的 11 位帧格式

发送时，先根据通信协议由软件设置 TB8，然后将要发送的数据写入 SBUF，启动发送。写 SBUF 语句除了将 8 位数据送入 SBUF，还将 TB8 装入发送移位寄存器的第 9 位，并通知发送控制器进行一次发送，一帧信息即从 TXD 发送。在发送完一帧信息后，TI 被自动置 1，在发送下一帧信息之前，TI 必须在中断服务程序或查询程序中清零。

当 REN=1 时，允许串行口接收数据。当接收器采样到 RXD 端负跳变，并判断起始位有效后，数据由 RXD 端输入，开始接收一帧信息。当接收器接收到第 9 位数据后，若同时满足以下条件：RI=0 和 SM2=0，或者接收到的第 9 位数据为 1，则接收数据有效，将 8 位数据送入 SBUF，第 9 位送入 RB8，并置 RI=1。若不满足上述条件，则信息丢失。

（4）方式 3。

方式 3 为波特率可变的 11 位 UART 通信方式，除了波特率，方式 3 和方式 2 完全相同。

### 4．波特率设置方法

51 系列单片机串行口通过编程可以有 4 种工作方式，其中方式 0 和方式 2 的波特率是固定的，方式 1 和方式 3 的波特率可变，由定时器 T1 的溢出率决定。

（1）方式 0 和方式 2。

在方式 0 下，波特率为时钟频率的 1/12，即 $f_{osc}/12$，固定不变。

在方式 2 下，波特率取决于 PCON 中的 SMOD 的值，当 SMOD=0 时，波特率为 $f_{osc}/64$；当 SMOD=1 时，波特率为 $f_{osc}/32$，即波特率=$2^{SMOD} \times f_{osc}/64$。

（2）方式 1 和方式 3。

在方式 1 和方式 3 下，波特率由定时器 T1 的溢出率和 SMOD 共同决定，即波特率=$2^{SMOD} \times$ T1 溢出率/32。

其中，T1 的溢出率取决于定时器 T1 的计数速率和定时器的预置值。当定时器 T1 设置在定时方式时，定时器 T1 的溢出率=T1 计数速率/产生溢出所需机器周期数，T1 计数速率=$f_{osc}/12$；产生溢出所需机器周期数=定时器最大计数值 $M$－计数初始值 $X$，所以，串行口接口工作在方式 1 和方式 3 时的波特率计算公式如下：

$$波特率=(2^{SMOD}/32) \times \{f_{osc}/[12 \times (256-X)]\}$$

计数初始值 $X=256-(2^{SMOD}/32)\times[f_{osc}/(12\times\text{波特率})]$

表 4-4 列出了常用的波特率及获得方法。

**表 4-4　常用的波特率及获得方法**

| 波特率 | $f_{osc}$/MHz | SMOD | 定时器 T1 | | |
| --- | --- | --- | --- | --- | --- |
| | | | C/T̄ | 方式 | 初始值 |
| 方式 0：1Mbit/s | 12 | — | — | — | — |
| 方式 2：375kbit/s | 12 | 1 | — | — | — |
| 方式 1、方式 3：62.5kbit/s | 11.0592 | 1 | 0 | 2 | 0xff |
| 19.2kbit/s | 11.0592 | 1 | 0 | 2 | 0xfd |
| 9.6kbit/s | 11.0592 | 0 | 0 | 2 | 0xfd |
| 4.8kbit/s | 11.0592 | 0 | 0 | 2 | 0xfa |
| 2.4kbit/s | 11.0592 | 0 | 0 | 2 | 0xf4 |
| 1.2kbit/s | 11.0592 | 0 | 0 | 2 | 0xe8 |
| 137.5kbit/s | 11.0592 | 0 | 0 | 2 | 0x1d |
| 110bit/s | 6 | 0 | 0 | 2 | 0x72 |
| 110bit/s | 12 | 0 | 0 | 1 | 0xfe |

综上所述，设置串行口波特率的步骤如下。

① 写 TMOD，设置定时器 T1 的工作方式。

② 给 TH1 和 TL1 赋值，设置定时器 T1 的初值 $X$。

③ 置位 TR1，启动定时器 T1 工作，即启动波特率发生器。

### 4.1.2.3　串行通信程序设计

串行通信程序的编程主要包括以下几个部分。

**1. 串行口的初始化编程**

串行口的初始化编程主要是对串行口控制寄存器、输入移位寄存器中的 SMOD 进行设置及串行口波特率定时器 T1 的初始化。若涉及中断系统，则需要对中断允许控制寄存器 IE 及中断优先级控制寄存器 IP 进行设定。

一般步骤：设定串行口工作方式；若波特率加倍时，则设定 SMOD；当波特率可变时，设定定时器 T1 工作方式；计算 T1 的初始值；禁止定时器 T1 中断；启动 T1，产生波特率；若使用中断方式，则开放 CPU 中断，打开串行口中断；根据需要设定串行口中断优先级为高。

例 4-1　若 $f_{osc}$=6MHz，波特率为 2400bit/s，SMOD=1，则请进行初始化编程。

解：（1）设定串行口工作方式 1 且波特率可调的 10 位 UART，则 SM0=0，SM1=1，即 SCON=0100 0000B=0X40。

（2）假设波特率加倍，则设定 SMOD=1。

（3）设定定时器 T1 工作方式 2，计算 TH1、TL1 的初始值，即 TMOD=0010 0000B=0X20。

利用公式：波特率=$(2^{SMOD}/32)\times\{f_{osc}/[12\times(256-X)]\}$ 推出 $2400=(2/32)\times(6\times10^6)/[12\times(256-$

$X$)]=(1/16)×[500000/(256-$X$)]，得到 $X$=243D=0xf3，即 TH1=0XF3，TL1=0XF3。如果在表格中有相应数据可以直接查表，也可以利用 51 系列单片机波特率计算器（网上可以下载）直接计算。

（4）禁止 T1 中断，设置 ET1=0。

（5）启动 T1 产生波特率，设置 TR1=1。

（6）开放 CPU 中断，设置 EA=1。

（7）打开串行口中断，设置 ES=1。

（8）根据需要设定串行口中断优先级为高，设置 PS=1。

### 2. 发送和接收程序设计

通信过程包括发送和接收两部分，因此通信软件也包括发送程序和接收程序，它们分别位于发送器和接收器中。发送程序和接收程序的设计一般采用查询和中断两种方法。

异步串行通信是以帧为基本信息单位传送的。在每次发送或接收完一帧数据后，将由硬件使 SCON 中的 TI 或 RI 的状态是否有效来判断一次数据发送或接收是否完成，查询方式的程序流程图如图 4-8 所示。在发送程序中，首先将数据发送出去，然后查询是否发送完毕，最后决定是否发送下一帧数据，即"先发后查"。在接收程序中，首先判断是否接收到一帧数据，然后保存这一帧数据，即"先查后收"。

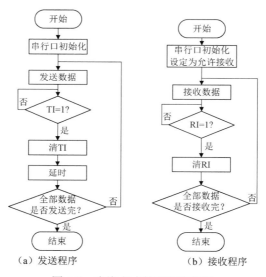

图 4-8　查询方式的程序流程图

如果采用中断方法编程，则将 TI、RI 作为中断申请标志。如果设置系统允许串行口中断，则每当 TI 或 RI 产生一次中断申请，就表示一帧数据发送或接收完成。CPU 响应一次中断请求，执行一次中断服务程序，在中断服务程序中完成数据的发送或接收，中断方式的程序流程图如图 4-9 所示。其中，发送程序中必须有一次发送数据的操作，目的是启动第一次中断，之后所有数据的发送均在中断服务程序中完成。而在接收程序中，所有的数据接收操作均在中断服务程序中完成。

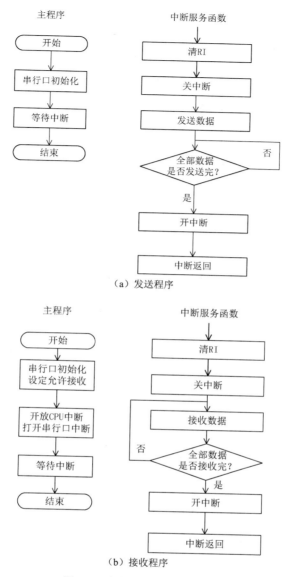

图 4-9 中断方式程序流程图

例 4-2 一卡通的卡号通过刷卡被刷卡机读取到，假设卡号被甲机读取，用查询方式将甲机中数据块"950706"传递给乙机。

解：设波特率为 9600bit/s，由定时器 T1 工作方式 2 可知，$f_{osc}$=11.0592MHz，SMOD=0。查表 4-4 得到 TH1=0XFD，TL1=0XFD。设定串行口工作方式 1，10 位 UART。

甲机发送数据参考程序如下。

```
unsigned char a[6]={9,5,0,7,0,6};//发送的数据放到一个数组中
void main(){
  TMOD=0X20;  //定时器 T1 工作方式 2
  TH1=0XFD;   //波特率为 9600bit/s
  TL1=0XFD;
  PCON=0X00;  //波特率不加倍
```

```
  SCON=0X40;   //串行口工作方式1, 10 位 UART
 TR1=1;//启动 T1，产生波特率
 for(i=0;i<6;i++){
    SBUF=a[i];  //把数组中的数据循环发送到 SBUF 中
    while(!TI){;}//查询 TI 是否为 1，数据被取走，TI 变成 1
    TI=0;//一旦数据被取走，软件就将 TI 清零
    delay(100);//调用延时程序，以确保数据被对方接收后再发下一帧数据
 }
 while(1);
 }
```

乙机接收数据参考程序如下。

```
unsigned char i,receive;
void main(){
TMOD=0X20;      //定时器 T1 工作方式 2
 TH1=0XFD;       //波特率为 9600bit/s
 TL1=0XFD;
 PCON=0X00;   //波特率不加倍
 SCON=0X40;   //串行口工作方式 1, 10 位 UART
 TR1=1;  //启动 T1，产生波特率
 //EA=1;//CPU 打开中断，因为通过查询接收数据，所以不需要打开中断，EA 默认值为 0
 //REN=1;//允许接收数据，通过查询接收数据，不需要利用中断，所以此句可取消，REN 默认值为 0
 i=0;  //数组元素下标从 0 开始
 while(1){
    while(RI){;}//查询 RI 是否为 1
    RI=0;//如果 RI 为 1，则将 RI 清零
    Receive[i]=SBUF;//把接收到的数据放入数组 Receive[]中
    i++;//数组元素下标加 1
    if(i>=6){ i=0;}//当数组元素满 6 个时，数组下标从 0 开始
  }
}
```

## 4.1.3　任务实施

获取智慧校园一卡通卡号数据，通过单片机的双机通信实现一卡通卡号的获取。假设一卡通卡号"950706"通过刷卡后发送到了甲机中（刷卡机连接单片机甲机串口，RFID 卡卡号被刷卡机读取后送入单片机甲机的缓存中，关于刷卡读取数据部分内容将在 RFID 技术课程中进行学习，本案例中利用甲机模拟刷卡机），甲机发送此数据给乙机，乙机接收到数据后在 6 个数码管上显示出来，并且回发一个数据 0xaa 给甲机，甲机收到此数据后点亮一个绿色 LED 灯，以表示双机通信成功。为表示甲机正在给乙机发送数据，可以在甲机上连接一个红色 LED 灯，发送数据期间此 LED 灯被点亮，数据发送完毕，此 LED 灯熄灭。

通过本任务的设计与制作，加深学生理解串行通信与并行通信方式的异同，要求学生掌握串行通信的重要指标、字符帧和波特率，并熟练应用单片机串行通信接口的使用方法。

本任务在实施过程中，学生重点掌握串行通信的初始化方法，掌握串行通信中断服务程序的编程方法，熟悉中断的执行过程。

### 1. 硬件电路设计

（1）任务分析。

根据本任务的工作内容和要求，甲机需要发送卡号数据"950706"给乙机，这串数据可以存放在一个字符数组中，循环发送 6 次，将数组中的数据通过串行口利用中断方法或查询方式发送给乙机。乙机可以通过中断方式，也可以利用查询方式接收数据。一旦数据接收成功，就通过串行口发送 0xaa 给甲机，以表示成功接收甲机发来的数据。甲机接收到 0xaa 后点亮绿色 LED 灯。甲机和乙机均需要完成接收和发送数据操作。

乙机需要连接 6 个数码管，显示从甲机发送来的数据。

（2）电路设计。

根据任务分析，乙机的 6 个数码管采用动态连接方式，各位共阳极数码管相应的段选控制端并联在一起由 P1 端口控制，由同相三态缓冲器/线驱动器 74LS245 驱动。各位数码管的公共端也称为"位选端"，由单片机的 P2 端口通过六个反相驱动器 74LS04 驱动。甲机作为发送器，乙机作为接收器，将甲机的 TXD 端连接乙机的 RXD 端；甲机的 RXD 端连接乙机的 TXD 端。需要注意的是两个系统必须共地。

在甲机的 P1.0 端连接绿色 LED 灯，一旦甲、乙两个单片机成功通信后就会点亮此绿色 LED 灯；在甲机的 P1.1 端连接红色 LED 灯，在甲、乙两机进行串行通信期间，此灯被点亮，其余时间此灯熄灭。双机通信硬件电路图如图 4-10 所示。注意，此电路图中晶振电路和复位电路均没体现，在仿真环境中默认含有此两部分的电路，可以正常运行，在开发板中不能省略此两部分电路。双机通信电路元件清单如表 4-5 所示。

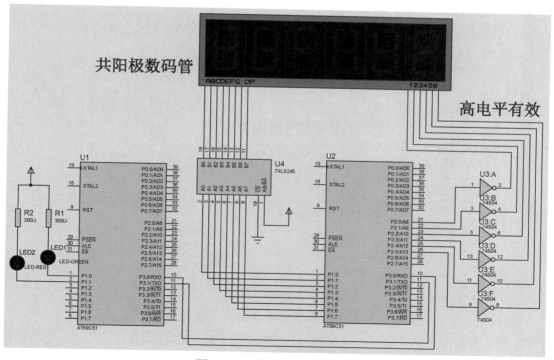

图 4-10    双机通信硬件电路图

表 4-5　双机通信电路元件清单

| 元件名称 | 型号 | 数量 |
|---|---|---|
| 单片机 | AT89C51 | 2 |
| LED 灯 | LED-RED、LED-GREEN | 各 1 |
| 数码管 | 共阳极数码管 | 1 |
| 同相三态缓冲器/线驱动器 | 74LS245 | 1 |
| 反相驱动器 | 74LS04 | 1 |

### 2．软件编程

（1）甲机程序设计。

在主程序中首先进行串行口参数初始化和其他参数初始化，主要包括波特率、串行口工作方式、CPU 中断允许、串行口中断允许、允许接收数据等参数的设置。

一卡通的 6 位卡号数据存放在 send 数组中，在主程序中利用查询方式循环 6 次将 6 个字符发送给乙机。每发送一个字符需要延长一段时间，以确保发送的数据被对方接收。

主要代码如下。

```
void main(){
  TMOD=0X20;//定时器 T1 工作方式 2
  TH1=0XFD;//波特率为 9600bit/s
  TL1=0XFD;
  PCON=0X00;//波特率不加倍
  SCON=0X40;//串行口工作方式 1，10 位 UART
  TR1=1;//启动 T1，产生波特率
  EA=1;//运行 CPU 中断
  ES=1;//运行串行口中断
  REN=1;//运行接收数据
  i=0;//发送数组下标从 0 开始
  gled=1;//绿色 LED 灯熄灭
  rled=1;//红色 LED 灯熄灭
  for(i=0;i<6;i++){//循环 6 次将动态密码发送出去
    SBUF=a[i];//发送第 i 个字符
    while(!TI){;}//查询 TI 是否为 1
    TI=0;
    rled=0;//点亮发送数据指示灯
    delay(100);//延时
  }
  rled=1;//熄灭红色 LED 灯
  while(1);
}
```

甲机利用中断方式接收乙机发来的握手信号 0xaa，中断服务程序如下。

```
void myrece() interrupt 4 using 0{//串行口中断服务程序
  if(RI){//缓冲器中有数据
```

```
receivedata=SBUF;//取出缓冲器中的数据
if(receivedata==0xaa){//判断接收到的数据是否为双方约定的握手信号
  gled=0;  //如果是握手信号，则点亮绿色 LED 灯，表示串行通信成功
  rled=1;//红色 LED 灯熄灭
}
else gled=1;//否则，绿色 LED 灯熄灭，以示串行通信失败
}
RI=0;//RI 标志清零
}
```

（2）乙机程序设计。

乙机利用串行口中断接收数据，串行口中断服务程序主要代码如下。

```
void myserial() interrupt 4 using 0{//串行口中断服务程序
  if(RI){//缓冲器中有数据到来
    rec[i]=SBUF;//将接收到的数据存放到一个数组中
    i++;//数组元素下标加 1
    RI=0;//RI 标志清零
    if(i>=6){//数组下标超过 6
      i=0;//将下标清 0
      lable=1;//一旦 6 个字符全部收到，就置标志 lable 为 1，表示可以发送握手信号给甲机
    }
  }
}
```

乙机将接收到的 6 位一卡通卡号，通过 6 个数码管轮流显示，利用视觉暂留效应，只要轮流显示足够快，人的眼睛就会认为 6 个数码管是同时显示的。轮流显示方法为，首先第一个位选端置 1，第一个数码管显示动态密码的第一个数字，然后第二个位选端置 1，第二个数码管显示动态密码的第二个数字，以此类推，直到显示第 6 个数字。上述显示过程在主程序中循环进行。显示部分主要代码如下。

```
void display(){//数码管轮流显示
  s=0x01;// s=0000 0001B
  P2=~s;//P2.0 为 0，则通过反相器后第一个位选端为高电平
  for(j=0;j<6;j++){//循环 6 次
    P1=table[rec[j]];//将接收到的数字对应 table 数组中的段码赋给 P1 端口
    delay(10);//延时
    s=s<<1;//左移一位
    P2=~s;//轮流置位选端为高电平
  }
}
```

乙机主程序主要完成初始化设置，并循环显示接收到的数据，一旦 6 位动态密码全部接收完毕，就通过查询方式向甲机发送握手信号 0xaa。主要代码如下。

```
void main(){
  TMOD=0X20;//定时器 T1 工作方式 2
```

```
TH1=0XFD;//设置波特率为 9600bit/s
TL1=0XFD;
PCON=0X00;//波特率不加倍
SCON=0X40;//串行口工作方式 1
TR1=1;//启动 T1，产生波特率
EA=1;//允许 CPU 中断
ES=1;//允许串行口中断
REN=1;//允许接收数据
lable=0;//6 个数据接收完毕标志位，0 为未接收完毕
i=0;//接收数据数组下标从 0 开始
delay(100);
while(1){
    display();//显示接收到的数据
    if(lable){//6 个字符全部接收完毕
      SBUF=0XAA;//发送握手信号 0xaa 给甲机
      while(!TI);//查询 TI 是否为 1
      TI=0;//TI 清零
      lable=0;//清数据接收完毕标志位
    }
  }
}
```

（3）整个程序代码。

甲机完整程序代码如下。

```
#include <reg51.h>
unsigned char a[6]={9,5,0,7,0,6};//动态密码预先存放在数组中
unsigned char i;
sbit gled=P1^0;   //位定义绿色 LED 灯连接在 P1.0 端
sbit rled=P1^1;   //位定义红色 LED 灯连接在 P1.1 端

unsigned char receivedata;    //接收数据的变量
unsigned int m,n;
/**********************************
```

延时程序如下。

```
*****************************************/
void delay(unsigned int num){
  for(m=0;m<num;m++)
   for(n=0;n<100;n++)
     ;
}
/***********************************************
```

串行口中断服务程序如下。

```
***************************************************/
```

```
void myrece() interrupt 4 using 0{
  if(RI){//缓冲器中有数据
    receivedata=SBUF;//取出缓冲器中的数据，存放到 receivedata 变量中
    if(receivedata==0xaa){//判断接收到的数据是否为双方约定的握手信号
      gled=0;  //如果是握手信号，则点亮绿色 LED 灯，表示串行通信成功
      rled=1;//红色 LED 灯熄灭
    }
    else gled=1;//否则，绿色 LED 灯熄灭，以示串行通信失败
  }
  RI=0;//RI 标志清零
}
void main(){
  TMOD=0X20;//定时器 T1 工作方式 2
  TH1=0XFD;//波特率为 9600bit/s
  TL1=0XFD;
  PCON=0x00;//波特率不加倍
  SCON=0x40;//串行口工作方式 1，10 位 UART
  TR1=1;//启动 T1，产生波特率
  EA=1;//运行 CPU 中断
  ES=1;//运行串行口中断
  REN=1;//运行接收数据
  i=0;//发送数组下标从 0 开始
  gled=1;//绿色 LED 灯熄灭
  rled=1;//红色 LED 灯熄灭
  for(i=0;i<6;i++){//循环 6 次将动态密码发送出去
    SBUF=a[i];//发送第 i 个字符
    while(!TI){;}//查询 TI 是否为 1
    TI=0;
    rled=0;//点亮发送数据指示灯
    delay(100);//延时
  }
  rled=1;//熄灭红色 LED 灯
  while(1);
}
```

乙机完整程序代码如下。

```
#include <reg51.h>
unsigned char s,j,i;
unsigned char rec[6];
unsigned char table[]={0xc0,0xf9,0xa4,0xb0,0x99,0x92,0x82, 0xf8,0x80,0x90};
//共阳极数码管数字段编码
unsigned int m,n;
bit lable;//标记位等于 1 时表示 6 个数据全部收到，反之亦然
void delay(unsigned int num){
```

```
    for(m=0;m<num;m++)
     for(n=0;n<100;n++)
        ;
}
void myserial() interrupt 4 using 0{//串行口中断服务程序
   if(RI){//缓冲器中有数据到来
      rec[i]=SBUF;//将接收到的数据存放到一个数组中
      i++;//数组元素下标加 1
      RI=0;//RI 标志清零
      if(i>=6){//数组下标超过 6
         i=0;//将下标清 0
         lable=1;//一旦 6 个字符全部收到，就置标志 lable 为 1，表示可以发送握手信号给甲机
      }
   }
}
void display(){//数码管轮流显示
   s=0x01;
   P2=~s;//P2.0 为 0，则通过反相器后第一个位选端为高电平
   for(j=0;j<6;j++){//循环 6 次
      P1=table[rec[j]];//将接收到的数字对应 table 数组中的编码
      delay(10);//延时
      s=s<<1;//左移一位
      P2=~s;//轮流置位选端为高电平
   }
}
void main(){
   TMOD=0X20;//定时器 1 工作方式 2
   TH1=0XFD;//设置波特率为 9600bit/s
   TL1=0XFD;
   PCON=0X00;//波特率不加倍
   SCON=0X40;//串行口工作方式 1
   TR1=1;//启动 T1，产生波特率
   EA=1;//允许 CPU 中断
   ES=1;//允许串行口中断
   REN=1;//允许接收数据
   lable=0;//6 个数据接收完毕标志位，0 为未接收完毕
   i=0;//接收数据数组下标从 0 开始
   delay(100);
   while(1){
      display();//显示接收到的数据
      if(lable){//6 个字符全部接收完毕
         SBUF=0XAA;//发送握手信号 0xaa 给甲机
         while(!TI);//查询 TI 是否为 1
         TI=0;//TI 标志清零
```

```
        lable=0;//清数据接收完毕标志位
      }
    }
  }
}
```

甲机代码可参考 ep4-1a.c（send.c）文件，乙机代码可参考 ep4-1b.c（receive.c）文件。

### 3. 仿真调试

通过编译调试，将 hex 文件下载到单片机中，仿真运行，甲机输入设定密码，乙机接收后并显示，观察效果是否和预设的一致。

### 4. 开发板验证

利用两块开发板来验证本任务功能，首先分别下载甲机和乙机的 hex 文件到各自单片机中，然后将甲机的数据接收端连接乙机的数据发送端，甲机的数据发送端连接乙机的数据接收端。打开两块开发板电源，验证结果。

### 5. 故障与维修

在将 hex 文件通过下载工具软件传输至开发板的过程中，若遭遇软件提示"串行口已被占用"的情况，首先需要进行串行口连接的检查。这一步骤是确保下载过程中无硬件冲突的关键。具体操作为检查两块开发板（标记为甲和乙）的串行口数据线连接情况。如果发现这两根数据线已相互连接，则应先将它们断开，然后尝试重新下载 hex 文件。

在此过程中，需要特别注意的是计算机与单片机之间的数据传输是通过单片机的串行口进行的。当甲和乙两个开发板的串行口数据线相互连接时，可能会与下载程序所需使用的串行口发生冲突。因此，断开这两个数据线的连接是解决"串行口已被占用"问题的关键步骤。

扫描右侧二维码，可以观看教学微视频。

## 4.1.4  能力拓展

甲机发送的数据由与甲机连接

双机通信硬件
电路设计

双机通信软件设计
（显示有错位）

双机通信软件设计
显示出现错误分析

双机通信软件设计
双方收发有应答

的矩阵式键盘中按键的值决定。甲机将矩阵式键盘中按键的值通过串行口发送给乙机，乙机接收到数据后在数码管中显示，同时对此数据加 1 后通过串行口回发给甲机，甲机显示乙机发送来的数据。

### 1. 硬件电路设计

矩阵式键盘中按键连接到甲机的 P1 端口，列线连接 P1 端口的低 4 位，行线连接 P1 端口的高 4 位，连接方法与之前任务的连接方法一样，矩阵式键盘与甲机的连接电路图如图 4-11 所示。

甲机的 TXD 和乙机的 RXD 连接，甲机的 RXD 和乙机的 TXD 连接，甲机和乙机的 P2 端口各自连接共阳极数码管，双机串行通信电路图如图 4-12 所示。

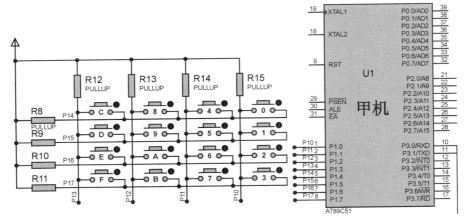

图 4-11 矩阵式键盘与甲机的连接电路图

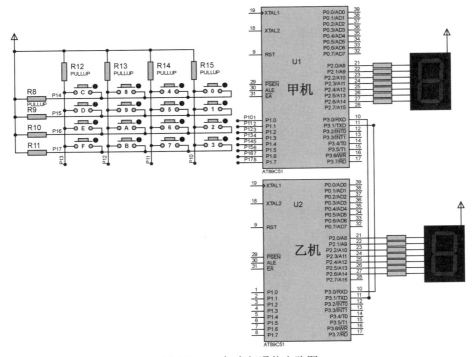

图 4-12 双机串行通信电路图

双机串行通信电路元件清单如表 4-6 所示。仿真图中最小系统电路可以省略不画。在实际应用中，最小系统电路不可少。

表 4-6 双机串行通信电路元件清单

| 元件名称 | 型号 | 数量 |
| --- | --- | --- |
| 单片机 | AT89C51 | 2 |
| 按键 | BUTTON | 16 |
| 电阻 | RES-470Ω | 14 |
| 上拉电阻 | PULLUP | 8 |
| 共阳极数码管 | 7SEG-COM-AN-GRN | 2 |

## 2. 软件编程

甲机主函数首先需要对与串行通信相关的寄存器进行初始化，代码如下。

```
TMOD=0X20;    //0010 0000，定时器T1工作方式2
TH1=0XFA;     //波特率为9600bit/s，11.0592MHz晶振，波特率翻倍
TL1=0XFA;
PCON=0X80;    //波特率翻倍
SCON=0X50;    //0101 0000串行口工作方式1，10位异步通信，波特率可变，允许串行口接收数据
TR1=1;    //启动定时器T1
EA=1;    //允许总中断
ES=1;    //允许串行口中断
REN=1;    //允许接收数据，此句可省略
keynum=16;    //按键的值初始化
```

主函数的 while 循环中反复做三件事，读取矩阵式键盘中按键的值、串行口发送按键的值、显示从串行口收到的数据。

```
while(1){
    //1 读取矩阵式键盘中按键的值
    readkey();
    //2 串行口发送按键的值
    SBUF=keynum;
    while(!TI);
    TI=0;
    //3 显示从串行口收到的数据
    P2=table[keynum1];
}
```

读取矩阵式键盘中按键的值，获取按键的值的代码和矩阵式键盘获取按键的值的方法一样，代码如下。

```
//读取矩阵式键盘中按键的值，获得按键的值
void readkey(){
    P1=0xfe;//P10=0;
    temp=P1;
    temp=temp&0xf0;
    if(temp!=0xf0){
        delay(10);
        if(temp!=0xf0){
         temp=P1;
         switch(temp){
            case 0xee: keynum=0;break;
            case 0xde: keynum=1;break;
            case 0xbe: keynum=2;break;
            case 0x7e: keynum=3;break;
         }
        }
    }
```

```
    P1=0xfd;//P10=0;
    temp=P1;
    temp=temp&0xf0;
    if(temp!=0xf0){
        delay(10);
        if(temp!=0xf0){
         temp=P1;
         switch(temp){
             case 0xed: keynum=4;break;
             case 0xdd: keynum=5;break;
             case 0xbd: keynum=6;break;
             case 0x7d: keynum=7;break;
         }
        }
    }
    P1=0xfb;//P10=0;
    temp=P1;
    temp=temp&0xf0;
    if(temp!=0xf0){
        delay(10);
        if(temp!=0xf0){
         temp=P1;
         switch(temp){
             case 0xeb: keynum=8;break;
             case 0xdb: keynum=9;break;
             case 0xbb: keynum=10;break;
             case 0x7b: keynum=11;break;
         }
        }
    }
    P1=0xf7;//P10=0;
    temp=P1;
    temp=temp&0xf0;
    if(temp!=0xf0){
        delay(10);
        if(temp!=0xf0){
          temp=P1;
          switch(temp){
             case 0xe7: keynum=12;break;
             case 0xd7: keynum=13;break;
             case 0xb7: keynum=14;break;
          }
        }
    }
}
```

把按键的值放到 SBUF 缓存中，等待数据发送完成后清除 TI 中断标志。串行口发送数据代码如下。

```
//发送按键的值
SBUF=keynum;
while(!TI);
TI=0;
```

P2 端口连接的数码管显示从串行口收到的数据，代码如下。

```
//显示收到的数据
P2=table[keynum1];
```

串行口中断接收数据，代码如下。

```
void myrec() interrupt 4 using 0{
  if(RI){
    keynum1=SBUF;
    RI=0;
  }
}
```

下面介绍乙机的代码编写。

乙机主函数初始化代码和甲机主函数初始化代码一样。在 while 循环中，反复执行下面几件事：P2 端口显示串行口收到的数，对其加 1 后通过串行口发送给甲机，代码如下。

```
while(1){
    P2=table[receive];  //显示收到的数
    senddata=receive+1; //数加1

    if(senddata>=16){
      SBUF=0X00;//超过16，串行口发送0
    }
    else SBUF=senddata;   //串行口发送数据
    while(!TI);
    TI=0;
  }
```

甲机代码可参考 ep4_2a.c 文件，乙机代码可参考 ep4_2b.c 文件。

### 3．仿真调试

分别编译甲机和乙机程序，下载到仿真图的甲机和乙机中，单击"运行"按钮，可以得到任务要求的效果。

### 4．开发板验证

利用两块开发板来验证本任务功能，首先分别下载甲机和乙机的 hex 文件到各自单片机中，然后将甲机的数据接收端连接乙机的数据发送端，甲机的数据发送端连接乙机的数据接收端。打开两块开发板电源，按下矩阵式键盘中的按键，观察两块开发板上数码管显示的内容来验证结果。

**5. 故障与维修**

在调试过程中，如果发现甲机接收不到乙机发来的数据，则检查甲机代码中允许接收数据的寄存器位寻找变量 REN 的值是否为 1。

扫描右侧二维码，可以观看教学微视频。

## 4.1.5　任务小结

串行通信的重点在初始化编程上，对串行口控制寄存器、输入移位寄存器中的 SMOD 及串行口波特率定时器 T1 进行设置，还需要对中断允许控制寄存器 IE 及中断优先级控制寄存器 IP 进行设定。

一般步骤：设定串行口工作方式；若波特率加倍时，则设定 SMOD；波特率可变时，设定定时器 T1 工作方式；计算 T1 的初始值；禁止定时器 T1 中断；启动 T1，产生波特率；若使用中断方式，则开放 CPU 中断，打开串行口中断；根据需要设定串行口中断优先级为高。

## 4.1.6　问题讨论

1. 串行通信的四种工作方式有何区别？
2. 一卡通数据除了卡号，还有卡中余额等数据，如果发送给乙机的数据包括卡号和余额，那么应该如何实现呢？

> **温馨提示**：可以用两个数组，一个存放卡号，另一个存放余额，发送完第一个数组中的数据后再发送第二个数组中的数据。

# 任务 4.2　计算机与微处理器之间串行通信

## 4.2.1　任务目标

通过本任务的设计与制作，要求学生掌握利用微处理器的串行通信功能实现与计算机的通信，通过计算机控制连接在微处理器上的直流电机转动。培养学生利用串行通信解决实际问题的能力，从而进一步提高学生对一卡通数据的应用与维护能力。

## 4.2.2　知识准备

本项目要求完成的工作是通过计算机控制连接在微处理器端口上的直流电机的正反转、速度调整和停止运转。通过敲击计算机键盘上的数字 1 控制直流电机正转，敲击数字 2 控制直流电机反转，敲击数字 3 控制直流电机加速旋转，敲击数字 4 控制直流电机减速旋转，敲击数字 5 或其他非 1、2、3、4 的数字键，控制直流电机停止运转。计算机和单片机通过串行口

串口通信之矩阵键盘值的发送

进行通信。

敲击计算机键盘上的数字按键，该按键的 ASCII 码输入计算机中，计算机通过串行口将相应按键的 ASCII 码的信息发送给微处理器。单片机将收到的数据解析成相应的数字，根据计算机和单片机双方的约定，由不同的数字控制直流电机不同的运行状态。由于 51 单片机输入/输出的逻辑电平为 TTL 电平，计算机配置的 RS232 标准接口逻辑电平为负逻辑。逻辑 0 为 +5～+15V，而逻辑 1 为 -15～-5V，所以在单片机和计算机之间的通信需要增加电平转换电路，常用的电平转换芯片有 MAX232 等。

## 4.2.3　任务实施

本任务实现智能控制智慧家居窗帘。利用按下计算机键盘上的某几个指定字符，分别控制连接窗帘直流电机的正转、反转、速度和启停，从而实现智慧家居窗帘的开、关等智能控制。

### 1. 硬件电路设计

由任务分析可知，51 单片机输入/输出的逻辑电平为 TTL 电平，计算机配置的 RS232 标准接口逻辑电平为负逻辑。所以在单片机和计算机之间的通信需要增加由 MAX232 构成的电平转换电路。一般的计算机上都有 DB9 接口的串行接口。如果没有 DB9 接口，则有 USB 接口，利用 USB 转串行口专用接口可以实现串行口的功能。

由于单片机的 I/O 端口驱动能力有限，所以往往不能提供足够大的功率去驱动直流电机，必须外加驱动电路。常用的驱动电路有 H 桥驱动电路，驱动直流电机只用一组 H 桥电路，直流电机的 H 桥驱动电路如图 4-12 所示。

（a）直流电机实物图

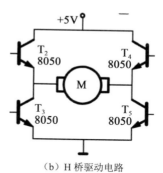

（b）H 桥驱动电路

图 4-12　直流电机的 H 桥驱动电路

通过单片机输出高低电平使 T2 和 T5 导通，T3 和 T4 截止，电流从直流电机的左侧流到右侧，直流电机正转；如果 T2 和 T5 截止，T3 和 T4 导通，则电流从直流电机的右侧流到左侧，直流电机反转。因此，将 T2 和 T5 的基极连在一起，同时连接到单片机的某个端口；将 T3 和 T4 的基极连接在一起，同时连接到单片机的另一个端口。这两个端口的电平同时为高或同时为低时，直流电机不转；而两个端口电平一高一低或一低一高时，直流电机就会正转或反转。通过计算机控制直流电机转动的硬件电路图如图 4-13 所示。通过计算机控制直流电机转动的硬件电路元件清单如表 4-7 所示。

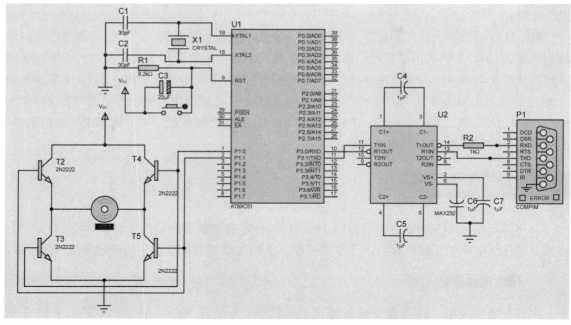

图 4-13　通过计算机控制直流电机转动的硬件电路图

表 4-7　通过计算机控制直流电机转动的硬件电路元件清单

| 元件名称 | 型号 | 数量 |
| --- | --- | --- |
| 单片机 | AT89C51 | 1 |
| 晶振 | 11.0592MHz | 1 |
| 电容 | 30pF | 2 |
| 电解电容 | 22μF/16V | 1 |
| 电阻 | 8.2kΩ | 1 |
| 按键 | BUTTON | 1 |
| 电阻 | 1kΩ | 1 |
| 电解电容 | 1μF/16V | 4 |
| TTL 电平转换芯片 | MAX232 | 1 |
| NPN 三极管 | 2N2222 | 4 |
| 直流电机 | 5V | 1 |
| DB9 串行接口插座 | RS232 | 1 |

## 2．软件编程

调节直流电机转动速度的快慢有好多种方法。其中，利用 PWM 来调节直流电机转动速度的快慢是目前广泛使用的方法。随着大规模集成电路的不断发展，很多单片机都有内置 PWM 模块，因此，单片机的 PWM 控制技术可以用内置 PWM 模块实现，也可以用单片机的其他资源由软件模拟实现，还可以通过控制外置硬件电路来实现。由于 51 单片机内部没有 PWM 模块，因此本设计采用软件模拟法，利用单片机的 I/O 引脚，通过软件对该引脚不断输出高低电平来实现 PWM 波输出，这种方法简单实用，缺点是占用 CPU 的大量时间。

本设计采用 PWM 技术，是一种周期一定且高低电平可调的方波信号。当输出脉冲的频率一定时，输出脉冲的占空比越大，其高电平持续的时间越长，直流电机的转动速度越快。在本任务中利用定时器 0 中断来定时，每发送一次 T0 中断，计数变量 n 加 1，n 的值为中断的次数，当 n≥100 时，n 重新从 0 开始计数。假设 T0 为 1ms 一次中断，那么 100 次中断就为 0.1s，如果定义 PWM 的周期为 0.1s，假设占空比变量 zkb 为高电平持续的时间，则当 n<zkb 时，直流电机维持转动，否则，直流电机停止。只要上述过程足够快，人的眼睛就感觉不到直流电机转转停停，而是感觉到直流电机的转动速度由 zkb 这个变量的值来决定。这就是 PWM 调速的原理。

在主程序中主要进行一些初始化，确定定时器 T0 和 T1 的工作方式，以及 TH0、TL0、TH1、TL1 的初值，T0 作为定时器使用，T1 用于产生波特率，还要设置计数变量 n 和占空比变量 zkb 的初始值，允许 CPU 中断和定时器 0 中断，允许串行口中断等。在主程序中利用循环并根据直流电机状态进行相应动作。直流电机状态在串行口中断服务程序中确定。

主要代码如下。

```
void main(){
  TMOD=0X21;  //0010 0000，T1 工作方式 2，T0 工作方式 1
  TH0=0XFC;//1ms=(65536-x)*1us=>x=65536-1000=64536
          //TH0=64536/256=0XFC
  TL0=0X18;//TL0=64536%256=0X18
  TH1=0XFD;//波特率 9600bit/s,SMOD=0;11.0592MHz 误差 0%
  TL1=0XFD;
  PCON=0X00;      //SMOD=0;波特率不加倍
  SCON=0X40;      //0100 0000  串行口工作方式 1，10 位 UART
  EA=1;           //允许 CPU 中断
  ES=1;           //允许串行口中断
  ET0=1;          //允许定时器 0 中断
  PS=1;           //串行口中断为高优先级
  TR0=1;          //启动定时器 0
  TR1=1;          //启动定时器 1，产生波特率
  REN=1;          //允许接收数据
  n=0;            //计数初始化为 0
  zkb=50;         //占空比变量初始化为 50，即一半的速度
  receive=5;      //默认收到的数字为 5
state=3;//state 表示根据从计算机键盘发送过来的数字决定直流电机的状态，默认为停止状态
while(1){
if(state==1){//1 表示正转
    if(n<=zkb){
        motor1=1;
        motor2=0;
     }
    else{
        motor1=0;
        motor2=0;
    }
```

```
        }
    if(state==2){//2 表示反转
        if(n<=zkb){
            motor1=0;
            motor2=1;
        }
        else{
            motor1=0;
            motor2=0;
        }
    }
    if(state==3){ //3 表示停止
        motor1=1;
        motor2=1;
    }
    }//while(1)
} //main ( )
```

定时器 0 负责定时 1ms，到 1ms 就产生一次中断，在中断服务程序中给计数变量 n 加 1，统计发生了多少次中断，n 最大值为 100，即当计时满 0.1s 时，认为一个定时周期已到，也就是说 PWM 的周期为 0.1s，高电平持续的时间最大为 0.1s。n 满 100 后归 0，计下一个周期的时间。定时器 0 中断服务程序如下。

```
void myt0() interrupt 1 using 0{
  TH0=0XFC;
  TL0=0X18;
  n++;
  if(n>100)  n=0;
}
```

串行口中断程序主要负责接收计算机发来的数据并进行解析，因为计算机发送的是字符的 ASCII 码，数字 1 的 ASCII 码是 0x31，因此解析数据时，只需要将收到的数据根据 ASCII 码来确定具体的数字，然后根据不同的数字确定计算机直流电机的状态，如果收到的是 0x31，则直流电机状态为 1，即正转状态；如果收到的是 0x32，则直流电机状态为 2，即反转状态；如果收到的是 0x33，则增加直流电机的 PWM 中高电平的占空比；如果收到的是 0x34，则减少直流电机的 PWM 中高电平的占空比；如果收到的是其他数字，则直流电机状态为 3，即停止状态。为验证串行口收到的数据是否为按下的计算机键盘上的数字，在串行口中断服务程序中添加代码，实现将收到的数据原样从串口返回给计算机。主要代码如下。

```
void mys() interrupt 4 using 0{
    ES=0;//关串行口中断
    if(RI){              //缓冲器中有数据到来
      RI=0;              //RI 标志清零
     receive=SBUF; //将缓冲器中的数据收下来，存入变量
     SBUF=receive;   //将数字通过串行口发回计算机
```

```
        while(!TI);              //等待数据发送
        TI=0;                    //TI标志清零
    }
    switch(receive){             //解析收到的数据并设置直流电机运行状态
        case 0x31:               //如果收到的是数字1
            state=1;             //则直流电机运行状态为1，正转
            break;
        case 0x32:               //如果收到的是数字2
            state=2;             //则直流电机运行状态为2，反转
            break;
        case 0x33:               //如果收到的是数字3
            zkb=zkb+10;          //则占空比加10
            if(zkb>100)
                zkb=0;
            break;
        case 0x34:               //如果收到的是数字4
            zkb=zkb-10;          //则占空比减10
            if(zkb<0)
                zkb=100;
            break;
        default:                 //如果收到的是其他键盘上的数字
            state=3;             //则直流电机运行状态为3，停止
            break;
    }
    n=0;                         //计数从0开始
    ES=1;                        //开串行口中断
}
```

在程序的开头添加以下内容。

```
#include <reg51.h>
sbit motor1=P1^0;               //控制直流电机的端口1
sbit motor2=P1^1;               //控制直流电机的端口2
unsigned char receive;          //存放收到数据的变量
unsigned char n;                //计时变量
int zkb;                        //占空比变量
unsigned char state;
//正、反状态变量，1表示正转，2表示反转，3表示停止
```

由上面这些代码组合起来就是本任务的完整程序。

完整程序代码参考 ep4_2.c 文件。

### 3. 开发板验证

在进行计算机与单片机的串行通信软件调试时，最简单的办法是在计算机上安装"串口调试助手"应用软件，只要设定好波特率等参数就可以直接使用。调试成功后再在计算机上运行

自己编写的通信程序。

先在计算机上安装"串口调试助手"程序,连接计算机和单片机开发板,进行以下测试。

(1)在计算机上运行"串口调试助手"程序,设置波特率参数。"串口调试助手"程序的参数设置如图 4-14 所示。

图 4-14 "串口调试助手"程序的参数设置

(2)给开发板下载好程序并上电。

(3)在"串口调试助手"主界面中,用计算机键盘在下面的发送窗口输入数字,选手动发送,可以看到直流电机是否按要求运转。

(4)在计算机的接收窗口观察所接收到的数据,是否与发送的数据一致,即观察"串口调试助手"上面的接收窗口接收到的十六进制形式的数字是否与发送的数字一致。例如,按了数字 1,接收窗口会出现十六进制的 01,这说明单片机能收到计算机发来的数字。

**4.故障与维修**

调试过程中,如果发现与开发板连接的直流电机不受控,则首先检查直流电机与单片机的端口连接与代码中的端口位定义是否一致;其次检查计算机上打开的"串口调试助手"中设置的波特率和代码中的设置是否一致;最后检查"串口调试助手"中发送的数据是以 16 进制格式发送的还是以 ASCII 码的格式发送的。一一检查后即可排除故障。

扫描右侧二维码,可以观看教学微视频。

计算机控制电机
运行(开发板)

## 4.2.4 能力拓展

本任务实现智慧教室照明智能控制。当教室授课播放投影时,需要关闭教室讲台边上的照明灯;当板书时,打开黑板前的照明灯;当所有学生离开教室后,教师一键关闭所有照明灯;当学生进入教室后,教师一键打开所有照明灯。

**1.硬件电路设计**

用八个 LED 灯模拟教室里的照明灯。LED1 和 LED2 表示讲台前的两个灯,其余六个 LED

灯表示教室里安装在学生座位上方的照明灯。电路图如图4-15所示。

RXD连接计算机串口的TXD，TXD连接计算机串口的RXD。

用"串口调试助手"观察计算机发送的数据。

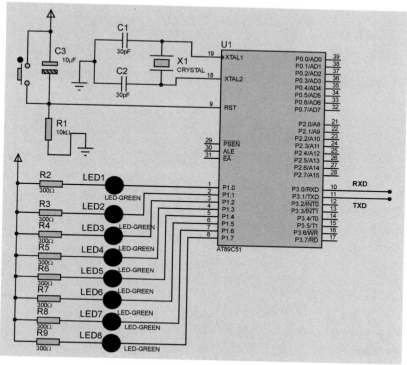

图4-15 电路图

### 2. 软件编程

主函数中首先对串行口相关寄存器进行初始化设置。

```
//串行口工作方式3, 11位数据通信
SCON=0XC0;
//定时器T1用于产生波特率，设置工作方式2，寄存器初始值为0xfd，波特率不翻倍，波特率为9600bit/s
TMOD=0X20;//9600bit/s
TH1=0XFD;
TL1=0XFD;
PCON=0X00;
TR1=1; //启动定时器T1产生波特率
ET1=0; //定时器T1不产生中断
REN=1;
EA=1;
ES=1;
PS=1;
```

串行口中断服务函数完成接收计算机发来的数据，并加1后回发给计算机。代码如下。

```
void myserial() interrupt 4{
    if(RI){
```

```
        RI=0;
        receive=SBUF; //接收计算机串行口发来的数据
        SBUF=receive+1; //将收到的数据加 1 后回发给计算机
        while(!TI);//等待数据发送完毕
        TI=0;
    }
}
```

在主函数的 while 循环中，利用 switch()函数，根据收到的不同数据点亮或关闭不同的照明灯。代码如下。

```
while(1){
    //计算机发送字符 1，关闭讲台灯 LED1，LED2
    //计算机发送字符 2，打开讲台灯 LED1，LED2
    //计算机发送字符 3，关闭学生照明灯 LED3~LED8
    //计算机发送字符 4，打开学生照明灯 LED3~LED8
    //计算机发送字符 5，关闭所有照明灯 LED1~LED8
    //计算机发送字符 6，打开所有照明灯 LED1~LED8
        switch(receive){
        case 0x31://关闭讲台灯 LED1，LED2，
            P1|=0x03;     //xxxx xx11
            break;
        case 0x32:     //打开讲台灯 LED1，LED2
            P1&=0xfc;    //xxxx xx00
            break;
        case 0x33:     //关闭学生照明灯 LED3~LED8
            P1|=0xfc;     //1111 11xx
            break;
        case 0x34:     //打开学生照明灯 LED3~LED8
            P1&=0x03;     //0000 0011
            break;
        case 0x35:     //关闭所有照明灯 LED1~LED8
            P1=0xff;     //1111 1111
            break;
        case 0x36://打开所有照明灯 LED1~LED8
            P1=0x00;     //0000 0000
            break;
        default:
            P1=0xff;//关闭所有照明灯 LED1~LED8
            break;
        }
    }//while
```

完整程序代码参考 ep4_3.c 文件。

### 3. 开发板验证

用排线连接开发板的 J20（单片机的 P1 端口）和 J19（LED1~LED8），连接计算机和开

发板，下载 hex 文件到开发板的 51 单片机中，计算机依次发送字符 1~6 和 6~1，观察开发板上八个 LED 灯的状态。

### 4．故障与维修

调试过程中，如果发现八个 LED 灯的状态不受计算机发送的数字控制，则首先检查 LED 灯和单片机的连接端口是否和代码中的端口位定义一致；其次检查"串口调试助手"中的波特率和代码中的设置是否一致；最后检查发送的格式是否为 ASCII 格式发送。

扫描右侧二维码，可以观看教学微视频。

教室灯控（合成）

## 4.2.5　任务小结

敲击连接在计算机上键盘的数字按键，该按键的 ASCII 码输入计算机中，计算机通过串行口将相应按键的 ASCII 码的信息发送给微处理器。微处理器将收到的数据解析成相应的数字，根据计算机和单片机双方的约定，由不同的数字控制直流电机不同的运行状态。由于 51 单片机输入/输出的逻辑电平为 TTL 电平，计算机配置的 RS232 标准接口逻辑电平为负逻辑，逻辑 0 为+5~+15V，而逻辑 1 为-15~-5V，所以在单片机和计算机之间的通信需要增加电平转换电路，常用的电平转换芯片有 MAX232。

## 4.2.6　问题讨论

敲击计算机键盘上的数字 3 按键，通过计算机串行口发送给与其串行通信的微处理器，微处理器接收的值是 3 吗？

> **温馨提示：** 敲击计算机键盘上的任何一个按键，都是一个字符，在计算机中以 ASCII 码的形式存在，如敲击键盘上的数字 3 按键，实际上在计算机中存储的是字符 3 的 ASCII 码值 0x33，串行口发送出去的就是 0x33，微处理器通过串行口接收到的是 0x33，而不是 3。在进行计算机和微处理器进行串行通信的时候，需要注意这一点。

# 任务 4.3　企业案例——手术显微镜焦距及光源系统智能控制

## 4.3.1　任务目标

有一种医疗设备叫作手术显微镜，医生通过手术显微镜对病人实施手术。显微镜镜头部件中连接有直流电机，通过直流电机转动调节镜头焦距，以便医生能清晰地看到手术视野。显微镜镜头里的照明灯通过光纤聚光后照亮手术视野，医生手术时双手持有手术刀，无法用双手对显微镜镜头进行焦距和光源亮度的调节。通常会给手术显微镜配置一个脚踏控制器，脚踏控制器上有上、下、左、右四个按键，左、右按键控制显微镜直流电机正、反转，上、下按键调节灯光亮、暗。脚踏控制器和显微镜镜身进行串行通信。

通过本任务的设计与制作，培养学生利用串行通信技术解决各个领域中智能设备数据通信的问题，进一步提高学生对智能设备的应用与维护。

## 4.3.2　知识准备

本项目中需要采集和甲机连接的四个按键的状态，并通过串口发送给乙机。乙机接收到数据后，控制和乙机相连的灯光亮度及镜头的聚焦点。

完成本项目需要具备前几个项目涉及的串行通信和通过继电器控制直流电机的知识点。同时，需要利用独立式按键的状态变化来判断按键是否被按下。

## 4.3.3　任务实施

医生踩下脚踏控制器上左侧按键，直流电机反转；踩下右侧按键，直流电机正转；踩下上面的按键，灯光调亮；踩下下面的按键，灯光调暗。脚踏控制器中有一个微处理器，连接上、下、左、右四个按键开关，显微镜镜头里也有一个微处理器与直流电机和光源相连接。脚踏控制器中的微处理器和显微镜镜头里的微处理器通过串口进行通信。

### 1．硬件电路设计

在仿真电路图中，甲机是在脚踏控制器中的微处理器，乙机是显微镜镜头中的微处理器。甲机的 P1.0～P1.3 端连接四个按键。甲机的 TXD 和乙机的 RXD 连接，甲机的 RXD 和乙机的 TXD 连接。脚踏控制（甲机）电路图如图 4-16 所示。

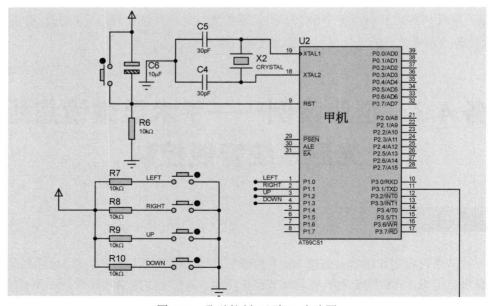

图 4-16　脚踏控制（甲机）电路图

乙机的串行口和甲机连接，P1.0～P1.2 端连接 3 个 LED 灯，模拟显微镜镜头里的光源。直流电机两极连接 P3.6 和 P3.7 端。乙机控制电路图如图 4-17 所示。

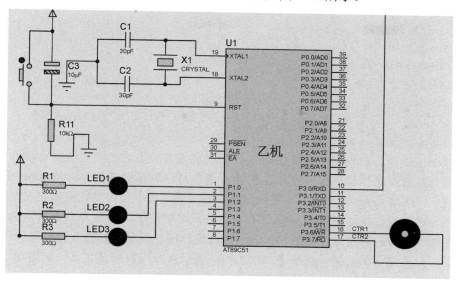

图 4-17　乙机控制电路图

乙机的 P3.6 端连接直流电机一端，P3.7 端连接直流电机另一端。直流电机运转控制表如表 4-8 所示。

表 4-8　直流电机运转控制表

| P3.6（CTR1） | P3.7（CTR2） | 电动机状态 |
| --- | --- | --- |
| 0 | 1 | 反转 |
| 1 | 0 | 正转 |
| 0 | 0 | 停止 |
| 1 | 1 | 停止 |

## 2. 软件编程

甲机主函数对串行口中断进行初始化设置，定时器 T1 工作方式 2 在 11.0592MHz 晶振下，波特率翻倍，波特率设定为 9600bit/s 时，定时器 T1 寄存器初始值为 0xfa。串行通信方式 1，10 位数据异步通信，波特率可设置。启动定时器 T1，允许串行口中断。初始化串行口发送的数据为 0。

```
TMOD=0X20;     //0010 0000，定时器 T1 工作方式 2
TH1=0XFA;      //波特率为 9600bit/s，11.0592MHz 晶振，波特率翻倍
TL1=0XFA;
PCON=0X80;     //波特率翻倍
SCON=0X50;     //0101 0000 串行口工作方式 1，10 位异步通信，波特率可变，允许串行口接收数据
TR1=1;         //启动定时器 T1
EA=1;          //允许总中断
ES=1;          //允许串行口中断
send_data=0;   //按键的值初始化
```

主函数循环执行以下语句。

```
while(1){
    //1 读取按键的值
    readkey();
    //2 发送按键的值
    if(send_en){
      SBUF=send_data;
      while(!TI);
      TI=0;
      send_en=0;//发送完毕后不允许串行口发送数据，直到下次有按键被按下为止
}
```

首先读取按键状态并获得对应按键的值，然后将按键的值通过串行口发送给乙机。

为了避免重复发送按键的值，在读取按键子函数时，有按键被按下，给 send_data 变量赋予不同的键值，同时置 send_en 为 1，表示允许发送数据。在串行口发送完数据后，send_en 清零，表示不允许串行口发送数据，只有到下一次有按键被按下，才允许串行口发送数据。

踩下左键不松开时，发送 1 给乙机，表示直流电机应该反转；如果左键松开，则判断右键是否被踩下，如果踩下了右键，则发送 2 给乙机，表示直流电机应该正转；如果左、右键都没被踩下，则发送 5 给乙机，表示直流电机应该停止。如果踩下上、下键，则踩一下，亮度挡位调整一挡。左、右键是否被踩下通过判断是否为低电平来实现，而上、下键是否被踩下的判断则是利用电平跳变的方式，即刚才松开按键且现在踩下按键才认为是一次按键。

代码如下。

```
//读取按键状态，获得按键的值
void readkey(){
//左、右键被按下时，发送数据 1 或 2，松开后发送 5
  if(key_left==0){   //左键被按下
     send_data=1;
     send_en=1;        //允许串行口发送数据
  }
  else if (key_right==0){
    //松开左键，如果右键被踩下
     send_data=2;
     send_en=1;        //则允许串行口发送数据
  }
  else{               //松开右键
     send_data=5;
     send_en=1;        //允许串行口发送数据
  }
  if((key_up==0)&&(key_up_last)){
     send_data=3;
     send_en=1;      //允许串行口发送数据
  }
  key_up_last=key_up;
  if((key_down==0)&&(key_down_last)){
     send_data=4;
```

```
         send_en=1;        //允许串行口发送数据
  }
  key_down_last=key_down;
}
```

乙机主函数初始化和甲机主函数初始化一致，初始化接收数据为 0，灯光挡位为 0 挡。

```
receive_data=0;//接收数据初始化
light_value=0;//灯光挡位初始化为 0
```

乙机接收甲机串行口发送来的数据，利用串行口中断接收数据。

串行口中断服务函数如下。

```
void myrec() interrupt 4 using 0{
  if(RI){
    receive_data=SBUF;
    RI=0;
  }
}
```

主函数的 while 循环中反复根据收到的数据进行调焦和调光。

当收到的是脚踏左键踩下的数据 1 时，直流电机反转；当收到的是脚踏右键踩下的数据 2时，直流电机正转；当收到的是脚踏上键踩下的数据 3 时，调光挡位加 1；当收到的是脚踏下键踩下的数据 4 时，调光挡位减 1。代码如下。

```
switch(receive_data){
        case 1:                      //直流电机反转
           ctr1=0;
           ctr2=1;
           break;
        case 2:                      //直流电机正转
           ctr1=1;
           ctr2=0;
           break;
        case 3:                      //灯光调亮一挡
          light_value++;
          if(light_value>3) //超过最高亮度，回到最低亮度
             light_value=0;
          receive_data=0;    //收到数据被强制更新为 0，否则调光挡位会不停地加 1
          break;
        case 4:
          light_value--;
          if(light_value<0)
             light_value=3;
          receive_data=0;
          break;
        default:
          ctr1=0;                      //直流电机停止
```

```
                ctr2=0;
                break;
    }//switch
```

调光部分代码如下：

```
//调光
        switch(light_value){
            case 1:  //灯光 1 挡，亮一个灯
                led1=0;
                led2=1;
                led3=1;
                break;
            case 2:  //灯光 2 挡，亮两个灯
                led1=0;
                led2=0;
                led3=1;
                break;
            case 3:  //灯光 3 挡，亮三个灯
                led1=0;
                led2=0;
                led3=0;
                break;
            default:  //灯光非 1~3 挡，三个灯熄灭
                led1=1;
                led2=1;
                led3=1;
                break;
        }
```

甲机代码参考 ep4_5a.c 文件，乙机代码参考 ep4_5b.c 文件。

### 3．仿真调试

分别编译甲机和乙机程序，并下载到仿真图的甲机和乙机中，按下连接甲机的四个按键，观察乙机的直流电机和灯光变化。

### 4．开发板验证

分别下载甲、乙两机的 hex 文件到甲、乙两块开发板中，交叉连接甲、乙两个单片机的串行收发数据端口，甲机上连接四个按键到单片机相应端口，乙机上连接直流电机和三个 LED 灯。分别按下甲机的四个按键，观察乙机的直流电机和 LED 灯的状态改变。

### 5．故障与维修

调试过程中，如果发现乙机上的直流电机或 LED 灯不受甲机上的按键控制，则首先检查甲、乙两机的硬件连线是否正确，尤其要注意串行口的收发数据线是交叉连接的。其次检查甲、乙两机代码中波特率设置是否一致。

扫描右侧二维码，可以观看教学微视频。

## 4.3.4 能力拓展

企业案例-手术显微镜焦距及光源系统智能控制

仿真电路中直流电机可以直接连接在微处理器的两个端口上。在实际应用中，直流电机两端需要连接到两个继电器上，以保证有足够的电流可以驱动直流电机运转，受控状态不变。只需要修改电路图即可，不需要修改代码，乙机和直流电机连接图如图 4-18 所示。

乙机的 P3.6 端连接三极管 Q1 的基极，控制继电器 RL1 开关公共端 1 倒向敞开端 2 引脚或常闭端 3 引脚。乙机的 P3.7 端连接三极管 Q2 的基极。当乙机的 P3.6 端输出低电平，P3.7 端输出高电平时，三极管 Q1 导通，继电器线圈通电，开关公共端 1 和常开端 2 连通，直流电机左侧接通电源正极，三极管 Q2 不导通，继电器 RL2 的线圈不通电，开关的公共端 1 和常闭端 3 连通，直流电机右侧接通电源的负极，直流电机反转。如果乙机的 P3.6 端输出高电平，P3.7 端输出低电平，直流电机左右两侧接通电源的正负极刚好相反，直流电机正转。当 P3.6 端和 P3.7 端都输出高电平或都输出低电平时，直流电机两侧没有电压差，直流电机不转。具体分析如表 4-8 所示。

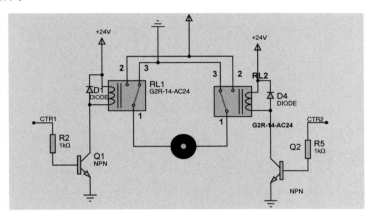

图 4-18 乙机和直流电机连接图

## 4.3.5 任务小结

串行通信相关寄存器的设置、波特率设置、通信方式、中断允许设置等不能出错，一旦某个环节出错，就不能进行正常通信。

## 4.3.6 问题讨论

在串行通信中，连接两个微处理器的晶振一般选用 11.0592MHz，为何不选用 12MHz 的晶振呢？

> **温馨提示**：选用 11.0592MHz 的晶振，通信误差可达 0%。

# 参考文献

[1] 冯蓉珍，宋志强．嵌入式计算机应用[M]．北京：中央广播电视大学出版社，2017．

[2] 王静霞，杨宏丽，刘俐．单片机应用技术（C 语言版）[M]．3 版．北京：电子工业出版社，2015．

[3] 陈海松．单片机应用技能项目化教程[M]．2 版．北京：电子工业出版社，2021．

[4] 深圳普中科技有限公司．普中 51 单片机开发攻略——A7.pdf[EB/OL]．[2021-04-06]．http://www.prechin.cn．

# 反侵权盗版声明

  电子工业出版社依法对本作品享有专有出版权。任何未经权利人书面许可，复制、销售或通过信息网络传播本作品的行为；歪曲、篡改、剽窃本作品的行为，均违反《中华人民共和国著作权法》，其行为人应承担相应的民事责任和行政责任，构成犯罪的，将被依法追究刑事责任。

  为了维护市场秩序，保护权利人的合法权益，我社将依法查处和打击侵权盗版的单位和个人。欢迎社会各界人士积极举报侵权盗版行为，本社将奖励举报有功人员，并保证举报人的信息不被泄露。

举报电话：（010）88254396；（010）88258888

传　　真：（010）88254397

E-mail：　dbqq@phei.com.cn

通信地址：北京市海淀区万寿路 173 信箱

　　　　　电子工业出版社总编办公室

邮　　编：100036